공감
제로

ZERO DEGREES OF EMPATHY

by Simon Baron-Cohen

Copyright © 2011 by Simon Baron-Cohen
All rights reserved.

Korean Translation Copyright © 2013 by ScienceBooks

Korean edition is published by arrangement with
Simon Baron-Cohen c/o Brockman, Inc.

이 책의 한국어판 저작권은 Brockman, Inc.와 독점 계약한
㈜사이언스북스에 있습니다.

저작권법에 의해 한국 내에서 보호를 받는 저작물이므로
무단 전재와 무단 복제를 금합니다.

공감 제로

분노와 폭력, 사이코패스의 뇌 과학

사이먼 배런코언

홍승효 옮김

유머와 열정으로 설명의 정확성을 통합한,

케임브리지 대학교의 과학사·과학 철학과 교수

피터 립턴(Peter Lipton, 1950~2007년)과

자신의 다섯 아이들과 다섯 손자들에게

내면의 황금 단지를 물려주신

주디 루스 배런코언(Judy Ruth Baron-Cohen(결혼 전 성은 그린블랫(Greenblatt),

1933~2008년)을 추모하며…….

차례

감사의 글 9

☑ **1장**
악마라 불리는 사람들 15

☑ **2장**
공감의 뇌 과학 31

☑ **3장**
공감 제로의 두 얼굴: 부정적인 공감 제로 61

☑ **4장**
공감 제로의 두 얼굴: 긍정적인 공감 제로 119

☑ **5장**
공감 유전자 153

☑ **6장**
공감의 침식 뒤에 숨겨진 우리 안의 악마 177

부록 1 | 공감 지수(EQ) 측정하기 225
부록 2 | 부정적인 공감 제로 찾아내기 233
주(註) 239
참고 문헌 251
찾아보기 281

감사의 글

이 책은 섬세한 기질의 사람들에게는 적합하지 않을지도 모른다. 인간의 잔인함에 대한 글을 쾌활한 어조로 쓸 수는 없다. 따라서 만약 가볍게 읽을 만한 글을 찾고 있다면 그만 책을 덮어라. 이 책에서 나는 '악(惡, evil)'을 **공감(empathy)**의 침식이라는 측면에서 정의하고 몇몇 사람들이 다른 사람들보다 공감 능력을 더 많이 혹은 덜 보유하고 있는 이유와 공감 능력을 잃어버릴 때 어떤 일이 발생하는지 조사하려고 했다. 공감이 잔인함과 관련된 유일한 요소는 아니지만 나는 그것이 잔인함에 이르는 공통된 최종 경로라고 주장한다. 또 공감의 침식은 잔인함의 필요조건이지만 충분조건은 아니라고 생각한다.[i] 이 소재는 고통스럽고 심지어 충격적이기까지 하지만 공감의 본질은 (적어도 내게는) 한없이 매력적이며 그에 대한 조사는 흥미진진하다(상황에 따라서는 적절하지 못한 표현이라고 생각한다.). 그렇게 느끼는 주된 이유는 내 곁에 훌륭하고 재능 있는 동료 과학자들이 있기 때문이다. 이 지면을 빌려 그들에게 감사할 기회를 얻게 되어 기쁘다.

과학자들은 특이한 사물들을 수집한다(찰스 다윈(Charles Darwin)은 딱정벌레와 되새류를 수집한 것으로 유명하다.). 공감 연구가로서 우리들은 감정을 수집한다! 「마인드 리딩(Mind Reading)」 DVD에는 우리가 수집한 412가지 감정 전부가 소장되어 있다.[ii] 오퍼 골란(Ofer Golan), 샐리 윌라이트(Sally Wheelwright), 재클린 힐(Jacqueline Hill)과 나는 이 전자 도서관을 개발했으며, 오퍼 골란과 엠마 애쉬윈(Emma Ashwin), 야엘 그라네이더(Yael Granader), 킴벌리 암스트롱(Kimberly Armstrong), 지나 오웬스(Gina Owens), 닉 레버(Nic Lever), 존 드로리(Jon Drori), 닉 페이스크(Nick Paske), 클레어 하컵(Claire Harcup)과 나는 자폐증을 앓고 있는 취학 전 아동들에게 공감을 가르치기 위해 재미있는 방식으로 두 번째 DVD(「더 트랜스포터(The Transporters)」)를 개발했다.[1]

과학자들은 사물을 측정하는 새로운 방법들을 개발한다. 우리가 당면했던 도전은 공감의 개인차를 측정하는 새로운 방법들을 제시하는 것이었다. 먼저, 샐리 윌라이트, 캐리 앨리슨(Carrie Allison), 보니 우양(Bonnie Auyeung)과 나는 공감 지수(Empathy Quotient, EQ)를 개발했다(부록 1 참조). 뇌의 어느 부위에 공감이 숨어 있는지 추적하기 위해 크리스 애쉬윈(Chris Ashwin)과 비쉬마데브 차크라바르티(Bhismadev Chakrabarti), 마이크 롬바르도(Mike Lombardo), 존 서클링(John Suckiling), 에드 불모어(Ed Bullmore), 멩촨 라이(Meng-Chuan Lai), 매튜 벨몬트(Matthew Belmonte), 쟈크 빌링턴(Jac Billington), 존

헤링턴(John Herrington), 하워드 링(Howard Ring), 스티브 윌리엄스(Steve Williams), 마리 고모트(Marie Gomot), 일라리아 미니오팔루엘로(Ilaria Minio-Paluello)와 나는 뇌 주사(Brain-scanning) 연구[iii]를 수행했다. '테스토스테론이 가진 문제점'과 그것이 공감에 미치는 영향[2]을 조사하기 위해, 보니 우양과 레베카 닉마이어(Rebecca Knickmeyer), 엠마 애쉬윈(결혼 전 성은 채프먼(Chapman)), 스베틀라나 러치마야(Svetlana Lutchmaya), 그리고 릴리아나 루타(Liliana Ruta), 에린 인구돔누쿨(Erin Ingudomnukul), 린지 츄라(Lindsay Chura), 케빈 테일러(Kevin Taylor), 피터 러거트(Peter Raggat), 제럴드 해켓(Gerald Hackett)과 나는 태아의 양수와 성인의 혈액 샘플을 수집했다. 또 비쉬마데브 차크라바르티와 프랭크 더드브릿지(Frank Dudbridge), 샤르밀라 바수(Sharmila Basu), 캐리 앨리슨, 샐리 월라이트, 그랜트 힐코손(Grant Hill-Cawthorne), 린지 켄트(Lindsey Kent)와 함께 공감 유전자를 물색하기도 했다. 이 프로젝트들은 다 매혹적이었다.

책을 쓰는 동안 바쁜 연구소를 계속 순조롭게 운영할 수 있었던 것은 훌륭한 행정적인 지원이 있었기에 가능한 일이었다. 개너 무어(Gaenor Moore)와 폴라 나이미(Paula Naimi), 제니 한나(Jenny Hannah), 그리고 캐럴 파머(Carol Farmer), 레이첼 잭슨(Rachel Jackson)은 최고의 관리 팀이었다. 개너는 또한 이 책의 참고 문헌 목록을 기꺼이 작성해 주었다. 쉽지 않은 작업이었을 텐데, 정말 감사한다. 비쉬마데브 차크라바르티와 마이크 롬바르도는 이 책의 초고에 대한 논평을 아끼지 않았다. 이 책을 쓰는 동안 마이크는 특히 사회 신경 과학(social neuroscience)에 대해, 비쉬마데브는 유전학에 대해 내게 가르쳐 주었다. 매우 유용한 가르침이었다. 펭귄 UK(Penguin UK) 출판사의 헬렌 콘포드(Helen Conford)와 스테판 맥그래스(Stefan McGrath)는 무려 2004년부터 이 책을 참을성 있게 기다려 주었다! 헬렌은 이 책이 형태를 잡아 가는 동안 내게 주의 깊고 통찰력 있는 피드백을 주었다. '공감 유전자'를 찾는 일이 신속하게 이루어지지 않아서 책을 쓰는 데 6년이나 걸렸다. 이 책의 탄생을 기다리며 내 대리인인 카틴카 매트슨(Katinka Matson)과 존 브록만(John Brockman)은 놀라운 인내심을 보여 주었다.

나는 30년 동안 공감에 대해 연구했다. 지금 내 목적은 이 주목할 만한 주제를 탁자 위에 올려놓는 것이다. 그러면 우리는 모든 각도에서 공감을 연구할 수 있다. 첫 책, 『마음맹(Mindblindness)』에서 나는 공감의 한 측면(타인을 이해하는 방식과 연관된 측면, 즉, 공감의 인지적 측면)과 인지적인 공감에 많은 어려움을 겪는 자폐증의 경우에 대해서만 집중했다. 두 번째 책인 『그 남자의 뇌 그 여자의 뇌(The Essential Differences)』에서는 공감의 두 번째 측면(타인에 대한 감정적인 반응과 관련된 측면, 즉, 공감의 정서적인 측면)과 공감의 성차를 다뤘다. 여기서는 자폐증이 있는 사람들이 이 필수적인 기술을 획득할 때 대면하는 어려움들을 분석하며 공감의 이면을 탐구했다.

이제, 『공감 제로(Zero Degrees of Empathy)』에서 나는 사람들이 어떻게 잔인해질 수 있는지와 정서적인 공감의 상실이 필연적으로 이러한 결과를 낳는지를 조사하려고 한다. 이 책에서는 공감의 신체적(뇌) 기반을 파헤치고 사회적, 생물학적인 결정 요인들을 조사하며 예전보다 훨씬 더 깊이 파고 들어갈 생각이다. 또 공감의 상실을 초래하는 질병들 몇 가지를 면밀히 조사하며 더 광범위한 부분까지 다룰 예정이다. 내 주된 목적은 인간의 잔인성을 이해하여 '악'이라는 비과학적인 용어를 '공감의 침식'이라는 용어로 대체하는 것이다. 이전의 몇몇 책들과 달리 이 책은 자폐증에 대한 것이 아니다(자폐증을 가진 사람들이 공감에 장애가 있음에도 잔인해지지 않는 이유를 간단히 다루기는 했다.). 공감의 상실을 수반하는 몇 가지 질병들을 조사할 때, 나는 이 질병들을 잔인함의 주된 원인으로 여기지 않았다. (오히려 반대로) 이 조건들은 공감이 정상적으로 기능할 수 있게 해 주는 두뇌 속의 특정 회로들을 조사할 기회를 제공해 주었다. 슬프게도 잔인성은 우리 사회에 너무나 만연해 있다. 잔인성은 단지 몇 가지 드문 질병들의 특징이 아니다. 이 책에서 나는 공감에 영향을 줄 수 있는 많은 요인들, 사회적인 요인들과 생물학적인 요인들을 모두 잠시나마 살펴볼 계획이다.

편집에 대해 최상의 제안을 해 준 샬로트 라이딩(Charlotte Riding)과 얀 크리스티안슨(Jan Kristiannson), 그리고 지속적으로 도움을 준 베이직 북스(Basic Books)의 토머스 켈러허(Thomas Kelleher)와 멜리사 베로네시(Melissa Veronesi)에게 감사한다.

마지막으로 브리짓 린들리(Bridget Lindley)가 내게 준 모든 지지에 대해, 또 믿고 의지할 수 있었던 부모님(주디와 비비안)과 형제들(댄, 애쉬, 리즈와 수지)에게, 내게 기쁨과 격려를 준 나의 아이들 샘, 케이트, 로빈에게 특히 감사한다. 내 부모님이 자신의 부모들에게서 받았고 또 내가 그들로부터 받은 내면의 황금 단지를 내 자식들에게도 충분히 전해 줄 수 있기를 희망한다.

1

악마라 불리는 사람들

　7살 때, 아버지는 내게 나치가 유태인들을 전등갓으로 만들어 버렸다고 말씀하셨다. 단지 딱 한 번 들었을 뿐인데도 이 말은 결코 잊혀지지 않는다. 어린아이가 생각하기에 (어른이 생각하기에도) 이 둘은 같은 부류의 것이 아니었다. 아버지는 나치가 유태인들을 비누로 만들었다고도 얘기했다. 이 소문들은 일부분 부헨발트 강제 수용소의 생존자가 증언한 내용에 근거했다. 빌리 와일더(Billy Wilder)[iv]의 1945년작 다큐멘터리에는 이 전등갓이 실제로 등장한다. 이 전등갓은 부헨발트의 마녀로 알려진, 당시 사령관의 아내였던 일제 코흐(Ilse Koch)의 소유물이었다. 워싱턴 DC의 국립 의료 박물관에 전시된, 가장자리에 작은 바늘구멍으로 문신이 새겨진 사람 피부 조각이 이 소문을 한층 더 부채질했다.
　이 이야기가 진실이든 아니든, 나는 우리 가족이 유태인이라는 사실을 알고 있었고, 그래서 사람을 물체로 바꿔 버리는 상상이 우리 집에서도 일어날 수 있는 일처럼 느껴졌다.

아버지는 또 내게 예전 여자 친구 중 한 사람이었던 루스 골드블랫'에 대해서도 얘기해 주셨다. 그녀의 어머니는 강제 수용소에서 살아남은 사람이었다. 그녀에게서 어머니를 소개받았을 때 아버지는 그 분의 손이 뒤집혀져 있는 모습을 보고 충격을 받았다고 했다. 나치 과학자들은 골드블랫 여사의 손을 절단하여 거꾸로 돌린 후 재봉합했다. 그 결과 손바닥이 아래로 가도록 손을 밖으로 뻗치면 엄지가 바깥쪽으로 가고 새끼손가락이 안쪽을 향했다. 이것은 그들이 수행한 많은 "실험"들 중 하나에 불과하다. 나는 인간 본성의 밑바탕에 어떤 역설 — 사람들은 다른 사람들을 물건 취급할 수 있다. — 이 존재함을 깨달았지만 너무 어려서 그것이 무엇인지 알아낼 준비가 되어 있지 않았다.

몇 년 뒤 나는 런던에 있는 세인트메리 병원 의학부에서 학생들을 가르치게 되었다. 생리학 수업을 청강하던 날이다. 교수는 온도에 대한 인간의 적응을 강의하는 중이었다. 그는 극단적인 추위에 대한 인간의 적응을 다룬 가장 유용한 자료들이, 나치 과학자들이 다하우 수용소에 수감된 유태인들과 다른 재소자들을 대상으로 시행한 "찬물 담금 실험(immersion experiment)"을 통해 수집되었다고 이야기했다. 나치 과학자들은 재소자들을 얼음물 통에 집어넣었다(그림 1). 그들은 섭씨 0도의 물속에 머무르는 시간과 심박 수의 상관관계에 대해 체계적인 자료를 수집했다.[3] 이 비윤리적인 조사에 대한 이야기는 내 마음속에 동일한 의문을 다시 떠올리게 만들었다. 인간이 어떻게 **다**

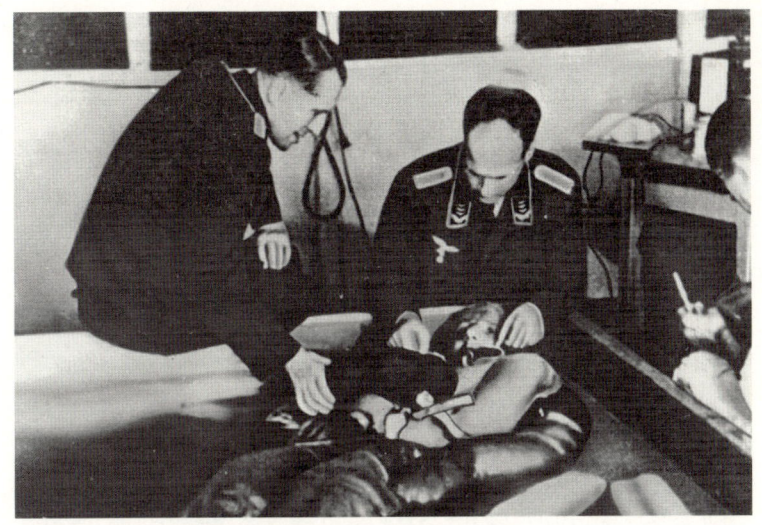

그림 1 "찬물 담금 실험"의 피험자가 된 다하우 수용소의 재소자들
이 실험의 목적은 피험자들이 얼어붙은 물속에서 3시간 이상 버틸 수 있는지 알아보는 것이었다. (왼쪽은 에른스트 홀츠뢰너(Ernst Holzlohner) 교수, 오른쪽이 지그문트 라셔(Sigmund Rasher) 박사)

론 인간을 물건 취급할 수 있는가?[vi] 어떻게 고통을 겪고 있는 다른 인간 존재들에 대한 자연스러운 감정인 연민을 끊어 버린 상태에 이를 수 있는가?

이 사례들은 (우리가 신뢰하도록 배운 전문직에 종사하고 있는) 학식 있는 의사들과 과학자들이 연루되어 비윤리적인 실험과 수술을 수행했다는 점에서 특히 충격적이다. 이들이 단지 잔학 행위를 하려는 목적으로 잔인하게 행동한 것은 아닐 것이라고 — 찬물 담금 실험을 수행한 과학자들은 의학 지식에 기여하길 원했다고, 예를 들면, 빙해에 난파된 희생자들을 구조하는 법을 알길 원했다고 (너그럽게) 가정해 보자. 불쌍한 골드블랫 부인의 손을 뒤집어 꿰맨 의사들조차 단지 잔학 행위 그 자체를 위해 잔인한 행동을 했던 것은 아닐지도 모른다(고 나는 가정한다.). 그들 역시 아마도 현미경을 이용한 외과 수술 과정의 한계를 시험할 방법을 이해하고 싶어서, 자신의 과학적 충동을 따랐던 것이리라.

이들이 지식을 추구하는 과정에서 보지 못한 것은 "피험자들(subjects)"의 인간성이었다. 인간 과학이 학문의 연구 대상을 "피험자들"이라고 묘사하는 이유가, 이 말이 연구되는 사람의 감정에 대한 배려를 함축하기 때문이라는 점은 아이러니다. 실제로, 이 실험에서 피험자들의 감정은 전혀 고려되지 않았다. 나치 법률은 유태인들을 "유전적으로 인간 이하인 존재"로 정의했으며 당대의 우생학 프로그램의 일부분으로써 유태인 몰살을 지시했다. 이러한 정치적인 관점에서는, 강제 수용소의 수감자들을 의학 연구의 "피험자"로 "사용하는 일"이 공공의 이익을 위한 지식에 기여하는 한 이 과학자들에게는 윤리적인 일이라고까지 여겨졌을지도 모른다.

잔인함 그 자체를 위한 잔인함은 나치 친위대의 행동 특징이었다. 슬프게도, 끔찍한 사례들은 넘쳐 나며, 나는 토마스 뷔겐탈(Thomas Buergenthal)의 전기에서 단 몇 가지 사례들만을 채택했을 뿐이다. 겨우 9살에 토마스는 수천 명의 유태인들과 함께 붙잡혀 아우슈비츠로 보내졌다. 거기서 그는 한 수감자가 탈출을 시도한 친구의 목을 매도록 강요당하는 모습을 지켜봐야만 했다. 한 무장 친위대가 그 수감자에게 친구의 목에 올가미를 걸도록 지시했다. 그는 공포와 괴로움으로 두 손이 너무 떨렸던 나머지 이 지시를 완수할 수 없었다. 친구는 그에게 돌아서서 올가미를 가져갔다. 그리고 그의 손에 입을 맞추고는 스스로 자기 목에 올가미를 감았다. 인상적인 행동이었다. 무장 친위대는 성을 내며 목을 맨 남자의 아래에 놓인 의자를 걷어찼다.

9살의 토마스와 다른 수감자들은 자기 친구의 손에 입을 맞추는 남자를 지켜보면서, "나는 내 친구가 나를 죽이도록 강요받게 놔두지 않겠어."라고 (소리 없이) 말하는 이 단순한 행동에 크게 기뻐했다. 토마스는 아우슈비츠에서 살아남아 (이는 아마도 요제프 멩겔레(Josef Mengele) 박사가 죽일 사람을 고를 때에는 작업장 가까이에 서 있으라고 한 아버지의 가르침 덕분일 것이다.)[vii] 이 이야기를 자신의 책인 『행운아(A Lucky Child)』[4]에서 묘사했다. 이런 끔찍한 상황 속에서 친구 사이의 공감은 매우 강렬하게 드러난다. 친위대에서 극단적인 공감의 부족이 드러나듯이 말이다. 만약 달아난 수감자를 처벌하거나 본보기를 보여 주는 것이 목적이었다면, 친위대는 단지 탈주자만을 총으로 쏘면 그만이었다. 짐작컨대 그는 두 친구를 괴롭히고 싶었고 그래서 이와 같은 특별한 처벌을 선택했을 것이다.

아버지로부터 인간 행동의 극단성에 대한 충격적인 이야기를 들은 후 거의 반세기가 지난 지금도 내 마음은 여전히 동일한 하나의 질문에 천착하고 있다. 인간의 잔인함을 우리는 어떻게 이해할 수 있을까? **평생 동안 한 가지 질문이 누군가의 마음을 집요하게 잠식하고 있다**는 사실보다 책을 써야만 하는 더 큰 이유가 뭐가 있을까? 다른 어떤 의문이 이처럼 확고부동하게 뿌리를 내릴 수 있을까? 내가 계속 반복해서 이 문제로 되돌아오는 이유는 인간이 어떻게 타인의 인간성을 무시하느냐라는 물음이 간절하게 답을 구하고 있지만 아직까지 그에 대한 답이 마련되지 못했기 때문인 듯하다. 아니면 적어도, 현재 유용한 답변들이 어떤 이유에서든 만족스럽지 않아서이거나. 답변이 충분했다면 이미 문제가 해결된 것으로 여겨졌을 테고, 그랬다면 안절부절 못하며 이 질문으로 반복해서 되돌아올 필요가 없었을 것이다. 확실히, 보다 만족스런 답변이 여전히 요구되고 있다.

이 문제에 대한 표준적인 설명은 (슬프게도, 전 세계 여러 문화에서 역사적으로 반복되는) 홀로코스트(holocaust, 대학살)가 인간이 서로에게 가할 수 있는 '악'의 한 사례라는 것이다. 악은 너무나 큰 공포를 불러일으켜서 무엇으로도 그 심각성을 제대로 전달할 수 없기 때문에 다룰 수 없는 주제, 이해 불가한 것으로 취급된다. 이 표준적인 견해는 널리 받아들여지고 있으며, 실제로 이 같은 악의 개념은 매우 끔찍한 행동에 대한 설명으로써 일상적으로 사용되고 있다.

> 살인자는 왜 무고한 아이를 살해했을까?
> 왜냐하면 그가 악하기 때문에.
> 테러리스트는 왜 자살 폭탄 테러범이 되었을까?
> 왜냐하면 그녀가 악하기 때문에.

그러나 악의 개념은 전혀 아무런 설명이 될 수 없다. 과학자에게 이러한 설명은, 당연한 얘기지만, 완전히 불충분하다. 나치가 (또 그와 비슷한 다른 사람들이) 저지른 행동은 믿기 어려울 만큼 끔찍했다. 그러나 이러한 사실이 사람들이 어떻게 그런 행동을 할 수 있느냐는 질문을 무시해도 된다거나 사람들이 단지 사악해서 그렇다는 식의, 설명

아닌 설명을 사용해야만 한다는 걸 의미하지는 않는다.

과학자로서 나는 사람들이 다른 사람들을 마치 물건인 양 취급하게 되는 원인을 이해하고 싶다. 이 책에서 나는 사람들이 어떻게 서로를 잔인하게 대할 수 있는지를 악의 개념을 빌리지 않고 다만 **공감**이라는 개념에 기대어 탐구할 예정이다. 공감이 잔인함의 유일한 요소는 아니지만 나는 그것이 잔인함에 이르는 공통된 최종 경로라고 주장한다. 악의 개념과는 달리, 공감에는 설명력이 있다. 앞으로 나는 공감을 철저히 조사할 예정이다.

사람을 사물화하기

과제는 사람들이 서로에게 어떻게 극심한 상처를 입힐 수 있는가를, 지나치게 용이한 악의 개념에 기대지 않고 설명하는 일이다. 그러니 이제 '악'이라는 용어를 '공감의 침식(empathy erosion)'이라는 용어로 대체하자. 공감의 침식은 쓰디쓴 분노나 복수에 대한 열망, 눈먼 증오, 방어 욕구 같은 침식을 일으키는 감정들 때문에 일어날 수 있다. 이론상 이들은 일시적인 감정들이며 침식된 공감은 회복될 수 있다. 마찬가지로 공감의 침식은 우리가 갖고 있는 믿음(특정 계층의 사람들은 인간으로 대접받을 가치가 없다 같은)이나 목적(조국을 지킨다 같은), 혹은 의도(예를 들면, 직원의 정리 해고)로 인해 나타날 수 있다. 공감의 침식은 심지어 (약자를 괴롭히는 사람에게 맞서고 있는 위험 상황에서의) 공포나 권위에 복종(예일 대학교에서 스탠리 밀그램(Stanley Milgram)이 수행한 실험에서 매우 명쾌하게 실증되었듯이. 이 실험에 참가한 지원자들은 흰 가운을 입은 남자의 지시에 따라 다른 사람을 기꺼이 "감전시켰다.") 한 결과 나타날 수도 있다. 또 공감의 침식은 단지 관습에 순응한 결과일 수 있다(필립 짐바르도(Philip Zimbardo)의 스탠퍼드 감옥 실험에서 나타난 것처럼 말이다. 이 실험에서 감옥 간수 역할을 배당받은 학생들은 곧 공격적으로 행동하기 시작했다.). 이 같은 형태의 공감의 약화는 모두 원칙적으로 일시적인 것이며 회복될 수 있다. 그러나 또한 공감의 침식이 훨씬 영구적인 심리적 특성의 결과일 수도 있다.

공감의 침식이 **타인을 물건 취급하는** 사람들에게서 나타난다는 통찰력은 최소한 마르틴 부버(Martin buber)로부터 시작됐다고 할 수 있다. 그는 아돌프 히틀러(Adolf Hitler)가 집권했던 1933년 프랑크푸르트 대학교에서 교수직을 사임했던 오스트리아의 철학자다. 부버의 명저는 제목이 『나와 너(Ich und Du)』[5]이다. 그는 존재의 나-너 모드(이 상태에서 당신은 다른 사람들의 주체성을 인정하며, 그 자체로 중요한 존재인, 생각과 감정을 가진 사람으로서의 그들과 연결된다.)를 나-그것 모드(이 상태에서 당신은 다른 사람들의 주체성[viii]을 무시하며, 다른 목적에 사용하기 위한 하나의 사물로서 그들을 대한다.)와 대조시켰다. 그는 사람을 대하는 후자의 방식이 가치가 없다고 주장했다.

공감이 작동하지 않을 때, 우리는 오로지 '나' 모드에 있을 뿐이다. 이 상태에서 우리는 사물하고만 관계를 맺거나 사람들과도 마치 그들이 꼭 사물인 것처럼 관계를 맺는다. 대다수의 사람들이 때때로 이렇게 될 수 있다. 우리는 사무실 밖에 있는 노숙자에게 아무런 주의도 기울이지 않고 자기 일에만 집중할 수 있다. 우리가 이 상태에 잠시 머물든 영원히 있게 되든, 이때 '너'는 보이지 않는다. — 적어도 다른 생각과 감정을 가진 주체로서의 너는 보이지 않는다. 타인을 마치 사물처럼 대하는 것은, 즉 그들의 주체성, 사고와 감정을 무시하는 것은 당신이 타인에게 할 수 있는 가장 나쁜 일 중 하나다.

자신의 이익만을 추구할 때, 사람들은 비공감적이 될 가능성이 크다. 이 상태에서는 잘 해야 자신만의 세계에 갇혀서 타인에게 부정적인 영향을 끼치지 않을 뿐이다. 그들은 (종종 갈등의 결과로 인한) 수년간의 분노와 상처 때문에, 혹은 더 오래 지속된 신경학적인 이유로 이러한 정신 상태에서 인생을 마감할지도 모른다. (흥미롭게도, 이처럼 자신의 목표를 외골수로 추구하는 상태에서도 긍정적인 목표에 초점을 맞출 수도 있다. 예를 들면, 타인을 돕는 일 같은 것 말이다. 그러니 목표가 긍정적이고 훌륭하며, 가치 있는 것일지라도, 외골수적이라면, 정의상 비공감적이

그림 2 마르틴 부버

다.)[ix]

이제 구체적인 작업으로 들어가 보자. 목표는 악이 아닌 공감의 침식으로 사람들이 어떻게 서로에게 잔인해질 수 있는지를 설명하는 것이다. 공감의 침식은 하나의 답변으로서 악보다는 아주 조금 더 만족스럽게 느껴지지만 (적어도 시작 단계에서는) 여전히 완전한 설명과는 거리가 멀다. 공감의 침식이라는 설명은 공감이란 대체 **무엇**이며 **어떻게** 침식될 수 있는가라는 부가적인 의문을 제기한다. 그러나 적어도 이 질문들은 다루기 쉬우며 앞으로 이야기를 진행하면서 이에 대해 답해 보려 시도할 것이다.

이 여행이 끝날 즈음에는 인간의 잔인성을 이해하려는 큰 의문들에 답을 구하고자 하는 끊이지 않던 욕구가 다소 누그러질 것이다. 답변들이 만족스럽게 느껴지기 시작하면 마음도 진정될 것이다. 그러나 공감의 본성을 철저하게 조사하기에 앞서 나치가 행한 끔찍한 행동들이 나치에게만 고유한 행동이 아니라는 사실을 증명하기 위해 전 세계에서 수집한 몇 가지 실례들을 살펴보자. 나치만이 특정 방식으로 독특하게 잔인했다는, (내가 보기에는) 터무니없는 견해를 일축하기 위해 우리는 이 사례들을 살펴봐야만 한다. 앞으로 보게 될 것처럼, 실제로는 그렇지 않다.

전 세계에서 벌어지는 공감의 침식

공감의 침식은 어떤 문화에서도 발견할 수 있는 심리 상태다. 2006년에 나는 가족과 케냐에서 휴가를 보내게 되었다. 우리는 나이로비에 착륙했다. 나이로비는 사람들이 들끓는 거대한 국제도시이자, 슬프게도 아프리카에서 가장 큰 빈민가들 중 하나의 본거지다. 사람들은 거리에서 자며, 엄마들은 에이즈로 죽어 가고 영양분이 부족한 아이들은 살아남기 위해 구걸을 하거나 무슨 일이든 한다. 나는 직업을 구할 만큼 운이 좋은 사람 중 한 명이었던 젊은 케냐 여성, 에셔를 만났다. 그녀는 내게 나이로비에서 증가 중인 범죄를 조심하라고 경고했다.

"슈퍼마켓에 있을 때였어요." 그녀는 말했다. "식료품 값을 지불하려고 줄을 서 있는데 내 옆에 있던 한 여성이 갑자기 비명을 질렀어요. 뒤에 있던 **남성이 그녀의 손가락을 잘랐던 거죠.** 소란을 틈타, 그 남자는 그녀의 잘린 손가락에서 결혼반지를 빼낸 뒤 인파 속으로 달아났어요. 순식간에 일어난 일이었어요."

이 이야기는 인간이 타인에게 무슨 짓을 저지를 수 있는지를 보여 주는 충격적인 사례이다. 어떤 사람들은 이 일이 사실이냐고 의문을 제기한다. 뼈를 절단하는 게 매우 어렵기 때문이다. 하지만 잠시 동안 이 일이 정말 사실이라고 가정해 보자(또 내겐 에셔가 거짓말을 하고 있다고 의심할 만한 근거가 없다.). 의학적으로 우리는 손가락이 잘릴 수 있다는 사실을 안다. 이러한 행동을 저지르려면 무엇이 필요한지 상상해 보자. 물건을 훔치기 위해 붐비는 슈퍼마켓에 가려는 계획을 세운 것은 쉽게 이해할 수 있다. 특히, 굶주리고 있는 상황이라면 더 그렇다. 칼을 가지고 가겠다는 계획은 다소 이해하기가 힘들다. 칼을 소지한다는 사실이 미리 무언가를 자르려는 생각을 했다는 것을 분명하게 보여 주기 때문이다.

1장   악마라 불리는 사람들

그러나 나에게 중요한 일은 손가락을 자르기 직전 몇 초 동안 그 사람의 마음속을 상상해 보는 일이다. 바로 그 순간 도둑에게는 아마도 목표물(반지)밖에 보이지 않았을 것이다. 이 작은 물체는 그에게 몇 주 동안의 식량을 제공해 줄 수 있다. 그와 그의 다음 끼니 사이에 놓여 있는 것은 잘라 내야만 하는 그 여성의 손가락뿐이다. 손가락이 손에 붙어 있다는 사실은 단지 불편한 사항일 뿐이다. 이 문제에 대한 냉철한 논리적인 의견은 이렇다. 떼 내라. 손이 사람에게, 그 사람의 인생에, 그녀 자신의 감정에 부착돼 있다는 사실은 그 순간에는 고려되지 않았다. 이 사례는 사람을 (다름 아니라) 사물화한 사례 중 하나다. 여기서 내가 주장하려는 바는 당신이 누군가를 하나의 물체로 취급할 때, 당신의 공감이 작동하지 않는다는 것이다.

이 사례는 이러한 범죄를 저지를 수 있는 누군가의 순간적인 실수를 보여 주는지도 모른다. 가해자의 절망과 굶주림, 가난이 너무 압도적이면 희생자에 대한 공감을 일시적으로 잃어버릴 수도 있는 것일까? 우리는 모두 이런 상태에 순간적으로 빠졌다가 이후 다시 공감 능력을 회복한 사람을 경험하거나 관찰한 적이 있다. 나는 당신이 공감 능력을 순간적으로 잃어버린다 해도 우리가 이 사례에서 보았던 것 같은 끔찍한 사건이 발생하지는 않을 것이라고 추측한다. 그렇다면 이 남자가 여성에게 한 행동은 단순한 순간적 일탈 이상의 것이라는 결론이 나온다. 이 책에서의 내 관심사도 순간적인 일탈보다 오래 지속되는 현상, 공감 능력을 회복하는 게 불가능하지는 않을지라도 보다 어려우며, 극단적으로 심각한 결과를 가져올 수 있는 훨씬 지속적인 특성에 대한 것이다. 우리는 공감 능력이 절실하게 필요하지만 여러 가지 이유로 공감 능력이 없는, 또 아마도 그 능력을 영원히 갖지 못할 사람들을 더 자세히 살펴볼 예정이다.

그러나 그에 관한 많은 사례들은 나중에 좀 더 자세히 다루기로 하고 지금은 공감의 침식을 보여 주는 세계 도처에서 발생한 서로 다른 네 가지 사례들에만 초점을 맞출 예정이다. 모든 문화에서 이런 일이 벌어질 수 있다는 사실을 보이기 위해 고통스러운 사례들을 일일이 열거할 필요는 없기 때문이다.

요제프 프리츨(Joseph Fritzl)은 오스트리아 북부 암슈테텐에 있는 자신의 집 지하에 창고를 만들었다.[6] 이 사건에 대해 들어 본 적이 있을 것이다. 전 세계 뉴스에 이 사건이 대서특필되었으니까. 1984년 8월 24일, 그는 자신의 딸 엘리자베스를 지하실에 가두고 24년 동안 감금했다. 아내에게는 딸이 실종되었다고 말했다. 요제프는 엘리자베스를 11살 때부터 성인이 될 때까지 줄곧 매일같이 강간했다. 결국 그녀는 지하 감옥에서 7명의 아이를 낳았다. 그중 한 아이는 태어난 지 3일 만에 숨졌으며 그녀의 아버지(이자 아이의 아버지이며 동시에 할아버지)는 증거를 없애기 위해 그 시체를 태웠다. 상상해 봐라. 자신의 손자를 태우는 모습을.

이 24년 동안 계속 요제프와 그의 아내 로즈마리는 오스트리아 텔레비전에 출연하여 엘리자베스를 찾아 줄 것을 호소하며 그녀의 실종에 고통스러워하는 모습을 연출했다. 요제프는 엘리자베스의 아이들 중 3명이 어머니에게 버림받은 채 자신의 집 현관문 앞에 불가사의하게 등장했다고 주장했다. 그와 그의 아내(아이들의 할머니)는 이 아이들을 키웠다. 다른 세 아이들은 지하 감옥에서 성장해 심각한 정신적인 혼란을 겪게 되었다. 어떻게 아버지가 자신의 딸을 물건처럼 취급하고 그녀와 그의 세 아이/혹은 손자에게서 자유를 누릴 권리를 박탈할 수 있었을까? 그의 공감 능력은 대체 어디로 가 버린 것일까?

BBC 「뉴스나이트」 프로그램에서 보도된 다음 사례는 나를 길 한복판에 우두커니 멈춰 서게 만들었다. 2002년 7월 24일, 반란군들이 우간다의 파종 마을에 침입했다. 당시 어린 엄마였던 에스더 레첸(Esther Rechan)은 그 후 벌어진 일들을 다음과 같이 회상했다.[7]

> 제 두 살배기 아기가 베란다에 앉아 있었어요. 반란군들은 그 애를 차기 시작했죠. 애가 죽을 때까지 발길질은 계속됐어요.…… 저는 5살짜리 아이와 같이 있었어요. 그때 여성 반군 사령관이 아이와 함께 있던 모든 사람들에게 애들을 들어 올려 베란다 기둥에 내려치라고 명령했어요. 우리는 애들이 죽을 때까지 때려야만 했어요. 애가 있던 사람들은 모두 자기 자식을 죽여야만 했어요. 만약 애를 더디게 때리면 그들은 우리를 때리며 기둥을 향해 더 세게 내려치라고 강요했어요. 모두 합쳐 7명의 아이들이 자기 엄마에 의해 그렇게 살해당했어요. 내 자식은 겨우 5살이었어요.[x]

엄마에게 자기 자식을 죽을 때까지 때리라고 명령했던 이 반란군들의 마음속에선 무슨 일이 일어나고 있었던 것일까?

이제 비교적 덜 알려진 홀로코스트 사례 하나를 살펴보자. 지난해 터키에 갔을 때 나는 이 일에 대해 듣게 되었다. 터키 사람들은 따뜻하고 우호적이며 친절하기로 잘 알려져 있지만, 오스만 제국의 통치 아래 있을 때 그들은 아르메니아인들(그리스도교의 한 종파)을 열등한 시민으로 여겼다. 실제로 1830년대 아르메니아인들은 법정에서 이슬람교도들에게 불리한 증언을 할 수 있는 자격조차 없었다. 그들의 증거는 채택할 수 없는 것으로 간주되었다. 1870년대까지 아르메니아인들은 종교를 바꿀 것을 강요당했으며 1890년대에는 최소 10만여 명의 아르메니아인들이 살해당했다. 1915년 4월 24일, 아르메니아 지식인들 250명이 일제 검거되어 투옥된 후 사형당했다.[8] 같은 해 9월 13일 오스만 제국 의회가 아르메니아인 재산의 "징발과 몰수"를 명하는 법률을 통과시키자 아르메니아인들은 터키에서 시리아의 다이르 앗 자우르까지 행진했다. 가는 도중에, 또 (터키와 이라크, 시리아 사이의 국경 지역 근처의) 25개 강제 수용소에서 150만 명의 아르메니아인들이 사망했다. 일부는 무더기로 화형당했으며, 일부는 모르핀 주사를 맞았고 또 일부는 독가스에 의해 숨졌다. 거의 거론되지 않는 역사인 이 아르메니아인 집단 학살은 (필요하다면) 홀로코스트가 나치에게서만 나타나는 고유한 무엇이 아니라는 명백한 증거다.

인간의 잔혹성에 대한 마지막 사례는 콩고 지역에서 일어났다. 1994년 반란군들이 공격했을 때, 미린디 유프라지(Mirindi Euprazi)는 콩고 민주 공화국 와룽구 지역 내의 닌자 마을에 있는 집에서 머물고 있었다. 그녀는 당시 상황을 다음과 같이 전했다.

그들이 아들에게 저하고 성관계를 맺을 것을 강요했어요. 행위가 끝나자 그들은 그 아이를 죽여 버렸어요. 또 남편이 보는 앞에서 절 강간하고 남편 역시 죽였어요. 그리고 나서 제 세 딸들을 데리고 가 버렸어요.[9]

그녀는 그 이후로 세 딸의 소식을 듣지 못했다. 자기 집이 불에 타는 동안, 그녀는 벌거벗겨진 채 내팽개쳐져 있었다고 한다. 나는—나처럼—여러분도 이 사건에 대한 얘기를 듣고 충격을 받았으리라 생각한다. 어떻게 반란군들은 이 여성이 자신의 어머니와 다를 바 없는 사람이라는 사실을 잊어버릴 수 있었을까? 어떻게 그들은 그녀를 이런 방식으로 물건 취급할 수 있었을까? 또 어떻게 그들은 자기 엄마와 섹스할 것을 강요받은 이 소년이 정상적인 감성을 가진 보통의 10대라는 사실을 무시할 수 있었을까?

인간이 무슨 짓을 저지를 수 있는지 우리에게 상기시켜 줄 수 있는, 여러 문화에서 발견된 인간의 잔혹성에 대한 사례들은 이보다 훨씬 더, 충분히 많다. 내가 주장하려는 바는 낮은 공감 능력이 잔인한 행동의 필요조건이지만 충분조건은 아니라는 것이다. 정의상 공감을 당신이 다른 사람들을 상처 입히지 못하도록 막아 주는 것이라고 한다면 공감의 부재는 다른 사람들에게 상처를 줄 수 있다. 때문에 낮은 공감 능력은 잔인한 행동의 필요조건이다. 그러나 낮은 공감 능력은 단지 잔인함이 활동할 수 있는 상황을 마련해 줄 뿐이지 잔인함이 그 유일한 결과물은 아니다. 따라서 충분조건이 될 수는 없다. 잔인한 행동은 공감 능력이 부재한 결과라는 내 주장이 옳다라고 한다면, 다음으로 우리가 시급히 해야만 하는 것은 아래와 같은 두 개의 근본적인 질문에 답을 찾는 것이다. 공감이란 무엇인가? 또 왜 어떤 사람들은 다른 사람들보다 공감 능력이 낮은가?

2

공감의 뇌 과학

    비공감적인 행동들은 이 행성에 거주하는 모든 인구 집단에서 발견되는, 종형 곡선의 단지 맨 가장자리에 해당될 뿐이다. '악'이라는 단어를 '공감의 침식'이라는 용어로 대체하고 싶다면, 공감을 더 자세히 이해해야만 한다.
    핵심 아이디어는 우리는 모두 (높고 낮은) 공감 스펙트럼 위 어느 지점엔가 위치한다는 것이다. 악하다거나 잔인하다고 불리는 사람들은 단지 공감 스펙트럼의 한 극단에 있을 뿐이다. 우리는 모두 우리가 공감 능력을 얼마나 갖고 있는가에 기초해 이 스펙트럼 위에 줄을 설 수 있다. 이 장에서는 사람마다 공감 능력이 다른 이유를 이해하기 위한 조사에 착수하려고 한다. 이 스펙트럼의 한 끝에서 '공감 제로', 즉 '공감의 정도가 0인 단계'를 발견하기 때문에, 또 이 불가사의하고 강력한 실체인 공감의 내면에 닿기 위해 우리는 공감의 종형 곡선(empathy bell curve)을 이해해야만 한다.

하지만 그 전에 우리는 먼저 공감을 정의해야 한다. 공감을 정의하는 방식은 많지만 내 정의는 다음과 같다. **공감은 우리가 관심사에 외골수적(single-minded)으로 집중하길 중단하고 대신 이심적(double-minded)으로 집중하는 방식을 채택할 때 일어난다.**

'외골수'적인 집중은 우리가 자신의 마음과 현재의 생각 혹은 인식만을 고려하고 있다는 것을 의미한다. '이심'적인 집중은 우리가 자신과 동시에 다른 사람을 염두에 두고 있음을 의미한다. 이러한 정의는 즉각적으로 공감에 무엇이 수반되는지에 대한 실마리를 제공한다. 공감이 작동하지 못할 때, 우리는 오직 자신의 이해관계만을 생각한다. 공감이 작동할 때, 우리는 다른 사람의 이해관계에도 집중한다. 때때로 집중은 조명에 비유되곤 하는데, 그렇다면 공감에 대한 이 새로운 정의는 우리의 집중이 단 한 개의 조명(어둠 속에서 우리 자신의 이해관계만을 비춰 주는)일 수도 있으며 혹은 두 번째 조명(다른 사람의 이해관계를 비춰 주는)을 동반하는 것일 수도 있다는 사실을 제시한다.

그러나 공감의 정의는 여기서 끝나지 않는다. 이 정의의 앞부분은 단지 공감이 취하는 형태(이중 초점)만을 상술한다. 또 공감이 요구하는 뇌 속의 기제가 어떤 종류인지 암시한다. 우리가 동시에 두 마음(나 자신과 타인)을 고려하는 방법[xi] 말이다. 우리는 이 장의 뒷부분에서 뇌 속의 공감을 조사할 예정이다. 아직까지 내 정의는 공감이 이뤄지는 동안 일어나는 과정과 내용들을 무시하고 있다. 그래서 우리는 공감의 정의를 아래와 같이 확장할 수 있다. **공감은 타인이 생각하거나 느끼는 것을 파악하고 그들의 사고와 기분에 적절한 감정으로 대응하는**

능력이다.

이 정의는 공감에 최소한 두 단계가 있다는 사실을 제시한다. 인식과 반응이 그것이다. 만약 인식은 했지만 반응을 안 한다면 전혀 공감하지 않은 것이기 때문에 사실상 이 두 가지가 모두 필요하다. 여행객이 열차에서 머리 위 선반으로 옷가방을 올리려고 애쓰는 모습을 그저 앉아서 보고만 있을 뿐이라면 당신은 그 사람의 감정(좌절감)에 반응하는 데 실패한 것이다. 그러므로 공감은 당신이 다른 사람의 기분과 생각을 파악할 수 있는 능력뿐 아니라 그것에 적절한 감정으로 대응하는 능력 역시 요구한다.[xii] 이 책에서 나중에 나는 이러한 공감의 요소들 중 하나 이상을 상실했거나 정상적으로 발달시키는 데 실패한, 특정한 의학적인 질환을 가진 사람들을 소개할 예정이다.

두 번째 조명이 작동하고 있고, 당신이 인식과 반응 모두를 할 수 있을 때, 당신은 다른 사람들이 어떻게 느끼는지 물을 수 있을 뿐만 아니라 그들의 감정에 상처를 주는 일을 예민하게 피하고 어떻게 하면 그들의 기분을 좋아지게 할지 고민하며, 당신이 말하거나 행하는 모든 것들이 그들에게 끼칠 영향을 고려할 수 있다. 그들이 당신에게 자신의 상태를 얘기할 때 당신은 ― 그들의 얼굴이 마치 내면의 생각과 감정을 투명하게 반영하는 것처럼 살피며 ― 그들이 무엇을 말하는지뿐만 아니라 어떤 식으로 말하는지까지 파악할 수 있다. 만약 그들이 어느 정도 고통을 겪고 있다면, 바로 당신은 위안과 연민을 제공해야 한다는 것을 **알게 된다.**

그러나 타인의 사고나 감정을 고려하지 않은 채 당신의 현재 흥미나 목표, 소원 혹은 계획으로 주의가 단일하게 집중된다면, 당신의 공감은 실질적으로 작동하지 않게 된다. 주의가 어딘가 다른 곳을 향해 있고 그 상태에서 일시적 변화를 겪어 공감이 작동하지 않을 수도 있다. 예를 들면, 무언가를 찾으며 자신의 소지품들을 광적으로 샅샅이 뒤지고 있는 중이라면 당신의 주의는 오직 무언가를 급하게 찾는다는 현재의 목적에만 집중할 것이다. 그 순간, 다른 사람이 보이지 않게 되거나 적어도 그들의 감정을 볼 수 없게 될지도 모른다. 이렇게 편파적인 상태에서는 타인 ― 혹은 그들의 감정 ― 은 더 이상 존재하지 않게 된다. 오직 중요한 것은 당신이 당면한 문제를 해결하는 것 ― 그 물건을 찾아, 무언가를 해결하고, 뭐가 됐든 현재 생각하는 바를 달성하는 것 ― 이다. 만약 누군가가 당신에게 지금 무얼 하고 있는지 물으며 끼어든다면, 당신이 하는 말은 일방적인 이야기 ― 현재 당신이 사로잡혀 있는 바를 보고하는 내용일 것이다. 당신이 현재의 상태를 묘사하기 위해 사용하는 언어는 완전히 **자기** 초점(self-focus)적일 것이다.

이 책에서 우리는 자기 초점 속에 감금돼 있는 사람들을 마주치게 될 것이다. 감금돼 있다고 표현한 이유는 이러한 마음 상태가 나중에 공감 능력을 회복할 수 있는 일시적인 상태가 아니기 때문이다. 그들에게 있어서 자기 초점은 유효한 전부다. 마치 그들의 신경 컴퓨터의 칩이 사라져 버린 것과 같다. 공감 능력의 일시적인 변동은 회복될 수도 있다. 그러나 하나의 안정된 특성으로서 공감이 지속적으로 결핍된 상태는 그렇지 않다.

공감할 수 있다는 것은 **다른** 사람의 입장을 정확하게 이해할 수 있으며, '그들의 입장과' 자신을 동일시할 수 있다는 것을 의미한다. 또 그렇지 않으면 양립할 수 없는 목표 사이에서 교착 상태에 빠질 수 있는 문제에 대해 해결책을 발견할 수 있다는 것을 의미한다. 공감은 다른 사람에게 소중하게 여겨진다는 느낌을 주며, 자신의 사고와 감정이 경청되고 있으며 인정받고 존중된다는 느낌을 줄 수 있다. 공감은 당신이 가까운 친구를 만들고 우정을 가꿔 나갈 수 있게 해 준다. 공감은 타인이 의도한 바를 파악하게 하여 오해나 소통이 혼선될 위험을 피하게 해 준다. 또 동일한 사건에 대한 타인의 경험이 자신의 경험과 얼마나 다를지 예상하게 해 주어 불화를 일으키는 일을 피하게 해 준다. 단지 당신이 자신의 행동이나 말을 악의 없는 장난이라고 생각한다고 해서 상대방도 그것을 같은 방식으로 받아들이지는 않는다. 이 책은 대개 공감이 너무 적은 상태의 부정적인 측면에 집중하고 있지만, 평균 수준의 공감—혹은 훨씬 우수한 수준의 공감 능력이 가진 이 긍정적인 이점들을 반드시 명심할 필요가 있다.

지금까지 공감에 대한 내 정의는 공감이 현재하거나 부재한다고 추정한다. 관심의 초점이 단일해질 때, 공감은 사라진다. 관심의 초점이 이원적이 될 때, 공감은 되살아난다. 공감에 대한 이러한 묘사는 머릿속에서 떠오른 생각을 백열전구로 표현하는 것과 마찬가지로 이분법적(꺼지거나 켜지는)이다. 실제로 공감은 켜거나 끄는 스위치보다는 조광 스위치[xiii]와 더 비슷하다. 과학에서 조광 스위치는 낮은 데서 중간을 거쳐 높아지는 스펙트럼이나 정량적 범위를 제시한다. 이 같은 정량적인 관점에서 공감은 모집단 내에서 **달라진다**. 이제 모든 사람들에게 공감 점수를 할당할 수 있도록 우리에게 공감을 측정하는 방법(실제로 그런 기구가 있다. 따라서 이러한 상상이 근거 없는 공상 과학은 아니다.)이 있다고 상상하자. 그 결과 그림 3에서 보이는 것 같은 친숙한 종

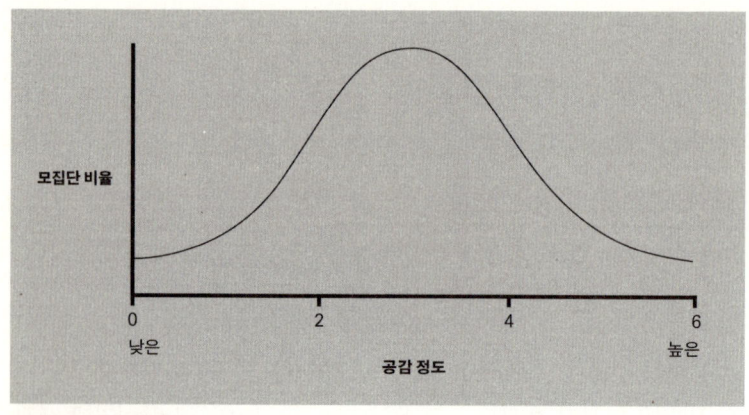

그림 3 공감의 종형 곡선

형 곡선이나 정규 분포 곡선이 나타난다.

이 그림에서 몇몇 사람들은 공감이 높고, 몇몇은 중간이며, 몇몇은 낮다. 나는 일부 사람들이 이 공감 범위의 낮은 쪽 끝에, 어쩌면 영구적으로 위치하며 이 극단에 있는 사람들 중 또 몇몇은(전부가 아니라는 점이 중요하다.) 우리가 "악하다"거나 잔인하다고 부를지도 모르는 사람이라고 주장하려 한다. 즉, 그들은 결코 공감을 많이 하지 못하거나 전혀 하지 못할지도 모른다. 그 외에 공감 스펙트럼의 낮은 쪽 끝에 있는 사람들은 현재 처한 상황으로 인해 일시적으로 공감 능력이 정지된 것인지도 모른다. 즉, 공감 능력이 있지만 일시적으로 그것을 잃어버린 것이다. 그러나 공감의 범위에서 점수가 어떻게 낮아졌든지 간에 그 결과는 동일할 수 있다. 이런 의미에서 감소된 공감 능력은 잔인함을 초래하는 데 필수적인(그러나 충분조건은 아닌) 최종 공통 경로다. 이 지점에서 당신은 다른 사람들을 비인간화시키거나 사물화할 수 있으며 그로 인해 비극적인 결과가 발생할 수도 있다.

　한 사람의 공감 능력이 높은지 중간인지 낮은지를 결정하는 것은 무엇인가라는 핵심 질문으로 들어가기 위해서는 공감에 대한 실험적이고 과학적인 연구들이 필요하다. 어떤 실험 연구든 그 출발점은 측정이다.

공감을 측정하기

　공감의 본성에 대한 연구의 일부분으로, 내 동료들(샐리 윌라이트와 보니 우양, 캐리 앨리슨)과 나는 연령에 따른 공감 능력을 측정하는 데 필요한 척도를 개발했다. 이 창의적인 팀과 작업하는 일은 즐거웠다. 우리는 심리학 연구에서 사용되는 주요 공감 검사가 순수하게 공감만을 측정하지 않는다는 사실을 발견했다.[xiv] 그래서 우리는 공감 지수(혹은 EQ)라고 불리는 우리 자신의 척도를 고안했다. 우리는 공감의 두 가지 주된 구성 요소들(인식과 반응) 각각과 관련된 질문들을 포함하도록 이 척도를 설계했다. 이 척도는 공감하는 데 어려움을 겪는 사람들과 그렇지 않은 사람들을 잘 구분해 준다.[12] EQ (40개 항목 중) 10개의 예시들을 아래 제시한다(완전판은 부록 1에 있다.).

성인용 공감 지수

1. 나는 누군가 대화에 참여하고 싶어 하는 것을 쉽게 알아챌 수 있다.

2. 나는 내가 쉽게 이해하는 것을 다른 사람이 첫 번에 이해하지 못할 때, 그 사람에게 설명하는 데 어려움을 느낀다.

3. 나는 다른 사람을 돌보는 것을 정말로 좋아한다.

4. 나는 사람들과 함께해야 하는 상황에서 무엇을 어떻게 해야 할지 잘 모르겠다.

5. 사람들은 논의 시 내가 자기주장이 너무 지나치다고 종종 이야기한다.

6. 나는 친구와 만날 때 약속 시간을 못 맞춰도 크게 걱정하지 않는다.

7. 나는 친구 관계나 대인 관계가 너무 어려워서 그런 문제에 신경 쓰지 않으려고 한다.

8. 나는 어떤 행동이 무례한지, 공손한지를 판단하기 힘들 때가 많다.

9. 나는 대화할 때 상대방이 어떤 생각을 하는지에 주의하기보다는 내 생각에 더 집중할 때가 많다.

10. 나는 어렸을 때, 벌레를 자르면 어떻게 될지 궁금해서 벌레를 자르는 것을 즐겼다.

만약 당신이 항목 1번과 3번에 동의한다면, 당신은 EQ 2점을 얻게 된다. 만약 항목 2와 4~10번에 동의하지 않는다면 당신은 총 10점의 EQ 지수를 얻게 된다. 점수가 높을수록 당신의 공감 능력도 높다.

성인용 EQ 척도는 자기 보고(self-report)에 의존한다. 이 척도는 대규모 표본에서 잘 작동하며, 인문 사회 계열의 학생들이 이공 계열의 학생들보다 EQ가 다소 높다거나 일반인들에서 여성의 EQ가 남성보다 다소 더 높다는 점 등을 밝혀냈다.[13,14] 가장 중요한 점은 이 공감 지수가 우리가 모집단에서 발견하리라 기대했던 공감의 종형 곡선을 생산한다는 점이다.

작성자가 자신을 실제보다 더 공감적으로 생각할 수 있는 탓에 EQ 척도가 자기 보고에 의존한다는 점은 문제가 될 수도 있다. 종종 공감 능력이 낮은 사람이 정작 본인이 공감 능력이 낮다는 사실을 제일 마지막에야 깨닫게 되는 것도 이 때문이다. 실제로 대개의 경우가 그렇다. 이심성(double-mindedness)이 공감의 본질에 해당되기 때문에 공감 능력을 잃으면 자신의 공감 능력이 낮다는 사실도 자각하지 못하게 된다. 이심성은 **타인**이 어떻게 느끼는가 혹은 타인이 무엇을 생각하고 있는가를 고려하는 데 사용될 뿐만 아니라 당신이 다른 사람에 의해 어떻게 인식되고 있는가를 파악하는 데에도 사용된다. 자신을 다른 사람의 관점에서 그리는 것을 자기 인식(self-awareness)이라고 한다. 공감 능력이 매우 낮은 사람들은 마치 자신의 내면을 들여다볼 수 있는 기구가 결핍된 것처럼, 스스로를 볼 수 있는 반전된 잠망경을 갖고 있지 않은 것처럼 보인다.

몇몇 사람들이 자신의 EQ를 정확하게 작성하지 않을지도 모른다는 우려는, 가끔 발생하는 부정확성이 서로 상쇄되는 대규모 표본 자료에서는 그다지 중요하지 않을 것이다. 그 후 우리는 부모가 작성하는 아동용 EQ 척도를 개발했다(부록 1에 수록되어 있음.). 성인용 EQ 척도에서 발견한 것처럼, 평균적으로 여자아이들은 남자아이들보다 EQ가 다소 높게 나타났다.[15] 이처럼 EQ는 우리에게 공감 능력이 높은지 낮은지 혹은 중간인지 예상하게 해 준다. 다음 장에서 우리는 EQ가 극단적으로 낮은 몇몇 사람들을 만나 볼 예정이다. 그 전에 먼저 EQ에서 보이는 개인차에 대해 짚어 보는 것이 좋겠다.

공감 기제

뇌 속에 각 개인들의 공감 능력 정도를 결정하는 회로 — 공감 회로 — 가 있다고 상상해 보자. 이것을 공감 기제라고 부르자. EQ로부터 우리는 공감 기제가 일곱 가지 수준으로 설정되어 있다는 사실을 파악할 수 있다.[xv] 이들은 광범위한 대역으로 우리는 공감 능력의 일시적인 변동으로 인해 이 대역 내에서 매일매일 조금씩 움직이고 있을지도 모른다. 그러나 우리가 속한 대역은 대략적으로 고정되어 있다.

레벨 0의 사람은 공감 능력이 전혀 없다. 3장에서 우리는 법적인 문제를 겪고 있어서 스스로 진단을 받으러 병원에 왔거나 혹은 (영국에서는 '여왕님에 의해'라고 표현하는 것처럼) 강제적으로 병원에 구금된 사람들, 또는 이미 진단을 받은 적이 있는, 공감 수준이 0인 사람들을 만나 볼 예정이다. 레벨 0에서 일부의 사람들은 살인, 폭행, 고문, 강간 등의 범죄를 저지를 수 있게 된다. 다행히도 레벨 0에 속한 모든 사람들이 타인에게 잔인한 행동을 하지는 않는다. 이 단계에 있는 사람들 중 일부는 단지 다른 사람들과 관계를 맺는 데 어려움을 느낄 뿐이지 타인에게 해를 끼치길 원하지 않는다. 반면 어떤 사람들은 자신들이 다른 사람들에게 상처를 주고 있다고 지적을 받아도 **별다른 느낌이 없다**. 그들은 다른 사람들이 어떻게 느끼는지 이해하지 못하기 때문에 후회나 죄책감을 경험할 수가 없다. 이 상태가 바로 극단의 극치, 공감 제로다.

레벨 1의 사람도 타인에게 상처를 줄 수 있다. 그러나 그들은 자신의 행동을 어느 정도 되돌아보고 유감을 표현할 수 있다. 단지 그 순간 그들은 스스로를 멈출 수 없었을 뿐이다. 확실히 공감은 그들의 행동에 충분한 제어 장치가 되어 주지 못한다. 이 레벨에 속한 사람들에서는, 보통 그들이 다른 사람들을 물리적으로 상처 주지 못하게 막을 수 있는 뇌의 공감 회로의 일부분이 '멈춰 버린다.' 특정 조건 하에서 이 사람들은 어느 정도 공감을 보일 수 있지만 폭력적인 기질이 촉발되면, 그들은 자신의 판단력이 완전히 흐려졌다거나 자신이 '몹시 화가 났다'고 보고할지도 모른다. 그때 다른 사람들의 감정은 더 이상 그들에게 감지되지 않는다. 무서운 것은 공감 회로의 고장이 어떻게 한 개인이 극단적인 폭력을 저지를 수 있게 놔둘 수 있느냐다. 폭행의 순간, 공격과 파피의 충동이 너무 압도적이라서 이 사람이 저지를 수 있는 행동에는 한계가 없으며 그들의 희생자는 그 순간 단지 격파하거나 제거해야 할 사물이 되어 버린다.

    레벨 2에서 사람들은 아직 공감하는 데 큰 어려움을 겪는다. 그러나 그들은 다른 사람들이 이에 대해 어떻게 느끼는지 어렴풋이 눈치채고 물리적인 공격을 충분히 억제할 수 있다. 그렇다고 타인에게 소리를 지르거나 상처 입히는 말을 하는 걸 그만두지는 못하지만 다른 사람들의 감정이 상했을 때 자신이 무언가 잘못된 일을 했다는 사실을 깨달을 만큼의 충분한 공감 능력을 갖고 있다. 그래도 그들이 자신이 도를 지나쳤다는 사실을 깨달으려면 대개 상대방이나 주변 사람들로부터 피드백을 받아야만 한다. 다른 사람의 감정을 예민하게 예상하는 일이 그들에게는 자연스럽게 이뤄지지 않는다. 그래서 레벨 2의 사람은 평생을 두고 부적절한 말을 하거나("당신 살쪘어!") 잘못된 행동을 하면서(다른 사람의 "사적인 공간"을 침해하기) 계속 실수를 저지른다. 그들은 가정이나 일터에서 끊임없이 이러한 실례를 저질러 곤란을 겪는다. 어쩌면 그로 인해 직장을 잃거나 친구를 잃게 될지도 모르지만 자신이 무슨 잘못된 행동을 하고 있는지 계속 혼란스러워한다.

레벨 3의 사람은 자신의 공감 능력에 문제가 있음을 알고 그 사실을 감추거나 보상하기 위해 노력할 수 있다. 그들은 아마 공감 능력을 계속해서 요구하는 직업이나 관계를 피하려 할 것이다. '정상인 척' 노력하는 일은 사람을 지치게 만들고 스트레스를 잔뜩 주는 일일 수 있다.[16] 그들은 사회적 상호 작용이 너무 어렵기 때문에 일터에서 사람들을 피할지도 모른다. 또 남의 관심을 끄는 짓을 하지 않고 너무 많은 사람들과 접촉하지 않기를 바라며 일을 할 수도 있다. 그들은 다른 사람들은 모두 이해하는 농담을 자신은 이해하지 못한다는 사실을, 또 타인의 얼굴 표정을 읽는 게 어렵고 다른 사람들의 상태를 확신하기 힘들다는 사실을 깨달을지도 모른다. 짧은 대화나 수다, 한담은 이 레벨에 있는 사람에게는 악몽일지도 모른다. 어떻게 해야 하는지에 대한 규칙이 없으며 모든 것이 예측 불가능하기 때문이다. 집에 돌아왔을 때 그들은 (더 이상 다른 사람들과 같은 '척'할 필요가 없다는 데서 오는) 안도감을 크게 느낀다. 그들은 평상시 자기 모습 그대로 있기 위해 오직 혼자 있고 싶어 한다.

레벨 4에서 사람들은 평균이나 그 이하의 공감 능력을 가진다. 대개 그들의 다소 무딘 공감 능력은 일상 활동에 영향을 미치지 않는다. 그래도 이 레벨의 사람들은 감정 이외의 다른 주제들로 화제가 전환

되었을 때 한결 편안함을 느낄지도 모른다. 여성보다는 남성들이 레벨 4에 속하는 경우가 많다. 이들은 기분에 대해 장기간 토론하기보다는 실질적인 무언가를 하거나 기술적인 수리를 권하며 문제를 해결하길 더 선호한다.[17] 친구 관계는 정서적인 친밀함보다는 공유된 활동이나 관심사에 기반하는 경우가 더 많다. 물론 그렇다고 우정이 덜 즐겁다거나 더 약하지는 않다.

레벨 5의 사람들은 공감 능력이 평균보다 아주 조금 높다. 이 레벨에는 남성들보다 여성들이 더 많다. 여기서 친구 관계는 정서적인 친밀함, 비밀의 공유, 상호 지원과 연민의 표현에 더 많이 기반한다. 레벨 5의 사람들이 다른 사람들의 감정에 대해 계속 생각하지는 않을지라도, 많은 시간 그들의 레이더는 타인들을 향해 작동하고 있어서 그들은 직장이나 가정에서 자신들이 상호 작용하는 방식에 훨씬 더 많이 주의를 기울인다. 그들은 군림하거나 강요하지 않으려고 자기 의견을 강하게 주장하길 삼간다. 또 다양한 관점들을 참고하거나 고려하기 위해 단독으로 결정을 내리려고 서두르지 않는다. 그들은 다른 할 일이 많을 때에도 다른 사람들과 시간을 보낸다. 다른 사람들이 현재 어떤 상태이며, 그 마음속에는 무엇이 있는지 같은, 직접적인 질문보다는 다양한 범위의 주제들에 대한 대화를 통해 더 잘 얻어지는 정보들을 (예민하게, 간접적으로) 알고 싶기 때문이다.

레벨 6에 속한 사람들은 타인의 감정에 지속적으로 집중하고, 그것을 살피고 지원하려 애를 쓰는 놀라운 공감 능력을 가지고 있다. 마치 그들의 공감이 계속 과다하게 각성된 상태에 있어서 다른 사람들은 결코 그들의 레이더를 꺼 버릴 수 없는 것 같다. 이 유형을 묘사하는 것보다 이런 사람 중 한 명을 사례로 드는 게 나을 것 같다.

한나는 사람들이 어떻게 느끼는지 알아차리는 데 천부적인 재능을 가진 심리 치료사다. 당신이 그녀의 거실에 들어서자마자 그녀는 이미 당신의 표정과 걸음걸이, 자세를 읽고 있다. 그녀가 당신에게 던지는 첫 질문은 "안녕하세요?"이지만 이는 형식적인 인사가 아니다. 그녀의 억양은 — 당신이 코트를 채 벗기도 전에 — 비밀을 털어놓고 마음을 열어 함께하자는 초대를 제의한다. 당신이 짧은 어구로 대답할지라도 당신의 목소리 톤은 그녀에게 당신 내면의 정서적인 상태를 알려 준다. 그녀는 당신의 응답에 "당신 목소리가 약간 슬프게 들리네요. 뭐 기분 안 좋은 일 있었나요?"라고 재빨리 덧붙인다.

자기도 모르게 당신은 이 훌륭한 청자에게 마음을 열고 있다. 그녀는 때때로 당신을 북돋아 줄 부드러운 말들을 전달해 당신이 스스로를 가치 있다고 느끼게 만들며, 위안과 관심의 소리를 제공할 때에만, 당신의 기분을 반영할 때에만 당신의 말에 끼어든다. 한나는 그것이 꼭 자신의 직업이라서 그리 하는 것은 아니다. 그녀는 자기 고객, 친구, 심지어 방금 만난 사람들과 함께 있을 때에도 이렇게 행동한다. 한나의 친구들은 그녀에게 보살핌을 받는다고 느낀다. 그녀의 친구 관계는 비밀을 공유하고 상호 지원을 제공하는 일을 중심으로 만들어진다. 그녀는 멈출 수 없는 공감의 욕구를 갖고 있다.[18,xvi]

공감 회로

무엇이 사람마다 공감 기제를 서로 다른 수준에서 설정하는가? 가장 즉각적인 답변은 공감 기제의 수준이 뇌 속 특정 회로의 기능에 의존한다는 것이다. 이 장에서 우리는 공감 회로에 대해 살펴보고 다음 장에서 이 회로가 잔인한 행동을 저지르는 사람들과 공감하는 데 어려움을 겪는 사람들에서 어떻게 활동이 부족한지 살펴볼 예정이다.

기능적 자기 공명 영상(functional magnetic resonance imaging, fMRI)

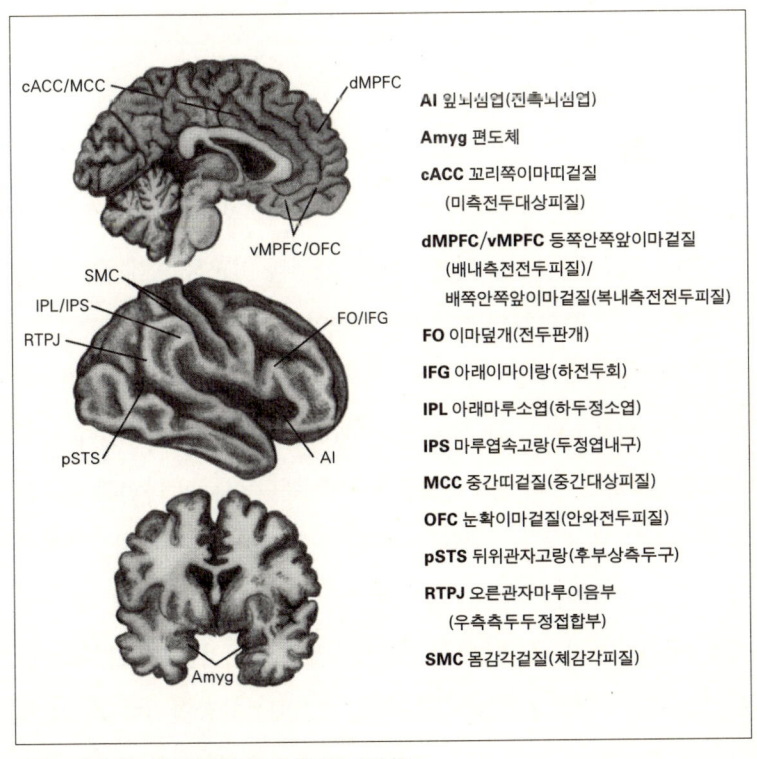

그림 4 공감 회로의 부위들(마이크 롬바르도 작성)

덕분에 과학자들은 공감에 핵심적인 역할을 수행하는 뇌 영역에 대한 선명한 영상을 얻고 있다. 신경 과학 분야에서는 최소한 열 군데의 상호 연결된 뇌 부위들이 공감에 관여한다고 여겨진다(그리고 더 많은 부위들이 발견되길 기다리고 있다.).[19] 그림 4에 그 부위들이 표시되어 있다. 나는 이 각 부위들을 간략히 설명할 예정이다. 처음 접하기에는 공감 회로 각 부위들의 명칭이 낯설어 보일 수 있다. 그러나 조금만 익숙해지면 이 부위들이 오래된 친구처럼 여겨질 것이다! 공감 회로의 여러 부위들을 밝혀내기 위해 뇌 영상(neuroimaging)을 사용한 몇몇 창의적인 실험들이 이뤄졌다.

안쪽앞이마겉질

공감 회로의 첫 번째 부위는 안쪽앞이마겉질(내측전전두피질, medial prefrontal cortex, MPFC)이다. 이곳은 사회적 정보 처리의 중심지로 여겨지며 자신의 관점을 다른 사람의 관점과 비교하는 데 중요한 역할을 한다.[20-22] 안쪽앞이마겉질은 등쪽안쪽앞이마겉질(배내측전전두피질, dorsal medial prefrontal cortex, dMPFC)과 배쪽안쪽앞이마겉질(복내측전전두피질, ventral medial prefrontal cortex, vMPFC)로 나뉜다. 등쪽안쪽앞이마겉질은 자신의 사고와 감정[21,24]뿐만 아니라 타인의 사고와 감정(때로 "상위 표상"이라 불리는)에 대해 생각할 때 수반된다.[20,23] 이와 대조적으로 배쪽안쪽앞이마겉질은 자신의 마음에 대해 더 많이 생각할 때 사용된다. 내 재능 있는 박사 과정 학생이었던 마이크 롬바르도는 자신과 다른 사람들의 연구에 근거해 배쪽안쪽앞이마겉질이 자기 인식에서 핵심적인 역할을 하는 것 같다고 주장한다.[21,25-27]

그러나 이것이 이 뇌 부위가 하는 일의 전부는 아니다. 아이오와 대학교의 신경 과학자 안토니오 다마지오(Antonio Damasio)는 배쪽안쪽앞이마겉질이 행동 방침의 정서가(emotional valence)[xvii]에 대한 정보를 저장한다는 이론을 제안한다. 만약 어떤 행동이 보상을 받는다면 그 행동은 정서적으로 긍정적인 반면, 처벌받는다면 그 행동은 정서적으로 부정적이다. 그는 이것을 "신체적 표지(somatic marker)"[xviii]라 부르고 우리가 실행하는 매일의 행동이 이러한 표지를 가지며 긍정적인 정서가의 신체적 지표를 가진 행동들만이 반복될 것이라고 제안한다. 그가 제시한 증거는 고통스러운 장면(재난이나 신체적 손상 등)을 보여 줬을 때 배쪽안쪽앞이마겉질이 손상된 환자들은 자율 반응(autonomic response)을 덜 나타낸다(예를 들면, 심장 박동의 변화가 감소함)는 것이다.[28,xix] 배쪽안쪽앞이마겉질이 정서가를 표시한다는 다른 증거는 배쪽안쪽앞이마겉질이 긍정적이거나 낙관적인 사고에 수반되며 배쪽안쪽앞이마겉질을 자극했을 때, 우울한 사람들의 감정이 덜 부정적이 된다는 점이다.[29,30]

신경 심리학 분야에서 가장 유명한 사례 중 하나인 피니어스 게이지(Phineas Gage, 1823~1860년)는 의도치 않게 배쪽안쪽앞이마겉질이 공감 회로에 관여한다는 증거로 추가되었다. 철도 건설 현장의 감독관이었던 피니어스는 쇠막대가 뇌를 관통하는 사고를 겪고도 살아났다. 분명 이 사고의 가장 큰 결과는 그가 공감 능력을 잃어버렸다는 것이다(그는 사고 후 12년을 더 살았다.).[31-33,xx] 어떻게 그런 일이 일어났을까. 1848년 9월 13일, 25살이었던 피니어스는 버몬트 주에서 암석을 폭파시키는 작업을 하고 있었다. 그의 일은 구멍에 화약과 폭파 장치를 채워 넣고 쇠막대를 사용하여 구멍 아래로 화약을 밀어 넣는 것이었다. 그런데 화약이 예상치 않게 폭발하며 쇠막대가 얼굴 옆쪽을 뚫고 왼쪽 눈 뒤를 지나 머리뼈(두개골)를 관통했다. 놀랍게도 병원에 실려 가는 동안 그는 의식이 멀쩡한 상태로 계속 이야기하며 카트에 앉아 있었다. 이듬해 사람들은 전에는 예의 바른 사람이었던 그가 지금은 비속한 말을 떠들어 대고 어떠한 사회적인 억제력도 보여 주지 않는, 어린아이 같고 엉뚱하며, 무례한 사람으로 변해 버렸다는 사실을 눈치챘다. 그는 공감 능력을 잃어버렸다.[xxi] 한 세기 이상이 지난 후, 신경 과학자인 한나 다마지오(Hanna Damasio)와 동료들은 보존된 그의 머리뼈로 현대의 뇌 영상 기술을 사용하여 막대가 그의 배쪽안쪽앞이마겉질에 손상을 입힌 게 틀림없다는 사실을 계산해 내었다.[31,32,34,35] 우리는 공감 능력이 낮은 사람들에서 배쪽안쪽앞이마겉질과 공감 회로 다른 부위들의 활동이 어떻게 부족한지 살펴볼 예정이다. 우선 이 회로의 다른 부위들을 지도에 표시할 필요가 있다.

눈확이마겉질

배쪽안쪽앞이마겉질은 때로 눈확이마겉질(안와전두피질, orbito-frontal cortex, OFC)이라고 불리는 부위와 겹쳐진다. 1994년에 나와 내 동료인 하워드 링은 눈확이마겉질이 공감 회로의 일부분이라는 것을 최초로 확인했다. 우리는 사람들에게 목록에 있는 단어들 중 어떤 단어가 마음이 할 수 있는 일을 묘사하는지 물었을 때 눈확이마겉질이 활성화되는 것을 발견했다.[36] 이 목록은 뛰다, 걷다, 먹다뿐 아니라 생각하다, ~인 척하다, 믿다 같은 단어들을 포함하고 있었다. 나중에 동료인 발레리 스톤(Valerie Stone)과 나는 눈확이마겉질에 손상을 입은 환자들이 언제 실례를 저질렀는지 판단하길 힘들어 한다는 사실을 발견했다. 이는 그들의 공감 능력에 문제가 있다는 징후였다.[37] 눈확이마겉질의 손상은 환자들에게 사회적 판단력을 잃게 하여 사회적으로 억제를 할 수 없게 만들 수도 있다. 덧붙여, 바늘이 (마취를 하지 않은) 손을 찌르는 장면을 볼 때, 눈확이마겉질이 활성화되는 것으로 나타났다. 이는 공감 회로의 이 부분이 어떤 일이 고통스러운지 아닌지 판단하는 데 관여한다는 사실을 제시한다.[38]

이마덮개

이마덮개(전두판개, frontal operculum, FO)는 눈확이마겉질에 인접해 있다. 이 부위에는 언어 표현에 관여하는 영역이 포함되므로 이마덮개는 공감 회로뿐만 아니라 언어 회로의 일부이기도 하다. 따라서 이 영역에 손상을 입으면 말을 유창하게 구사하는 데 어려움을 겪는다(브로카 실어증(Broca's aphasia)이라고도 불린다. 브로카 실어증에 걸린 사람은 문장을 이해할 수는 있지만 완전한 문장으로 의견을 표현하지 못한다.). 공감과 이마덮개의 관련성은 원숭이가 다른 동물들의 의도와 목적을 부호화할 때 사용하는 뇌 영역이 이마덮개와 동등한 부위라는 데에서 나온다.[39] 즉, (뇌 속 깊이 전극을 꽂은) **다른** 원숭이가 어떤 물체에 손을 뻗는 모습을 볼 때 원숭이의 이마덮개 속 세포들의 전기적 활성이 증가한다. 이 세포들은 원숭이 스스로가 물체에 손을 뻗을 때에도 점화(firing)한다.

아래이마이랑

이마덮개는 아래이마이랑(하전두회, inferior frontal gyrus, IFG)이라 불리는 더 큰 영역 위에 놓여 있다. 이 부위에 손상을 입으면 감정 조절에 문제를 일으킬 수 있다.[33] 예전 내 박사 과정 학생이었던 재능 있는 비쉬마데브 차크라바르티는 사람들에게 공감 지수 검사표를 작성하게 한 후, 그들을 뇌 주사 장치(brain scanner) 속에 가만히 눕혀 놓고 행복한 얼굴 표정을 쳐다보게 했다. 그림 5에 그들이 봐야만 했던 얼굴들을 일부 사례로 들어 놓았다. 비쉬마는 아래이마이랑이 공감에서 중요한 역할을 할 것이라고 예감했다. 검증 가능한 가설이었다. 검증을 위해 비쉬마는 뇌의 어느 부위가 네 가지 '기본적인' 감정들(행

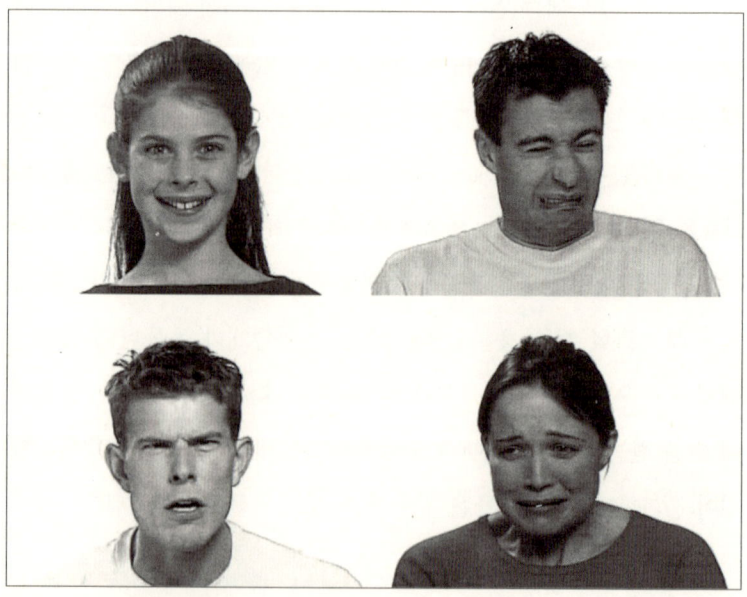

그림 5 행복, 역겨움, 슬픔, 화를 드러낸 얼굴들

복, 슬픔, 분노, 역겨움)에 반응하는지 확인하고자 fMRI를 사용했다.

나는 이 사진들을 볼 때마다 항상 미소 짓게 된다. 왼편 위쪽에 있는 사람이 내 딸 케이트이기 때문이다. 이때 그녀는 9살이었다. (그녀는 행복해 보이지만 다른 세 사진들은 그렇다고 말할 수 없다.) 비쉬마는 역겨움은 주로 앞뇌섬엽(전측뇌섬엽, anterior insula, AI) 부위에서, 행복은 주로 배쪽줄무늬체(복측선조체, ventral striatum)에서, 분노는 주로 보조운동겉질(보조운동피질, supplementary motor cortex)에서, 슬픔은 시상하부(hypothalamus)를 포함한 많은 부위들에서 처리된다는 사실을 발견했다.[40,41] 그 후 그는 사람이 보고 있는 감정의 종류에 관계없이 EQ와 계속 연관을 가지는 뇌 영역이 있는지 살펴보았다. 아래이마이랑이 딱 들어맞았다. 당신이 더 길 공감힐수록, 깁징을 드러내는 일굴들을 보고 있을 때 당신의 아래이마이랑은 더 많이 활성화된다.

꼬리쪽이마띠겉질과 앞뇌섬엽

대뇌겉질(대뇌피질)을 더 깊이 조사해 우리는 꼬리쪽이마띠겉질(미측전두대상피질, caudal anterior cingulate cortex, cACC)을 발견했다. 이 부위는 중간띠겉질(중간대상피질, middle cingulate cortex, MCC)이라고도 불린다. 꼬리쪽이마띠겉질/중간띠겉질은 '통증 기질(pain matrix)'의 일부분으로 활성화되기 때문에 공감에 관여한다. 이 지역은 고통을 경험할 때뿐만 아니라 고통스러워하는 다른 사람을 관찰할 때에도 활성화된다.[42] 그 뒤 우리는 앞뇌섬엽에 도달했다. 앞뇌섬엽은 공감과 긴밀하게 연결되는 자기 인식의 신체적인 측면에서 역할을 수행한다.[43] 취리히의 신경 과학자 타니아 싱어(Tania Singer)와 그녀의 동료들은 fMRI를 사용하여 사람이 자신이나 자기 배우자의 손에 고통스런 자극을 받을 때, 그 고통을 느끼던 느끼지 않던 혹은 자신이 사랑하는 사람의 고통을 지각하든 못하든 앞뇌섬엽과 꼬리쪽이마띠겉질/중간띠겉질이 활성화되는 것을 발견했다.[44] 시카고 대학교의 신경 과학자 진 데세티(Jean Decety)와 그의 동료들도 다른 사람의 손이 문에 끼인 것을 볼 때 앞뇌섬엽과 꼬리쪽이마띠겉질/중간띠겉질 부위가 활성화된다는 사실을 보여 주었다.[45] 활성화는 당신이 당신 자신과 상대방을 동일시하는 정도에 의해 조절된다.[46] 앞뇌섬엽은 당신이 역겨운 맛을 경험했을 때나 다른 사람이 역겨워하는 모습을 볼 때에도 활성화된다. 이러한 사실은 다시 한번 이 부위가 다른 사람의 정서적 상태를 공감하게 해 주는 뇌 부위라는 점을 시사한다.[47]

    타니아 싱어는 다른 사람이 공정하게 행동하고 있는지 판단할 때 뇌의 변화를 조사했다. 그녀는 남녀 모두 자신이 공정하다고 여기고 좋아하는 사람이 고통을 겪는 모습을 볼 때 꼬리쪽이마띠겉질/중간띠겉질과 앞뇌섬엽이 활성화되는 현상을 발견했다. 흥미롭게도 남성들은 자신들이 불공정하다고 여기거나 좋아하지 않는 사람이 괴로워하는 모습을 볼 때 공감 회로의 이 부위가 평균적으로 덜 활성화되었다.[48] 마치 남성들은 경쟁자일지도 모르거나 자신이 판단하기에 규칙을 위반했다고 여겨지는, 혹은 더 이상 관계를 유지하는 데 관심이 없는 사람들에게 더 쉽게 공감 기능을 차단할 수 있는 것처럼 보인다. 또 꼬리쪽이마띠겉질/중간띠겉질과 앞뇌섬엽은 행복부터 역겨움, 고통에 이르는 다양한 범위의 감정들을 경험하고 인식하는 데 분명히 연루되며[44,47,49-51] 이 부위들에 손상을 입으면 이러한 감정들을 인식하는 능력에 지장이 생길 수 있다. 이 근거들을 종합해 볼 때, 이 부위는 공감 회로의 핵심 부위라고 할 수 있다.

관자마루이음부

오른쪽 뇌의 관자마루이음부(측두두정접합부, temporal parietal junction, TPJ)도 특히 다른 사람의 의도와 믿음을 판단할 때 공감에서 중요한 역할을 한다고 밝혀졌다.[52] 이 부위는 공감의 인식적인 요소와, 혹은 때로 '마음 이론(Theory of Mind)'[xxii]이라 불리는 것과 더 관련이 있다. 우리는 다른 사람의 생각을 상상하려고 노력할 때 우리의 마음 이론을 사용한다. 관자마루이음부에 손상을 입으면 타인의 의도를 판단하는 데 어려움을 느끼게 되며 유체기 이탈한 듯한 체험을 하게 된다.[53] 반면 오른관자마루이음부(우측측두두정접합부, right temporal parietal junction, RTPJ)를 자극하면, 혼자 있을 때 누군가가 함께 있는 듯한 으스스한 경험을 할 수 있다.[54] 이러한 이상은 오른관자마루이음부가 자신과 타인을 관찰하는 데 관여함을 제시한다. 오른관자마루이음부는 (주의 전환 같은) 비사회적인 기능들에도 연루된다.[55,56]

위관자고랑

오른관자마루이음부 옆에는 뒤위관자고랑(후부상측두구, posterior superior temporal sulcus, pSTS)이 위치한다. 다른 개체의 시선이 향하는 곳을 추적 관찰하는 동물에서 위관자고랑(상측두구, superior temporal sulcus, STS)의 세포들이 반응한다는 점이 밝혀진 후 오랫동안 이 부위는 공감 회로와 관련된 것으로 여겨져 왔다.[57] 덧붙여, 위관자고랑 부위의 손상은 다른 누군가가 어디를 쳐다보고 있는지 판단하는 능력에 지장을 줄 수 있다.[58] 분명, 우리는 다른 사람이 어디를 쳐다보고 있으며, 또 자신이 보고 있는 것에 대해 무엇을 느끼는지 알아내기 위해 상대의 눈을 쳐다본다.[59] 위관자고랑은 생물학적인 움직임(생명체가 만들어 내는 자주적인 움직임인 애니메이트)을 관찰할 때에도 수반된다.[60]

몸감각겉질

공감 회로의 다음 부위는 몸감각겉질(체감각피질, somatosensory cortex, SMC)이다. 이곳은 스스로 촉각을 경험할 때 일어나는 부호화 과정에 수반될 뿐만 아니라 다른 사람들이 접촉을 당하는 모습을 보는 것만으로도 활성화된다.[61-65,xxiii] 몸감각겉질은 (그 명칭이 제시하듯이) 감각 경험에 수반되며, 그 외에 바늘이 다른 사람의 손을 찌르는 모습을 볼 때에도 활성화된다.[xxiv] 이 활성 역시 fMRI를 사용하여 관찰할 수 있다.[47,67] 이러한 사실은 우리가 다른 사람의 고통을 자신과 **동일시**할 때 매우 감각적인 방식으로 반응하게 된다는 점을 강하게 시사한다. 이 분명한 뇌 반응은 그렇게 하라는 의식적인 결정이 없어도 우리가 타인의 입장에서 생각하는 것이 틀림없다는 사실을 말해 준다. 우리는 단지 나라면 그 상황에서 어떻게 느낄지 상상할 수 있을 뿐만 아니라 마치 자신이 실제 그 일을 겪은 것처럼 그 일을 경험한다. 그도 그럴 것이 우리는 다른 사람이 다친 모습을 볼 때 무심결에 움찔하고 놀란다. 물론, 모든 사람들이 감정적인 상황에서 똑같이 이렇게 강한 공감 반응을 나타내지는 않을 것이다. 만약 몸감각겉질이 손상을 입거나 일시적으로 방해를 받으면, 다른 사람의 감정을 인식하는 능력이 의미 있게 감소한다.[68,69] 예를 들면, 외과 의사들은 이 감각적인 반응이 나타나지 않기 때문에 자기 직업에 잘 맞는지도 모른다. 침술을 수련하는 의사들이 바늘로 찔러야 할 신체 부위에 대한 사진들을 보는 동안 몸감각겉질이 덜 활성화된다는 야웨이 쳉(Yawei Cheng)의 발견은 이러한 예측을 확인해 준다.[70]

아래마루소엽과 마루엽속고랑

이마덮개와 아래이마이랑은 아래마루소엽(하두정소엽, inferior parietal lobule, IPL) 부위와 연결된다. 이 부위들은 '거울 신경 세포계(mirror neuron system)'의 일부분이기 때문에 흥미롭다. 거울 신경 세포계는 당신이 어떤 행동을 할 때, 또 다른 사람이 같은 행동을 하는 모습을 관찰할 때 활성화되는 뇌 부위들이다. 이탈리아 파르마 대학교의 신경 과학자 자코모 리조라티(Giacomo Rizzolatti)는 영장류에서 거울 신경 세포의 존재를 맨 처음 주장했다. 그는 동물이 어떤 행동을 실행할 때뿐만 아니라 다른 동물들이 같은 행동을 수행하는 것을 볼 때에도 점화하는 신경 세포들을 기록하기 위해 영장류의 뇌 여러 부위에 전극을 삽입했다.[71] 만약 아래이마이랑이 인간의 거울 신경 세포계의 일부분이라면 이러한 사실은 공감이 어떤 형태든 다른 사람의 행동과 감정을 모방하는 과정을 수반한다는 점을 제시한다.[49,72] 인간에서 거울 신경 세포계는 측정하기 힘들다. 전극을 깨어 있는 건강한 인간의 두뇌 속에 삽입하는 일이 비윤리적이기 때문이다.[xxv] 그러나 fMRI를 활용하여, 과학자들은 이 신경 세포계가 아래이마이랑과 아래마루소엽, 그리고 (아래마루소엽 바로 뒤쪽에 있는) 마루엽속고랑(두정엽내구, intraparietal sulcus, IPS)을 걸쳐 이어지는 것처럼 보인다는 점을 확인할 수 있었다. 흥미롭게도, 이 거울 신경 세포에 대한 아이디어는 사람의 시선 방향에 따라 점화하는 신경 세포들에게까지 확장된다. 원숭이에서 마루엽속고랑의 신경 세포들은 원숭이가 특정한 방향을 바라볼 때뿐만 아니라 같은 방향을 보고 있는 다른 사람(혹은 원숭이)을 쳐다볼 때에도 점화한다.[74]

여담이지만 몇몇 사람들은 거울 신경 세포가 공감과 동일시될 수 있다고 섣부르게 추정하고 있다. 그러나 우리는 거울 신경 세포계가 행동 영역의 단일 세포 기록에서만 확인되었을 뿐이며 단지 공감의 구성 요소일 수도 있다는 점을 명심해야 한다. 예를 들면, 거울 신경 세포계는 **흉내 내기(mimicry)**에 관여한다. 흉내 내기는 아이에게 밥을 먹이는 동안 아이가 입을 벌리면 나도 모르게 따라서 입을 벌리게 될 때, 또 다른 사람이 하품을 하면 무심결에 따라 하게 될 때 일어난다. 다른 사람의 행동을 흉내 내는 행위는 대개 타인의 정서적 상태에 대한 의식적 사고 없이 이뤄진다. 어떤 사회 심리학자는 이 효과를 "카멜레온 효과(the chameleon effect)"라고 부른다.[75]

정서적 전염(emotional contagion)이 공감의 한 형태라는 의견도 있다. 정서적 전염은 한 사람이 공포를 표현하자 (그 사람의 얼굴 표정을 본) 다른 사람들도 동일한 공포의 감정을 '포착'할 때, 산부인과 병동에서 한 아기가 울자 다른 아기들도 따라서 울기 시작할 때 일어난다. 또다시, 이런 유형의 전염이 타인의 감정을 의식적으로 고려하지 않고도 일어날 수 있다고 상상할 수 있다. 이 장의 앞부분에서 얘기했던 것처럼 나는 이와 같은 다소 단순한 현상 이상의 무엇을 위해 공감이라는 용어를 남겨 두었다. 공감은 이 같은 반사적인 흉내 내기 이상인 듯하다. 반사적인 흉내 내기 체계들과 보다 의식적인 신경 체계들이 모두 정신 상태를 명쾌하게 이해하는 데 관여하며, 서로 상호 작용한다.[25,76,77]

편도체

공감 회로의 마지막(이지만 여러 의미에서 가장 핵심적이라고 할 수 있는) 부위는 둘레계통(대뇌변연계, limbic system) 아래 자리 잡고 있는 편도체(amygdala, Amyg)이다. 이 부위는 정서의 학습과 조절에 관여한다.[78,79] 뉴욕 대학교의 신경 과학자 조지프 르두(Joseph LeDoux)는 공포를 학습하는 방식에 대해 광범위하게 연구한 끝에 "느끼는 뇌"의 중심에 편도체가 놓여 있다고 주장했다.[80,xxvi] (편도체에 대한 그의 강한 흥미와 음악에 대한 사랑은 아믹달로이즈라는 밴드를 결성하게 만들었다!)[xxvii] 그가 2009년 케임브리지를 방문했을 때 나는 그를 만날 수 있었다. 공감에서 편도체의 역할에 대한 가장 중요한 증거는 1999년 우리가 수행했던 한 연구에서 나왔다. 이 연구에서 우리는 사람들에게 fMRI 주사 장치에 누워 있는 동안 다른 사람의 눈을 찍은 사진을 보고 그들의 감정과 정신 상태에 대해 판단하도록 요구했다. 이때 분명히 활성화된 뇌 부위가 편도체였다.[83] 편도체가 공감 회로의 일부분이라는 다른 단서는 SM이라는 이니셜로 알려진 유명한 신경 손상 환자에게서 나왔다. 그녀는 2개의 편도체(모든 인간은 각 뇌반구에 편도체를 하나씩 갖고 있다.) 모두에 특정한 손상을 입었다. 지능이 매우 뛰어남에도 불구하고 그녀는 다른 사람의 얼굴에 나타난 공포의 감정을 인식하지 못했다.[84] SM이 공포에 찬 얼굴을 인식할 때 겪는 이 문제는 타인의 얼굴에서 공포를 인식하는 데 눈이 중요하다는 사실과 관련된다. SM이 편도체에 입은 손상은 타인과 눈을 마주치는 그녀의 능력에 영향을 끼쳤으며 이것이 그녀가 공포에 찬 얼굴을 인식하는 데 어려움을 겪게 만들었다.[85] 눈에 주의를 기울이라고 지시를 내리자 그녀가 공포에 찬 얼굴을 인식하는 능력을 회복했기 때문에 우리는 이 사실을 알게 되었다.[86] SM은 눈에 주의를 기울이라는 신호를 주는 데 편도체가 얼마나 중요한 역할을 하는지를 상기시켜 준다. 눈을 살핌으로써 우리는 다른 사람의 사고와 감정에 대한 실마리를 얻는다.

이로써 공감에 관여하는 주요 뇌 부위에 대한 간략한 설명이 끝났다.[xxviii] 우리의 경험을 자동적으로 부호화하는 데 수반되는 많은 부위들이 다른 사람들이 비슷한 경험을 하거나 행동하는 모습을 지각할 때에도 자동적으로 활성화된다.[xxix] 비슷하게, 다른 사람의 마음에 대해 의식적으로 생각할 때 연루되는 부위들 역시 우리 자신의 마음에 대해 생각할 때에도 활성화된다.[xxx] 이 부위들은 우리가 뇌 속의 공감 회로에 대해 말할 수 있게 해 준다. 하나의 회로로서 이 열 군데의 중간 기착지들은 (목걸이 속의 진주알처럼) 단순히 직선형으로 연결되어 있지 않다. 부위들 사이에는 또 다른 많은 연결들이 존재한다. 공감 수준에 따라 개인마다 이 부위들의 활성 정도가 달라진다는 발견은 공감이 조광 스위치처럼 변화한다는 아이디어를 상기시키며 공감 능력이 전혀 없거나 거의 없는 사람들을 설명하는 직접적인 방식을 제공한다.[77] 우리가 기대해야 하는 것은 공감의 종형 곡선에서 내리막길에 있는 사람은 공감 회로의 일부분이나 모든 부위에서 신경의 활성이 훨씬 덜 나타나리라는 점이다. 우리는 바로 이 예측을 짧게나마 정밀하게 살펴볼 예정이다.

그럼 우리는 사람들이 타인들에게 어떻게 잔인해질 수 있는지를 설명하는 데 얼마나 더 가까이 왔을까? 이제 우리는 그 잔인함을 설명하는 데 악 대신 공감이라는 말을 사용할 수 있을까? 아직은 아니다. 지금까지 우리가 손에 쥔 증거는 사람들이 EQ에서 매우 낮은 점수를 받을 수 있다는 사실과 한 개인이 공감을 얼마나 많이 보여 줄지를 기능적으로 결정하는 뇌 부위들의 목록이 전부다. 그러나 몇 가지 이유로 아직 이것은 만족할 만한 설명이라고 할 수 없다. 첫째, 우리는 타인에게 잔인한 행동을 저지른 사람들에서 이 부위 '활성이 저하되어 있다'는 증거가 필요하다. 둘째, 우리는 EQ 점수가 엄청나게 낮은 사람의 특징이 무엇인지 더 선명하게 보여 줄 필요가 있다. 셋째, 우리는 공감 제로에 이르는 다른 경로가 있는지 알아야만 한다. 마지막으로, 우리는 뇌 속 공감 회로의 기능을 불량하게 만들 수 있는 환경적인 혹은 생물학적인 요인들이 무엇인지 파악해야만 한다. 만약 이러한 일이 어떻게 일어나는지 묘사할 수 있다면 인간의 극단적인 잔인함을 설명하려는 우리의 탐색은 해결책을 얻을 것이다.

3

공감 제로의 두 얼굴: 부정적인 공감 제로

공감 제로는 어떤 상태일까? 전혀 공감을 하지 못한다는 말은 무슨 의미일까? 이 말을 일부 사람들이 '악'이라고 부르는 말로 바꿀 수 있는 걸까?

공감 제로는 자신이 다른 사람들에게 어떻게 보이는지와 타인들과 상호 작용하는 법, 또 그들의 기분 혹은 반응을 예상하는 법을 전혀 인식하지 못한다는 의미다. 당신의 공감 기제는 레벨 0에서 기능하고 있다. 당신은 관계가 잘 안 풀리는 이유를 모르겠다고 느끼며 공감의 부족은 고질적인 자기 본위성을 양산한다. 타인의 사고와 감정은 당신의 레이더망에는 걸리지 않는다. 그로 인해 당신은 타인의 감정과 사고뿐만 아니라 세상에 다른 관점이 **존재한다**는 사실조차 인식하지 못한 채, 자기 뜻대로, 자신의 환상 속에서 살아가게 된다. 그 결과 당신은 자신의 생각과 믿음이 올바르다고 100퍼센트 확신하며 당신의 믿음을 받아들이지 않는 사람들을 틀렸거나 멍청하다고 판단한다.

공감 제로란 결국 외로운 삶이다. 잘해야 오해받거나 최악의 경우 이기적이라고 비난받는다. 이 상태는 당신이 자신의 행동과 말이 다른 사람에게 미칠 영향을 고려하지 않은 채, 당신이 욕망하는 목적을 무엇이든 자유롭게 추구하며, 혹은 마음속 생각을 어떤 것이든 표현하며 스스로 자신의 행동을 제어하지 못한다는 의미다. 극단적인 경우, 공감의 결핍은 당신이 살인이나 강간을 저지르게 만들지도 모른다. 덜 극단적인(0에 가까운, 레벨 1이나 2처럼) 경우에는 언어폭력을 휘두르거나 단지 말을 너무 많이 하거나 너무 오래 머물러서 폐를 끼칠지도 모른다. 단지 언어에 덜 민감할 뿐인 사람은 다른 사람들에게 물리적으로 상처를 주는 게 좋지 않다는 사실을 깨달을 수 있기 때문에 공감 결핍의 정도가 확실히 다르다고 할 수 있다. 그러나 말에 덜 민감한 사람도 EQ가 0에 가까울 수 있다. 공감 제로가 되면 잔인한 행동을 저지를 수 있다. 혹은 타인에게 둔감해지거나 그저 사회적으로 고립된 상태에 놓일 수도 있다. 따라서 공감 제로가 몇몇 사람들이 '악'이라고 부르는 것과 완전히 동일하다고는 볼 수 없다. 그러나 이렇게 낮은 공감 수준을 가진 누군가의 영향권에 들어간 사람들에게는 곧 신체적인 공격을 당하거나 모욕적인 말을 듣는 쪽이 되거나 제대로 된 보살핌이나 배려를 받지 못하는 입장에 처할 위험 — 간단히 말해 상처받을 위험에 놓이게 됨을 뜻한다.

공감 제로는 모집단에서 임의적으로 나타나지 않는다. 이 종점에 이르는 적어도 세 가지의 명확한 의학적인 (그리고 여러 개의 비의학적인) 경로가 있다. 이 장에서는 정신 의학에서 오래된 범주를 취한 후

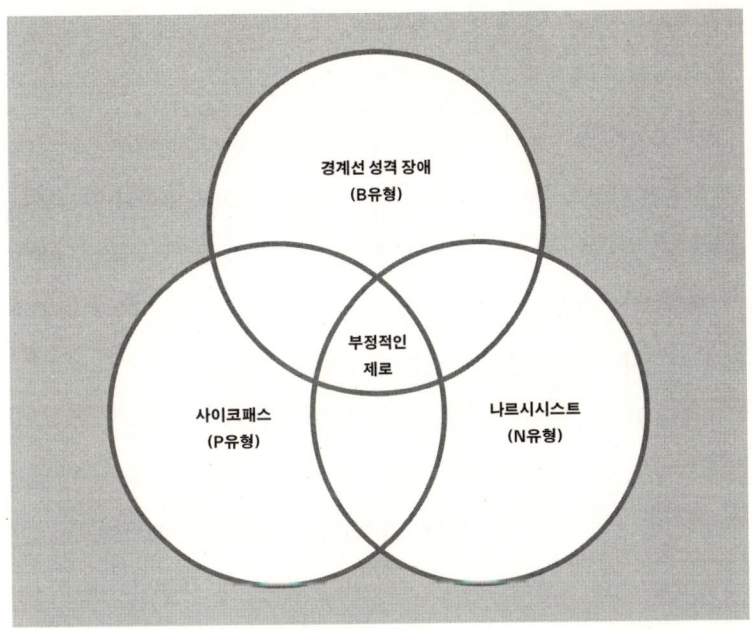

그림 6 부정적인 공감 제로의 세 가지 형태들

공감 제로의 사례로써 그들을 재개념화하는 새로운 관점을 제시한다. 나는 이 범주들을 모두 '부정적인 공감 제로' 집단으로 함께 모았다. 이 범주들은 모두 고통을 겪고 있는 환자 스스로에게나 그들 주변 사람들에게 명백히 나쁘기 때문이다. 이 각각의 유형들을 만나 그들의 뇌를 조사해 보면, 어떻게 해서 공감 능력을 잃어버렸건 '부정적인 공감 제로'에 해당한다면 뇌 속의 동일한 공감 회로가 영향을 받은 것을 알 수 있다.

우리는 그림 6에 나타난 이 세 가지 유형들 각각을 차근차근 조사할 예정이다. 첫 번째 형태의 부정적인 공감 제로는 경계선 성격 장애(경계성 인격 장애, borderline personality disorder)(혹은 B유형)라고 불린다.

부정적인 공감 제로 B유형

캐럴은 39살이다. 나는 케임브리지에 있는 내 진료 전문 클리닉에서 그녀를 만났다. (비밀 유지를 위해 그녀 삶의 세세한 부분들은 위장할 예정이다.) 그녀는 경계선 성격 장애로 분류된다. 그녀 스스로 기억하는 한, 확실히 어린 시절까지 거슬러 올라가는데, 그녀는 언제나 자신의 삶이 "저주받은" 삶이라 느꼈다. 힘들고 어려웠던 유년 시절과 불안정했던 10대, 그리고 위기로 점철된 장년기까지, 그녀는 스스로의 인생을 우울하게 바라보았다. 그녀의 이야기를 듣고 있는 것만으로도 잠깐 스쳐 지나가는 것이 아닌 그녀의 인생 전체를 지배하였으며 그녀가 줄곧 견뎌야 했던 슬픔에 눈물이 글썽여진다. 부모님과 전혀 대화를 나누지 않은 여러 해 동안 부모님과의 관계도 단절되었다.

그녀는 자기 내부에 부모님에 대한 엄청난 증오가 내재해 있음을 알고 있다. 그녀는 부모가 자신을 학대했으며 결코 진정한 부모 역할을 했던 적이 없다고 생각했다. 사람들이 자신에게 얼마나 친절하게 대하든, 그녀는 이 폭발 직전의 분노를 결코 가라앉힐 수 없으리라 느꼈다. 지금까지도 이 분노는 그녀가 생각하기에 자신을 무례하게 대하는 사람들을 향해 증오로써 표출되고는 한다. 그들은 단지 그녀에게 동의하지 않는 사람들일 뿐이었지만 그녀는 그들이 자신과 대립하는 방편으로 그리 행동하는 것이라 여겼다. 이런 식으로 그녀가 다른 사람들에게 반응하는 방식에는 왜곡되고 편향된 부분이 있다. 그녀는 실제로 그렇지 않은데도 그들이 자신을 부당하게 대우한다고 가정한다. 자식이 자기가 한 말대로 하지 않으면 그녀는 소리를 지르고 욕을 한다. "감히 내게 무례하게 굴다니. 당장 꺼져 버려! 네가 싫어. 결코 다시 보고 싶지 않다. 혼자 한 번 살아 봐. 이제 다 끝이야. 이 악마, 저만 아는 후레자식아! 네가 미워! 자살하고 말거야! 내가 죽은 게 너 때문이라니 아주 기쁘겠구나!"

그 뒤 그녀는 난폭하게 뛰쳐나가 등 뒤로 쾅 소리를 내며 문을 닫는다.

몇 분 후 그녀는 친구를 찾아가 아이들이 그녀가 남긴 가슴 아픈 말에 상처를 입고 휘청대는 동안 즐거운 저녁 시간을 보낸다. 분노와 증오가 끓어오를 때, 그녀가 그것을 터트리는 걸 막을 방법은 없다. 분노와 증오는 갑자기 독설로 분출되어 누구든 그 말을 듣게 되는 사람을 상처 입힌다. 자신의 감정이 너무 강한 나머지 그녀의 마음속에는 자기 아이들이 어머니가 자신들을 악마라고 부르는 소리를 듣고 어떤 감정을 느낄지 고려할 여유가 없다. 캐럴의 행동은 (자신의 의지와 그들의 의지가 일치하지 않는다고) 다른 사람들을 이기적이라고 비난할 때 그녀 자신이 완전히 이기적으로 행동한다는 점에서 모순적이다. 캐럴에게서 우리는 비극적인 한 인물을 보게 된다. 타인에게 너무나 상처받았다고 느낀 나머지 그녀 삶의 현 시점에서는 쉽게 다른 사람들을 상처 입히게 되는 여성 말이다. 그녀의 행동들은 비언어적인 표현이다. 누구도 내 감정에 마음을 쓰지 않는데 왜 내가 남의 감정에 마음을 써야만 하는 거지?

만약 부모 됨을 자신의 필요를 아이의 필요 **뒤로** 미뤄 둘 수 있는 것으로 정의한다면, 그녀는 부모 될 준비가 제대로 안 됐다. 캐럴에게는 그녀 자신의 필요가 다른 무엇보다 중요해서 자식들의 필요는 (어쩌면 이 점에 있어서는 다른 누구에게도 마찬가지로) 그녀의 레이더에 거의 등장하지조차 않는다. 자식들이 그녀의 폭발이 준 아픈 충격에서 회복되는 동안, 그녀는 시내에 있는 카페에서 자기 친구들과 웃고 떠들며 파티를 즐긴다. 집에 돌아오면 그녀는 아무 일도 없었다는 듯이 행동하거나 아이들이 자신에게 사과할 때까지 자식들에게(그녀의 격노를 유발한 사람이 누구든 그 사람들에게) 아무 말도 하지 않는다.

증오와 분노는 캐럴이 가지고 있는 문제의 전부가 아니다. 그녀는 다른 사람의 행동과 감정 표현을 (그들의 얼굴, 목소리, 혹은 몸동작에서) 해석하는 데 큰 어려움을 겪고 있다. 그녀는 자신이 타인의 생각과 감정을 정확히 알고 있다고 **생각한다.** 그러나 그녀의 공감 기능은 다른 사람들이 자신에게 적대적인 생각과 의도를 품고 있다고 추정하게 만든 편견으로 왜곡되고 비틀려 있다. 만약 누군가가, 아주 잠깐 동안이라도 침묵하면 그녀는 그들이 곧 공격적으로 나올 거라고 추정한다. 만약 누군가가 농담을 하면, 그녀는 그가 자신을 공격하고 있다고 추정한다. 만약 누군가가 자신을 돌봐 줘도 그녀는 그런 뜻이 아닐 거라고 추정한다. 만약 누군가가 사과하면, 그녀는 이것 역시 사실이 아니라고 추정한다. 그녀는 그들의 위선을 비난하며 마구 몰아세우고, 그리 하여 그들이 자신들은 그녀를 돌보려 했다고 혹은 상처를 준 행동에 대해 사과를 하고 있다고 그녀를 설득하려 얼마나 열심히 노력하든, 그들이 좋은 의도로 접근한 사실을 받아들이지 않고 그들을 멀리 밀쳐 낸다. 다른 사람들이 그녀의 압제적이고 자기중심적인 행동에 괴롭힘을 당했으며 지배되고 있다고 느끼리라는 생각은 그녀에게는 떠오르지조차 않는다.

캐럴의 행동은 충동적이고 폭발적이기 때문에 그녀는 극단적으로 힘겨운 상대지만, 동시에 극단적으로 슬픈 인물상이기도 하다. 신뢰감과 자신의 노력을 통한 성취감을 느껴야 될 나이에, 대신 그녀는 가까운 관계에서 불신감을 느꼈으며, 다른 사람들에게 끊임없이 실망하며 자신이 타인에게 피해를 입고 있다고 믿게끔 되었다. 캐럴을 아는 사람들에게 그녀의 감정은 롤러코스터와도 같다. 그녀의 감정은 외로움과 우울감, 완전한 행복, 타인에 대한 분노 사이를 크게 요동친다. 감정의 폭발이나 눈물에 빠져 있지 않을 때, 그녀는 타인에게 공감할 수 있다. 그러나 그녀의 공감 능력은 손상되기 쉬우며, 자신의 강한 감정에 의해 쉽게 탈선한다. 종종 그녀는 위협적이라고 느끼는 상대면 누구든 공격을 개시할 준비가 되어 있다. 그처럼 그녀의 공감 능력과 그녀의 기분은 모두 매우 불안정하다. 그녀는 한밤에 클럽에 가서 새로운 친밀한 관계를 찾게 되길 바라며 낯선 상대와 춤을 춘다. 이들 중 일부와는 성적인 관계로 발전한다. 그녀는 다른 사람들에게 자신이 매력적으로 여겨질 거라는 생각에 즐거워하며 누군가와 친밀감을 느끼고 싶어 한다. 그러나 새로운 관계를 맺자마자, 그녀는 갈등을 일으켜 그 관계를 파괴하기 시작한다. 그녀는 관계에서 문제점들을 찾아내 "왜 당신은 소통하지 않죠?", "왜 당신은 나를 보살피지 않는 거죠?"라고 끊임없이 질문한다.

새 연인인 존이 자신은 그녀를 보살피고 있고 그녀와 소통하고 있다며 안심시키려 애써도 그녀는 그 사실을 받아들이지 않았다. 존이 그녀에게 앉아서 이야기할 시간을 갖자고 할 때에도 그녀는 그것이 "진정한" 소통이 아니라고 주장했다. 만약 그가 자신을 변호하려 하면, 그녀는 그가 "자신의 고통과 정말로 이어져 있지 않다"거나 "신경을 끄고 있다"고 비난했다. 그녀는 만약 그가 자신을 진정으로 사랑한다면 그녀의 내면이 얼마나 상처 입었는지 알 거라고 말한다. 그녀는 그가 자신을 증오한다고 주장하며 그 사실을 입증하기 위해 그가 자신을 때릴 때까지 그를 조롱했다. 그에게 소리를 지르고 욕을 한 뒤에는 그를 붙잡고 "결코 나를 떠나지 않을 거라고 약속해 줘요!"라며 안아 달라고 애원했다.

그녀는 자주 자살할 거라고 위협했다. 최근에는 존이 자신을 충분히 보살피지 않는다고, "이번엔 정말 죽어 버리겠다."고 소리 지르며 새벽 3시에 밖으로 뛰쳐나갔다. 그날 밤 그는 근처 공원, 적막한 주차장, 황무지나 그 외 과거에 그녀가 달아난 적이 있는 장소들을 뒤지며, 그녀를 찾아 위로하고 돌아오라고 요청하는 데 여러 시간을 소비했다. 놀랄 것도 없이 이 불안정한 관계들은 오래 지속되지 않는다.

결혼 생활에서 그녀는 남편 마이크를 경멸했다. 그가 마치 자신이 존재하지 않는 것처럼 그녀를 하찮고, 중요하지 않으며 보이지 않는 사람처럼 느끼게 만든다고 비난했다. 그가 그녀는 정말로 중요하다고 대답하면 "당신도 다른 사람들하고 똑같아. 다른 사람들이 그랬듯이 결국 날 떠날 거야."라고 대꾸했다. 마이크가 끌어안아 위로하려고 하면, 자신을 숨 막히게 한다고 말하며 그를 밀쳐 냈다. 그녀는 자신을 건드리는 남자들을 증오하고 아내가 되길 원하지 않는다. 그녀는 그로 인해 자신의 정체성이 흔들리는 것을 두려워한다. 그녀는 누구든 가까이 오려 하는 사람을 밀어낸다.

그녀는 종종 완전히 자신에게만 몰두해 있다. 자기 자신과 자신의 생각에 대해 끊임없이 말하며 다른 사람의 생각에는 진정 관심이 없다. 침대에서 존이 그녀를 만지면 그녀는 그의 손을 떨쳐 내고 침대 가운데 선을 넘어오지 말라고 말했다. "넌 네가 정말 지독하게 중요하다고 생각하지. 네가 단지 최고의 위치에 있다는 이유로 말야." 그녀는 그의 앞에만 서면 자신이 "보잘것 없는 사람"처럼 느껴진다고, 그가 자신을 "똥 덩어리"처럼 느끼게 만들었다고, 자기가 죽으면 세상이 더 나아질 거라고 얘기했다. 그녀는 이 고통스런 삶에서 놓여 나길 갈망한다고 또 조만간 그렇게 "할 것"이라고 말했다. 만약 존이 한 발 뒤로 물러나면, 그녀는 "거 봐! 내 말대로 넌 나한테 관심이 없어."라며 그를 매도했다. 만약 그가 그녀에게 다가가려 노력하면 그녀는 "저리 좀 가. 날 좀 혼자 내버려 둬. 넌 정말 나를 배려하지 않는구나."라고 얘기했다.

이 사례가 명백한 부정적인 공감 제로인 이유는 어렵지 않게 알 수 있다. 캐럴의 공감 지수는 바닥상태다. 이 상황에서 좋은 일이란 없다. 그녀에게는 친구가 거의 없다. 그녀가 다른 여성들을 경멸하기 때문에 이 상황은 나아질 가망이 없다. 혼자 있을 때, 그녀는 자신이 "버려진 것"처럼 느껴진다고 말한다. 그녀는 극심한 수준의 불안을 경험하며 오직 편안한 식사와 섹스, 음주, 혹은 상대를 공격함으로써만 이 불안을 잠재울 수 있다. 누구도 그녀의 명백한 고통을 동정하지 않을 수 없을 것이다. 그녀는 잠시 동안 성숙한 여성처럼 행동하다가 바로 다음 순간 어린 소녀처럼 잔뜩 웅크린다. 그녀는 조용하고 사색적으로 보이지만 다음 순간 매우 교활해진다("이렇게 해! 그렇지 않으면 널 고소하겠어!"). 또 어느 때는 "결코 다시 오지 않겠어."라고 소리치며 친구 집 현관문을 쾅 닫고 나갔다가 바로 다음 주에 마치 아무 일도 없었다는 듯 다시 그 집에 찾아온다. 그녀는 자신의 몇 안 되는 친구들을 모두 똑같이 변덕스럽게 대한다. 너는 내 **최고의** 친구라고 말해 놓고 바로 다음 순간 신의가 없다며 그들을 비난한다. 우정은 거짓된 것이며 그들은 악마라고 주장한다.

이것은 캐럴의 현 상태를 짤막하게 묘사한 것이다. 경계선 성격 장애의 전형적인 특징은 버림받는 것에 대한 끊임없는 두려움, 감정적인 고통, 외로움, (자기 자신 혹은 타인에 대한) 증오, 충동성, 자기 파괴적이고 매우 일관성이 없는 행동이다. 제럴드 크리스먼(Jerold Kreisman)과 할 스트라우스(Hal Straus)는 자신들의 책 제목『네가 싫어 — 날 떠나지 마(I Hate You — Don't Leave Me)』에 경계선 성격 장애의 특징을 잘 요약해 놓았다.[93] 이 제목은 경계선 성격 장애의 모순적인 행동을 말끔하게 요약한다. 그들은 자신을 보호하기 위해 타인을 맹렬히 몰아세우면서 동시에 그들로부터 위안과 사랑을 갈구한다. 참으로 가슴 아픈 조합이다.

그래서 캐럴은 어떻게 부정적인 공감 제로가 되었는가? 경계선 성격 장애가 되는 경로는 무엇인가? 또 경계선 성격 장애가 되면 필연적으로 다른 사람들을 잔인하게 대하게 되는가?

캐럴의 성장 과정

캐럴이 아주 어렸을 때, 그녀의 어머니는 그녀를 무시하곤 했다. 그녀는 아이에게 관심을 주면 버릇이 나빠진다고 생각했다. 아이들에게 애정을 보이는 것은 "화를 자초하는 일"이며, 그로 인해 애들은 사랑을 기대하며 들러붙어 떨어지지 않게 될 거라고 생각했다. 그녀는 캐럴에게 출생 후 딱 한 주 동안만 젖을 먹였다. 그 뒤에는 자기는 너무 바빠서 아이를 돌볼 시간이 없다며 유모에게 건네주고 분유를 먹이게 했다. 그녀는 젖을 먹이는 엄마로서의 의무를 다했다고 생각했지만 이러한 신체적인 접촉으로부터 모성의 기쁨을 느끼지는 못했다. 그녀는 유아인 캐럴이 얼마나 독립적인지 자랑스러워했다. 캐럴은 몇 시간 동안, 심지어 하루 종일도 혼자 지낼 수 있었고 울지도 않았다. 그녀는 울음이 엄마를 불러들이거나 자신을 들어 올려 안아 주게끔 만들지 않는다는 사실을 아이에게 가르쳐 줬다는 데 자랑스러워했다. "아이들은 누가 윗사람인지 배워야 해."라고 그녀는 말했다.

캐럴은 엄마가 시킨 일을 하지 않으면 세속 맞았나. 그녀는 유년기에 자신의 식탁 예절이 어머니의 기준에 맞지 않을 때마다 번번이 식탁에서 내쫓겼던 일을 기억한다. 어머니는 그 뒤 이렇게 말했다. "빵과 물만 먹어. 하루 종일 네 방에서 나오지 마." 언젠가 한번 캐럴이 울자, 그녀는 벨트로 때리겠다고 위협했다. 이 벨트는 실제로 캐럴의 어머니가 애완견을 통제하는 데 사용하는 것이었다. 보다시피, 경계선 성격 장애와 어린 시절의 학대 및 방임 사이의 관계는 매우 강해서 경계선 성격 장애가 사실은 어린 시절의 외상 후 스트레스 장애(post-traumatic stress disorder, PTSD)가 치료되지 않은 형태라는 견해가 도출된다. 이 견해에서 보면 경계선 성격 장애 환자는 — 다른 사람들에게 욕설을 퍼부을 때조차 — 초창기 학대의 희생자들이다. 캐럴은 자신의 어머니가 아무런 모성애도 보여 주지 않았다고 회상한다. 그녀는 결코 캐럴을 끌어안거나 키스해 주지 않았다. 그녀의 어머니는 사람들 보는 앞에서 좋지 않은 점을 지적하며 끊임없이 캐럴을 깎아내렸다. 그녀는 캐럴의 여동생을 대놓고 편애했다. 8살이 되자 캐럴은 기숙 학교에 입학했다. 여기서 그녀는 외로움을 느끼고 위축되었으며 인간관계에 불안함을 느꼈다. 그녀의 어머니는 자신이 엄마로서의 의무를 완수했다고 느꼈으며 아이가 스스로 자립하는 법을 배워야만 한다고 생각했다. 그 결과, 캐럴은 적어도 8살 때부터 어머니가 결코 자신을 보살피러 찾아오지 않을 것이란 점을 알고 스스로 자신을 돌보며 자랐다. 임상의들은 이를 "조숙한 독립(precocious independence)"이라고 부른다. 그녀는 혼자서 읽는 법을 배우고 세탁기를 사용하는 법과 집을 청소하는 법을 알아냈다. 그녀의 어머니가 전혀 집안일을 하지 않았기 때문이다. 캐럴은 자기 식사를 스스로 요리하고 집안을 청소하고 매일 밤 잠들 때까지 혼자 울었다.

　캐럴은 아버지가 가끔은 다정하지만 또 가끔은 우울했으며 종종 장기간 멀리 떠나 있었다고 기억한다. 그의 애정은 예측할 수 없는 것이었다. 그녀의 부모는 몸싸움을 벌이기도 했는데 그럴 때면 그녀는 침대 아래 숨어서 손가락으로 귀를 틀어막고 외부 세계를 차단했다. (이 장면은 경계선 성격 장애를 희생자 어린이로 보는 견해를 매우 잘 압축해서 보여 준다.) 캐럴의 부모는 그녀가 9살 때 이혼했다. 사춘기 시절 그녀는 거의 집에 들어가지 않았다. 기숙 학교에 있지 않을 때에는 친구들과 함께 지내거나 엄마가 항상 외출하고 없는 빈 집으로 돌아갔다. 캐럴은 사랑받으려고 필사적으로 노력하며 일찍, 14살 때, 성관계를 가지기 시작했다. 또 우울함에서 탈출하기 위해 약물에 손을 대기 시작했다. 처음엔 대마초로 시작했지만 나중에는 '환각제'까지 복용했다. 그녀는 삶을 탈출하고 싶은 투쟁으로 느끼며, 어린 시절 매일 죽고 싶어 했던 것으로 기억한다.

16살이던 해의 어느 날 그녀는 카페에 앉아 있었다. 그녀는 홀로 앉아 있던 40대의 한 남성과 말을 트게 되었고 이내 자신의 인생 이야기를 쏟아 놓기 시작했다. 이어서 그는 자신의 힘든 결혼 생활과 우울함에 관해 들려주고 그녀에게 친구가 되어 달라고 요청했다. 그녀는 그의 슬픔에 동질감을 느끼고 그가 자신을 필요로 한다는 사실에 우쭐해졌다. 그는 그녀에게 오늘 저녁 자기 아파트에 와서 자신이 아내에게 쓴 편지를 검토해 줄 수 있는지 부탁했다. 그녀는 기꺼이 그러겠다고 했다. 그날 저녁 그의 아파트에 도착했을 때 그는 등 뒤에서 문을 잠그고 그녀의 외모를 칭찬한 후 함께 침실로 갈 것을 요구했다. 그녀는 무서웠고 그러고 싶지 않았지만 그가 자신과 성관계를 갖는 동안 아무런 말도 하지 못했다. 행위가 끝났을 때, 그녀는 자신이 강간당했으며, "먼지처럼" 취급당했다고 느꼈다. 그러나 그녀는 이 일을 누구에게도 말하지 않았다. 캐럴은 이 일을 마치 그녀의 삶에 운명 지어진 일처럼 느꼈다. — 그녀는 이 일을 "그녀의 저주"라고 표현했다.

18살 때 그녀는 우울감에서 벗어나기 위해 자해를 했으며 술을 마신 후 클럽에 드나들었다. 그녀는 자신이 어떻게 낯선 남자의 침대에 누워 있게 된 건지 기억할 수 없다는 데 놀랐다. 이러한 성적인 만남들에서 그녀는 임신을 하게 되었다. 아이를 낳기로 결심했지만 아이가 태어나자 산후 우울증이 찾아왔다. 자신조차 돌볼 수 없었기 때문에 그녀의 아기는 위탁 시설로 보내졌다. 4년 뒤, 그녀는 자신을 돌봐 주겠다고 제안한 마이크와 결혼하여 두 아이를 낳았다. 그러나 이러한 관계는 — 그런 게 있었다고 한다면 — 오래 지속되지 않았다. 곧 그녀는 마이크를 단지 생활비를 지불하고 자신과 아이를 돌보는 데 이용했으며 자신은 거의 매일 밤 클럽으로 외출했다. 그녀의 친구 관계는 오래가지 못했고 그녀가 그들로부터 무엇을 얻어 낼 수 있느냐에 의존했다. 그녀는 타인의 고민들을 듣고 싶지 않았다. 보통 그녀가 관심을 갖는 대상은 오직 그녀 자신뿐이었다.

캐럴에게서 한 걸음 물러나 생각하기

캐럴은 끔찍한 유년기와 청소년기를 보냈다. 삶의 초창기에 겪은 결핍의 효과에 대해 한 세기 이상 이루어진 연구들은 이러한 환경적 요인들이 뇌 발달에, 아마도 되돌릴 수 없는, 영향을 미친다고 결론 내렸다. 여기서 질문을 던질 필요가 있다. 무엇이 우리로 하여금 캐럴이 경계선 성격 장애(혹은 B유형)라고 말하게 하는가? 또 경계선 성격 장애인 사람의 행동은 어떤 결과를 낳는가?

정신 의학자들에 따르면, 경계선 성격 장애는 여타의 성격 장애들과는 다른 굉장히 독특한 형태의 성격 장애다. 경계선 성격 장애는 꽤 흔하게 나타난다. 일반인들 중 그들의 비율은 대략 2퍼센트다. 상담이나 정신 의학적인 도움을 청하려고 찾아온 사람들 중에서 이들의 비율은 훨씬 더 높아서 대략 15퍼센트에 달한다. 자살을 저지른 사람들 중에는 약 33퍼센트가 경계선 성격 장애다. 섭식 장애나 알코올 중독, 약물 남용 환자들을 위한 의료원에는 B유형 환자들이 거의 50퍼센트를 차지할 만큼 많다.[94-96]

경계선 성격 장애의 특징은 자기 파괴적인 충동성, 분노와 기분의 두드러진 변화다(부록 2에 경계선 성격 장애의 증상들을 목록으로 실었다.). 이러한 이유로 정신 의학자들 사이에서 경계선 성격 장애를 "정서 조절 곤란 장애(emotional dysregulation disorder)"나 "정서적 충동성 성격 장애(emotionally impulsive personality disorder)"로 병명을 바꾸자는 논의가 이루어지고 있다. 경계선 성격 장애는 또 매우 이분법적인 방식(소위 '분열(splitting)')으로 사고하는 경향이 있다. 그래서 이 장애를 앓고 있는 환자들에게 사람들은 "완전히 옳"거나 "완전히 나쁘"다(이것이 경계선 성격 장애 환자들이 컬트에 특히 매혹될 수 있는 이유일지도 모른다. 컬트 지도자는 구성원들에게 완전히 옳은 사람으로 보인다.). 경계선 성격 장애 환자들은 또한 사람을 조종하는 데 매우 능하다. 예를 들면, 그들은 미쳐 악히거니 무력한 것처럼 행동히거나, 성적으로 유혹하며, 혹은 관심을 끌기 위해 자살하겠다고 위협하며 사람들을 조종하려 든다. 그들의 관점에서, 이것은 잔인한 행동이 아니다. 이것은 그들이 간절히 원하는 것, 어린 시절 결코 느끼지 못했던 사랑과 관심을 얻기 위한 필사적인 행동일 뿐이다. 공감의 두 가지 주요 구성 요소(인식과 반응)의 측면에서 보면, B유형들은 두 가지 모두에서 곤란을 겪고 있다. ― 그들은 확실히 적절한 감정으로 다른 사람들에게 **반응**하지 못하며[xxxi] 또한 상대의 얼굴에서 의도와 감정을 정확하게 **읽어 내는** 데에도 어려움을 겪을 수 있다.

병원에 있는 경계선 성격 장애 환자들 중 70퍼센트는 입원 전 자살을 시도했던 적이 있다. 평균적으로 경계선 성격 장애 환자들은 살면서 적어도 세 번 이상 자살을 시도한다. 이러한 이유로, 경계선 성격 장애는 "가장 치명적인 정신 질환"이라고 불린다.[97-101] '단지' 관심을 끌기 위해 (그러나 실행할 의도는 전혀 없이) 자살하겠다고 위협하는 사람들과 실제로 자살할 계획을 갖고 있는 사람들을 구별하는 일은 어려울 수 있다. 경계선 성격 장애 환자 중 약 10퍼센트가 실제로 자살한다. 반면 다른 90퍼센트는 단지 위협만 하거나 시도만 한다. 자살하겠다는 위협은 분명 공감적인 행동이 아니다. 실제로 자살한 10퍼센트가 정말 죽을 의도였는지는 불분명하다. 단지 주의를 끌기 위해 충동적으로 벌인 행동이 처참한 결과를 낳았을 수도 있기 때문이다. 그러나 자살 위협은 다른 사람들을 곤경에 빠뜨린다. 만약 당신의 배우자나 친척이 자살하겠다고 위협한다면, 당신은 그 위협을 그저 관심을 끌려는 행동으로 일축하고 무시할 수 있겠는가? 아니면 그 혹은 그녀가 정말로 자살할 의도가 있을 경우에 해당되는, 상황의 긴급성과 공포에 휩쓸리겠는가?[102]

경계선 성격 장애는 자신이 사랑하는 사람들에게 **격노한다.** 흔히 사랑과 증오는 백지장 차이라고 하지만, 경계선 성격 장애 환자들에서 그 백지장은 극미해진다! 이 모든 분노에도 불구하고, 그들은 자신의 내면이 "공허하다"고 말한다. 이 공허가 끔찍한 정서적인 고통과 우울을 유발한다고 그들은 공공연하게 말할 것이다. 또 충동적인 행동들(음주, 약물, 자해와 성적 난잡, 폭식, 도박, 혹은 자살 시도들)이 모두 공허함 이외에 다른 무엇, 어떤 감정이든 느끼려고 필사적으로 시도하며 약간의 위안을 얻기 위한 것이라고 말할 것이다. 경계선 성격 장애 환자들을 위한 한 웹사이트의 이름이 "고통을 멈추게 하는 그 무엇이든(Anything to stop the pain, www.anythingtostopthepain.com)"이라는 것은 그다지 놀랍지 않다.

경계선 성격 장애 환자들은 이 공허한 감정이 그들을 핵심 정체성이 결핍된 상태로 남겨 둔다고도 얘기한다. 삶은 연극의 한 막처럼 느껴진다. 그들은 끊임없이 다른 사람을 연기하고 있는 것 같다. 마음속으로 자신이 누구인지 모르는 것과 같은 방식으로 그들은 다른 사람들의 정체성 역시 파악하기 힘들어 한다. 마치 그들이 자기 자신에 대해 생각할 때 겪는 문제가 타인들에 대해 생각할 때에도 나타나는 것 같다. 대신, 그들은 타인의 좋은 점이나 나쁜 점에 집중한다. 그러나 사람들을 장점과 단점을 동시에 가진 존재로 인식하지는 못하는 것 같다. 몇 분 사이에도 자신이 사랑하는 사람들에 대한 그들의 인식은 완벽한 존재에서 악마로 바뀔 수 있다. 사람들은 우상화되거나 폄하된다. 이 '분열'은 때로 하나의 프로이트적인 방어 기제로 여겨지기도 한다. 그러나 다른 사람들은 이러한 특징을 매우 이원적인 방식 — 회색 지대가 없는 — 으로 사고하는 마음의 징후로 여긴다.

메릴린 먼로

 유명한 경계선 성격 장애 환자로 메릴린 먼로(본명은 노마 진 모텐슨)를 들 수 있다. 화려한 외면에도 불구하고 그녀 내부에서는 화산이 끓어오르고 있었다. 엘턴 존은 그녀를 묘사하기 위해 유명한 곡 「캔들 인 더 윈드(Candle in the wind)」를 썼다. 이 노래는 그녀가 얼마나 충동적으로 변할 수 있는지 간결하게 묘사한다. 노마는 1926년에 태어났다. 그녀의 부모님은 1928년에 이혼했다. 그녀는 항상 자신의 생부가 누군지 모른다고 주장했다. 노마의 어머니 글래디스는 정신 건강상의 문제로 자신의 아이를 볼렌더스 부부에게 입양을 보냈다. 이 집에서 그녀는 7살 때까지 살았다. 노마는 7살 되던 해 양모가 진실을 알려 줄 때까지 볼렌더스 부부가 자신의 친부모라고 믿었다. 글래디스가 같이 살기 위해 다시 딸 노마를 데려 왔지만 노마가 9살이 되자 그녀는 정신 병원으로 보내졌다. 이제 글래디스의 친구인 그레이스가 어린 소녀의 후견인이 되었다. 그레이스는 노마가 아직 9살이었을 때 에르빈 고다드라는 남자와 결혼했다. 그래서 어린 노마는 다시 로스 앤젤레스에 있는 고아원으로 보내졌고 그 후 여러 군데의 위탁 가정을 전전했다. 2년 뒤 그녀는 다시 그레이스와 살게 되었지만 고다드에게 성폭행을 당했다.

    메릴린은 세 번 결혼했다. 1942년에 이뤄진 첫 번째 결혼은 이웃에 살던 제임스 도허티가 그 상대였고, 그때 그녀는 16살이었다. 그는 그녀가 고아원으로 되돌아가는 걸 막기 위해 그녀와 결혼하는 데 동의했다. 그녀는 1954년에 야구 선수 조 디마지오와 재혼했다. 그러나 이 결혼은 1년도 지속되지 않았다. 얼마 지나지 않아 곧, 1956년에 그녀는 극작가였던 아서 밀러와 결혼했다. 그는 메릴린을 다음과 같이 묘사했다. "그녀는 당시 내게 흔들리는 불빛이었다. 어떤 순간에는 모든 역설과 유혹적인 미스터리, 거리의 부랑배였다가 다음 순간에는 극소수의 사람들만이 사춘기 이후에도 간직하고 있는 서정적이고 시적인 감성에 의해 기분이 좋아졌다."[103] 평생 동안 그녀는 혼자 있는 것을 싫어했으며 버려질까 두려워했다. 성인이 되어 그녀는 정신 병원을 여러 번 들락거렸고 적어도 세 번 이상 자살을 시도했다. 비극적이게도, 1962년 8월 5일, 그녀는 결국 자살(진정제 과다 복용)로 생을 마감했다.

B유형은 왜 생기는가?

여기서 우리의 주된 목적 — 공감 제로의 B유형 이해하기 — 으로 되돌아가자. 캐럴의 사례와 메릴린의 생애를 통해 살펴보았듯이, 경계선 성격 장애 환자는 혼자 있는 것을 견디지 못한다. 그들에게 혼자가 되는 것은 버림받는 것과 같은 느낌이다. 이 끔찍한 느낌을 피하기 위해 그들은 다른 사람들, 심지어 낯선 사람들과도 관계를 맺으려 하지만 누구와 함께 있든, (그들에게 가까이 다가오는 사람들에게) 숨 막혀 하거나 (그들로부터 멀어지는 사람들에게서) 버림받은 듯한 기분을 느끼게 된다. 그들은 관계를 편안하게 즐길 수 있는 고요한 중간 지점을 찾을 수가 없다. 대신 그들은 다른 사람들을 (화를 내고 증오하며) 밀쳐내거나 그들에게 (극단적으로 고마움을 표하며) 필사적으로 매달리는 비정상적인 행위들을 번갈아 하며 살아간다.

경계선 성격 장애는 1938년 아돌프 스턴(Adolf Stern)이 맨 처음 묘사했다. 그는 이 상태를 정신병과 신경증 사이의 경계선(가벼운 정신 분열증)으로 보았다. 우리는 경계선 성격 장애가 정신 분열증과는 실제로 매우 다르다는 사실을 이제 안다. 그렇다면 그 원인은 무엇일까?

부모의 책임

경계선 성격 장애에 대한 가장 초창기 아동 심리학 이론 중 하나는 대상관계 이론(object relation theory)이다. 이 이론은 만약 부모가 자기 아이의 요구를 존중하지 않고 아이를 학대하거나 방임하면 그 아이는 경계선 성격 장애 환자가 된다고 주장한다. 대상관계 이론은 네 가지 중요한 정신 역학적 발상들에서 기인한다.

첫 번째는 '중요한 타자(significant other)'(대개는 부모)이다. 이 타자는 아동의 감정의 '대상'이며 아동이 자신의 요구를 충족시켜 주길 바라는 상대다. 두 번째는 아동이 건강한 인격을 수립하기 위해 성공적으로 지나가야만 하는 지그문트 프로이트(Sigmund Freud)의 발달 단계에 대한 개념이다. 세 번째는 이후의 모든 관계에 영향을 미치는 초창기 관계의 중요성에 관한 프로이트의 원리이다. 네 번째 발상(헝가리에서 태어난 뉴욕의 정신 분석학자인 마거릿 말러(Margaret Mahler)에게서 유래한)은 대개 유아들은 '자폐 단계(austic phase)'에서 발달을 시작한다는 것이다. 이 시기에 유아들은 엄마와 융합되어 있다고 느끼다가 나중에 분리되어 개체화된다. 이 '분리-개별화 단계(separation-individuation phase)' 동안 아이들은 자아감(sense of self)을 수립한다. 자아감은 이후 정신 건강에 중요하다. 이 과정은 한편으로는 자율성과 친밀감에 대한 건강한 요구와 다른 한편으로는 삼켜짐(engulfment)과 버려짐(abandonment)에 대한 불건전한 공포 사이에 균형이 이루어지는 단계다.

오토 컨버그(Otto Kernberg)는 이 발상들을 경계선 성격 장애에 대한 하나의 설명으로 발전시켰다. 그는 웨일코넬 의학 대학원의 정신 의학과 교수이자 그 대학의 성격 장애 협회 책임자를 맡고 있다. 1928년 빈에서 태어난[xxxii] 컨버그는 말러처럼 유아들이 자폐 단계에서 발달을 시작하여 자신의 첫 번째 관계를 수립하는 게 틀림없으며 이 관계로부터 자아의 개념이 생겨난다고 믿었다. 분리와 개별화 단계에서 일반적인 아동은 분열이라고 알려진 방어 기제를 사용한다. 좋은 경험들이 나쁜 경험들로부터 갈라져 나온다. 컨버그에게 발달의 자연스런 과정은 이 분열들을 통합하는 단계를 포함한다. 분열의 통합은 자신을 좋은 부분과 나쁜 부분으로 이루어져 있는 존재로서 받아들이고 부모를 좋은 면과 나쁜 면 모두를 갖고 있는 존재로 받아들이는 것을 의미한다.

컨버그의 설명에서, 분열 단계에 이르렀지만 결코 통합을 달성하지 못한 아동은 '해리성(dissociative)' 상태에 빠지고 경계선 성격 장애가 될 운명에 처한다. 어머니가 자주 자신의 아이를 밀쳐 냈거나 어떠한 친밀감도 제공하지 않았다면 이런 일이 일어날 수 있다. 아니면 어머니가 유아에게 너무 집착한 나머지 아이가 버림받거나(어머니가 떠나 산다면) 삼켜지는 것(아이에게 너무 많이 집착하여)을 두려워하여 세상을 탐구하는 것을 어렵게 만들었을 수도 있다. 혹은 해리 상태가 아동 학대 같은, 훨씬 극단적인 겪김이나 학대 때문에 유발될 수도 있다. 그 결과 아이는 정서적으로 안정된 성인이 되는 감각을 달성하지 못한다. 분열 상태에 빠진 후, 아동이 부모에 대해 갖고 있는 좋은 경험과 좋은 이미지가 타인에 대한 이상화나 이상화된 다른 무엇으로 증폭되거나 과장되어 자신에 대한 거창한 관점을 구성할 수도 있다. 반면 나쁜 경험들은 부정적인 감정들(분노와 증오)의 저수지로 격리될 수도 있다. 그 결과 애착에 대한 강렬한 요구와 버림받는 것에 대한 강한 공포, 어머니와의 갈등으로 가득 찬 관계가 초래된다.

학대와 방임의 역할

대상관계 이론에 대해서는 이쯤 해 두기로 하자. 이 이론은 이분법적 사고방식이나 극단적인 사랑에서 증오로의 변화 등 경계선 성격 장애의 몇 가지 핵심적인 특징들을 설명해 주는 영리한 이론이다. 그러나 부모의 역할에 대한 예측들 중 많은 부분이 과학자들이 측정하기에는 상당히 미묘하다. 아이를 안아 주는 문제에서 얼마나 많아야 지나치게 많은 것인가? 혹은 얼마나 적어야 지나치게 적은 것인가? 또 이 이론은 전성기에 있는 많은 이론들처럼 다른 잠재적인 환경 요인들(학대하는 아빠나 계부모, 다른 양육자들)을 무시하고 "엄마를 비난한다"는 편견으로 인해 곤란을 겪고 있다.

   대상관계 이론을 시험하는 더 쉬운 방법은 아동의 신체적 학대(예를 들면, 아동이 구타당했다는 사실이 확인된 경우)나 성적 학대 혹은 방임(아동이 평상시 장기간 혼자 있다는 사실이 확인된 경우)이 분명한 사례들을 조사하는 것이다. 이러한 경험을 한 아이들을 조사하고 추적하면, 성장하여 경계선 성격 장애가 되는 것과 학대 사이의 연결 고리에 대한 풍부한 증거들을 발견할 수 있다.[104,105] 나중에 자라서 경계선 성격 장애가 된 아이들의 가정에는 근친상간, 아동 학대, 폭력과 알코올 중독이 흔하게 존재한다. 분명히, 아동 학대와 경계선 성격 장애 사이의 관계가 모든 것을 다 설명해 주지는 못한다. 학대당한 아이들이 모두 다 경계선 성격 장애가 되지는 않으며 경계선 성격 장애인 사람들이 모두 다 학대를 받았던 것도 아니다. 사실상 성적 학대를 받은 적이 있는 사람들의 80퍼센트가 경계선 성격 장애가 아니다.[106-113] 그럼에도 불구하고, 이 관련성은 매우 강하다. 경계선 성격 장애 환자의 40~70퍼센트가 성적인 학대를 당한 적이 있다고 보고했다.[108] 60~80퍼센트의 환자들 역시 신체적 학대, 이혼으로 인한 부모와의 이른 이

별, 혹은 감정적인 무시나 무관심, 결핍, 거부를 당한 경험이 있다.[114] 그러므로 발달 초기의 트라우마가 (비록 필연적인 원인은 아닐지라도) 사람으로 하여금 독특한 경계선 성격 장애의 방식으로 공감을 상실하게 만든다는 증거는 매우 많다. 이러한 사실은 거듭해서 경계선 성격 장애에 대해 더욱 동정어린 시선을 품게 한다. 그들은 트라우마로 고통을 겪고 있는 사람들이다. 또 이 견해는 트라우마가 공감의 감소라는 결과를 낳을 수 있다는 보다 일반적인 관점을 강조한다.

경계선 성격 장애의 뇌

놀랍게도, B유형들의 불안정한 행동에도 불구하고, 과학자들은 그들의 뇌를 그럭저럭 잘 연구해 왔다. 그들의 뇌는 공감 회로의 상당 부분이 보통 사람들과 뚜렷이 다르다. 우선 세로토닌 수용체에 대한 신경 전달 물질의 결합 정도가 감소되어 있다.[115,xxxiii] 예상대로 이 이상은 뇌의 공감 회로 부위에서 발생한다. 배쪽안쪽앞이마겉질(vMPFC)과 중간띠겉질(MCC), 그리고 관자엽(측두엽, temporal lobe)이 그곳이다.[115,116] 뇌 영상 역시 B유형에서 공감 회로의 이상, 특히, 눈확이마겉질(OFC), 배쪽안쪽앞이마겉질과 관자엽의 활성이 낮다는 사실을 밝혀 준다. 경계선 성격 장애 환자가 버림받는 내용이 적힌 원고를 읽을 때, 편도체, 배쪽안쪽앞이마겉질과 중간띠겉질, 아래이마이랑(IFG), 위관자고랑(STS) 같은 뇌의 공감 부위는 덜 활성화된다. 다른 연구들은 감정적으로 회피적인 슬라이드를 보여 주는 동안 뇌의 양 반구에서 편도체의 활성이 증가하는 것을 발견했다. 비슷하게, 감정이 드러난 표정을 보는 동안 경계선 성격 장애 환자에서 왼쪽 편도체의 활성이 증가하는 것으로 나타났다.[117-124] 마지막으로 최근의 한 연구는 B유형의 사람들이 '신뢰 게임(trust game)'을 수행할 때, 다른 사람들과 협동하기 위해 신뢰를 유지하거나 손상된 신뢰를 회복할 수 있다는 징후를 조금도 보여 주지 않는다는 점을 발견했다. 보통 사람들에서는 협동과 신뢰의 몸짓과 관계된 신경 지표들(앞뇌섬엽(AI))이 활성화되는데 B유형의 사람들에서는 전혀 활성화되지 않았다.

새로운 접근 방식은 어린 시절 학대당했던 사람들을 추적하여 그들의 뇌를 단층 촬영하는 것이다. 이 접근법은 후향적(retrospective)이기보다 전향적(prospective)이라서 새롭다. 감정의 손상은 어린 시절 일어났다. 그리고 과학은 그들의 뇌에 무슨 일이 일어났는지 질문한다. 그들 모두가 B유형이 되지는 않지만 상당 비율이 그렇게 될 것이다. 이런 사람들은, 편도체가 더 작다는 등의, 공감 회로에 이상을 갖고 있다. 성적으로 학대받은 여성에서도 이 점은 사실이다. 그녀들은 학대를 받은 적이 없는 여성들에 비해 좌반구의 안쪽관자겉질(내측 측두피질, medial temporal cortex)의 회색질(gray matter)이 더 적다. 해마(hippocampus)의 용적이 더 적은 특징은 트라우마를 경험하고 외상 후 스트레스 장애를 겪었던 사람들에서도 발견된다.[126-132] 이 모든 증거들은 학대와 방임에 대한 유년기의 부정적인 경험들이 뇌를 변화시킨다는 결론으로 해석될 수 있다. 여기서 핵심 요지는 경계선 성격 장애에서 공감 제로가 뇌의 공감 회로의 이상으로 인해 나타난다는 점이다.

경계선 성격 장애를 공감 제로의 한 형태로 묘사할 때 나의 목적은, 낙인을 찍을 수 있는 용어를 사용하여 이미 상당한 수준에 있는 그들의 고통을 증가시키려는 게 아니다. 누군가에게 낙인을 찍는 일은 결코 받아들일 수 없다. 그러나 나는 위기를 겪고 있을 때, 그들의 공감 회로에서 무슨 일이 벌어지는지로 주의를 돌리고 싶다. 또 나는 그들이 다른 사람들을 감정을 가진 인간으로 보는 시각을 어떻게 잃어버리는지 보여 주고 싶다. 이 새로운 관점은 치료와 직접적으로 관계되며 사람들이 공감 수준을 회복하는 것을 도울 수 있다. 이 접근법("정신화-기반 치료(mentalization-based therapy, MBT)"라 불리며 임상의인 피터 포나기(Peter Fonagy)와 앤서니 베이트먼(Anthony Bateman)에 의해 유니버시티 칼리지 런던에서 개발되었음)은 이미 잠재적인 이점을 보여 주고 있다.

부정적인 공감 제로 P유형

다음에 만날 공감 제로의 형태는 사이코패스(정신병질자, psychopath)(또는 P유형)다. 사이코패스에서 우리는 B유형에서 보았던 것처럼 완전히 자신에게 사로잡힌 사람을 보게 된다. 그러나 이 경우에 그들은 자신의 욕구를 만족시키기 위한 일이라면 **무엇이든** 기꺼이 한다. 그들은 자신을 좌절시키는 아주 작은 일에도 즉시 폭력적으로 반응할지도 모른다. 혹은 냉정하게 계산된 잔인함을 드러낼지도 모른다. 때때로 그들은 위협을 인지해서가 아니라 상대를 제압하기 위해, 자신이 원하는 것을 손에 넣기 위해 타인의 감정에 대해 완전히 무심한 채, 어쩌면 다른 사람이 고통받는 모습을 보며 일말의 기쁨(독일어에는

'샤덴프로이데'라고 이 기쁨에 해당하는 단어가 있다.)^xxxiv 조차 느끼면서, 특별한 이유가 없는 공격을 가할 수도 있다.

여기서 우리는 P유형을 일부 사람들이 '악'이라고 부르는 것으로 개념화시킬 작은 발판을 발견하게 될 것이다. 그러나 이 책에서 우리가 끊임없이 되돌아와야 하는 질문은 이것이 공감 제로의 결과냐 아니냐, 이것이 결국 공감 회로가 정상적인 방식으로 발달하고 기능하지 못한 결과냐 아니냐다. 우선 실제 사이코패스의 사례를 조사해 보자.

폴

폴(가명)은 28살이며 현재 살인죄로 감옥에 구금되어 있다. 그의 변호사로부터 진단을 요청받고 나는 폴을 인터뷰했다. 그의 폭력성 때문에 그가 우리 병원에 오는 것이 안전하지 않을 수도 있어서 직접 감옥으로 그를 만나러 갔다. 그는 자신이 어떻게 수감되었는지 이야기했다. 바 건너편에 있던 남자가 먼저 자신을 쳐다보며 도발했기 때문에 그는 자신은 무죄라고 주장했다. 폴은 그 남자에게 다가가 "왜 노려봐?"라고 물었다. 그 남자는 (내 생각엔 아마도 사실일 것 같은데) "당신을 노려본 적 없어요. 저는 그냥 바를 둘러보고 있었을 뿐이에요."라고 대답했다. 폴은 남자의 답변에 몹시 격분했다. 그가 자신을 무시하는 것으로 여겨졌고 그에게 한 수 가르쳐 줘야겠다고 생각했다. 그는 맥주병을 집어서 테이블에 깨뜨린 후 삐죽삐죽한 끝으로 남자의 얼굴을 깊숙이 찔렀다.

나처럼, 폴의 변호사는 재판 내내 전혀 후회하지 않는 폴의 모습과 무죄 항변에 대한 독선적인 태도에 충격을 받았다. 나는 그의 도덕적 양심에 대한 증거를 찾기 위해 더 많이 캐물었다. 폴은 그저 강경하게 자기 자신을 변호했다. "그는 사람들 앞에서 내게 굴욕감을 줬어요. 내가 호구가 아니라는 걸 그에게 보여 줘야만 했다구요."

"당신이 뭔가 잘못된 일을 했다고 생각하나요?" 내가 물었다.

"사람들은 나를 평생 개떡같이 여겼죠. 상대가 누구든 더 이상 그런 취급은 못 참아요. 날 무시한 사람은 누구든, 응당 그 대가를 치러야 마땅하죠." 폴이 대답했다.

나는 더 깊이 캐물었다. "그가 죽어서 후회하나요?" 나는 숨을 멈춘 채 폴의 대답을 기다렸다.

그는 성난 목소리로 이렇게 말했다. "학교에서 날 괴롭혔던 아이들이 후회했을까요? 날 해고한 상사가 후회했을까요? 일부러 내 차를 박은 이웃이 후회했을까요? 지금 내게 똥덩어리****가 죽었는데 후회하냐고 묻는 겁니까? 물론 난 후회하지 않아요. 그는 뿌리 대로 거둔 것뿐이에요. 지금까지 누구도 날 개떡같이 다룬 데 대해 후회하지 않았어요. 그런데 왜 내가 그 사람에 대해 신경 써야 합니까?"

이 일이 폴의 첫 범죄는 아니다. 그는 (16살 때) 졸업장 없이 고등학교를 떠난 뒤 좀도둑질, 마약 거래, 강간, 폭행 등의 범죄로 감옥에 여섯 번이나 갔다 왔다. 그의 범행은 13살 어린 나이에 시작되었다. 당시 그는 학교 체육관에 불을 지르고 길 건너편 나무에 앉아 건물이 불타는 모습을 지켜봤다. 그는 퇴학당했고 이후 세 군데 더 학교를 전전했다. 그리고 매번 운동장에서의 싸움이나, 조용히 하라고 주의를 준 선생을 공격한 일이나, 풋볼 팀에 넣어 주지 않았다는 이유로 상대방의 머리에 뛰어 올라탄 일 등의 공격 행동 때문에 쫓겨났다. 아주 어릴 석부터 이미 경고의 징후는 있었다. 8살 때, 그는 자기 고양이에게 잔인하게 굴었는데 고양이 뒷다리에 벽돌을 매달고 불쌍한 고양이가 걸으려고 애쓰는 모습을 촬영하길 좋아했다. 그의 어머니가 기억하는 한, 폴은 작은 일이건(숙제를 안 했는데도 했다고 말하기) 큰일이건(학교에 안 가고도 갔다고 말하기) 거짓말을 잘했다. 무단결석은 겨우 12살에 부모의 허락 없이 밤새 외박하는 행동으로 이어졌다.

폴로부터 한 걸음 물러나 생각하기

폴은 확실히 가까이 두고 싶은 종류의 사람이 아니다. 많은 사람들이 주저 없이 그를 "악마"로 묘사한다. 그는 사이코패스다. 적절한 진단명은 반사회적 성격 장애(antisocial personality disorder)다(이 진단을 받는 데 필요한 증상 목록은 부록 2를 참조). 그는 "아동기나 사춘기부터 성장기까지 계속해서 타인의 권리를 대수롭지 않게 여기고 침해하는 전반적인 행동 양식"[134]을 보여 주기 때문에 이러한 진단을 받았다. 반사회적 성격 장애는 18세 이상이면서 앞서 아동기에 품행 장애(conduct disorder)[xxxvi]로 진단받은 적이 있을 때에만 진단이 내려진다. 폴의 경우는 이 기준에 명확히 들어맞았다. 모든 품행 장애 환자들이 반사회적 성격 장애로 성장하는 것은 아니지만 많은 사람들(최소 40퍼센트)이 그렇게 된다.

일반인 남성 중 약 3퍼센트(여성의 1퍼센트)가 반사회적 성격 장애다. 교도소에서 표본 조사를 해 보면, 이 비율은 — 놀랍게도 — 훨씬 더 높아진다. 남성 수감자 중 50퍼센트와 여성 수감자 중 25퍼센트가 반사회적 성격 장애로 나타난다.[135] 그리고 폴의 경우처럼 반사회적 성격 장애를 가진 사람들 중 일부가 사이코패스다.

P유형의 특징들

폴의 상태에 대한 정확한 명칭은 정신병질적 성격 장애(psychopathic personality disorder) 혹은 내가 명명한 부정적인 공감 제로 P유형이다. 교도소 표본 중 약 15퍼센트가 사이코패스인 반면, 일반인 남성 중에서는 단지 1퍼센트 미만만이 여기에 해당한다.[136] 사이코패스라는 개념은 허비 클렉클리(Hervey Cleckley)가 1941년에 출간한 책 『정상인의 가면(The Mask of Sanity)』[137,xxxvii]으로 거슬러 올라간다. 제목이 말해주듯이, 클렉클리는 그 혹은 그녀가 정상인인 척 그럴듯하게 연기할 때 사이코패스를 어떻게 인지할 것인지에 관심이 있었다. 그는 사이코패스들이 다음과 같은 특징들을 보인다고 주장했다.

- 표면적으로는 매력적임
- 불안이나 죄의식의 결핍
- 신뢰할 수 없으며 부정직함
- 자기 본위
- 오래 지속되는 친밀한 관계를 형성할 수 없음
- 처벌을 통해 배우지 못함
- 정서의 빈곤
- 자기 행동의 여파를 통찰하는 힘이 부족함
- 앞날을 계획하지 못함

위 특징들 중 두 번째를 조금 더 자세히 살펴보자. 불안이나 죄의식의 결핍. 내게, 이 두 가지 감정들은 P유형과 매우 다르게 연결된다. 확실히, 죄의식이 없는 사람은 다른 사람들이 어떻게 느낄지에 대한 걱정은 고사하고, 자신들이 나중에 어떻게 느낄지 걱정하지 않은 채 나쁜 일을 저지를 수 있을 것이다. 만약 당신이 공감할 수 있다면 죄의식을 느낄 수 있지만 당신에게 공감 능력이 부족하다면 그렇지 않다. 이러한 사실은 죄의식과 공감 능력을 동일한 것으로 생각하게 만들 수 있다. 그러나 사람은 반드시 공감하지 않고도 죄의식을 느낄 수 있기 때문에(예를 들어, 빨간불에 횡단보도를 건널 때) 이는 사실이 아니다. 따라서 공감은 죄의식을 가져올 수 있지만 죄의식이 공감의 증거는 아니다. 불안과 사이코패스적인 행동 사이의 관계 역시 중요하다. 불안감이 결핍된 사람은 처벌받을 것을 두려워하지 않은 채 나쁜 일을 할 수 있기 때문이다. 그러나 불안 그 자체는 공감의 일부가 아니다. 그것은 단지 왜 다른 사람을 상처 입혀서는 안 되는지에 대한 근거를 제공해 줄 뿐이다.

앞의 목록에 나타난 특징들 중 여러 개가 공감의 결핍에 초점을 맞추고 있다는 점에 주목하라. 자신의 행동 여파에 대한 **통찰력의 부족**과 **자기 본위**. 2장에서 살펴본 것처럼, 자기 인식의 부족은 빈약한 공감 능력에 고유한 특성이다. 자기 인식의 부족은 "통찰력의 부족"(정신과 의사들이 특히 좋아하는 용어)과 아마도 같은 말일 것이다. 우리는 그 개념들이 서로 상당히 중첩되는 것을 알 수 있다. 일례로, (부적절한 말을 하여) 의도치 않게 다른 사람을 상처 입힌 사람을 들어 보자. 여기서, 통찰력의 부족은 공감 결핍의 일부분이자 한 구획이다. 공감이 결여된 행동을 얼마나 흔쾌히 용서할 것이냐는 측면에서, 사람들은 아마도 다른 사람을 상처 입힌 행동에 고의성이 있었는지 판단하려 들 것이다. 자기도 모르게 그렇게 행동한 경우는 알면서도(즉, 계획적으로) 다른 사람을 상처 입힌 경우보다 덜 나쁘게 여겨진다. 클렉클리의 정의에 따르면, 사이코패스는 이 두 가지 종류의 공감이 결여된 행동들을 모두 할 수 있다. 죄의식의 결핍은 상대가 실제로 상처를 입게 되리란 걸 알면서도 다른 사람에게 상처를 줄 수 있다는 의미다. 그러나 자기 행동의 여파에 대한 통찰력의 부족은 상대가 상처를 입을 수도 있다는 사실을 깨닫지 못한 채 다른 사람에게 상처를 줄 수 있다는 의미다.

흥미롭게도, 사이코패스에 대한 클렉클리의 정의는 물리적인 공격이나 위법 행위를 전혀 언급하지 않는다. 이 사실은 사이코패스들이 형사 사법 제도의 주의를 끌지 않을 수도 있으며 사회에서 활개를 치고 다닐 수 있다는 점을 암시한다. 그들은 어떤 일터에서든 "양복을 입은 뱀(snakes in suits)[xxxviii]"인지도 모른다.[138] 이 문구가 다소 상투적이긴 하지만, P유형이 어떻게 스스로를 위장할 수 있는지를 이보다 더 잘 나타내는 방법을 나는 모르겠다. 확실히, 일부 사이코패스들은 물리적인 공격을 가해 다른 사람들을 상처 입힌다. 그러나 클렉클리의 공식에서 진보한 부분은 훨씬 미묘하고 보이지 않는 방식으로 공격적인 사람들에게까지 이 개념을 확장시킨 것이다. P유형의 온건한 형태는 때로 "마키아벨리적 성격 유형(machiavellian personality type)"이라고 알려진 것이나 리처드 크리스티(Richard Christie)와 플로렌스 가이스(Florence Geis)가 "하이 맥(high Machs)", 자신의 승진을 위해 다른 사람들을 이용하는 개인들이라고 불렀던 사람일지도 모른다. 그들은 자신들이 원하는 것을 얻기 위해 거짓말을 할 것이다.[139]

우리는 B유형이 되는 주된 위험 요인이 어린 시절 경험한 부모의 거부라는 사실을 알았다. 나는 이 주제를 좀 더 오래 곱씹고 싶다. 건강한 공감 능력의 발달을 위해서나 부정적인 공감 제로 P유형이 될 위험에 있어서나 당신의 어머니(혹은 아버지)가 당신을 어떻게 대하느냐가 매우 중요하다고 밝혀졌기 때문이다. 부모의 거부는 아동이 폭력적인 사람이나 사이코패스로 성장하도록 이끌 수 있다. 그것이 유일한 요인은 아닐지도 모르지만 중요한 요인일 수는 있다. 부모의 거부가 성인기에 공격성이 발달될 아이와 연결되는 이유 중 하나는 그 아이의 내면이 — 감정적으로 — 부모의 거부에 숨죽여 **분노하며** 높은 수준의 증오를 발달시키고 있기 때문이다. 이러한 극단적인 부정적 감정들은 조절하기가 어렵다. 그 아이는 자신의 분노를 어딘가로 터트려야만 한다. 만약 어렸을 때 이들이 자신을 거부하는 부모를 향해 분노를 표현할 수 없다면, 다만 사춘기나 성인기에 터져 나오길 기다리며 — 압력솥 속의 증기처럼 — 분노가 쌓일지도 모른다. 그 결과는 폭력의 폭발이다.

존 볼비(John Bowlby)는 부모의 거부에 대한 연구로 유명하다. 그는 런던의 타비스톡 병원의 정신 분석가이자 정신과 의사로 여기서 자신의 놀라운 애착(attachment) 이론을 발전시켰다. 이 이론에서 그는 (부정적인 측면에서) 부모의 거부의 결과와 (긍정적인 측면에서) 부모의 애정의 결과를 탐구했다. 내가 놀랍다는 표현을 쓴 것은 이 이론이 사회적으로 엄청나게 중요하며 충분히 입증된 예측들을 만들어 냈기 때문이다.

볼비에 따르면, 유아는 양육자를 그곳에서부터 세상을 탐구하는 "안전 기지(secure base)"로 활용한다. 아이가 부모로부터 떨어지게 되었을 때, 그들은 자신들이 그 혹은 그녀에게 "정서적 재충전(emotional refueling)"을 위해 다시 되돌아갈 수 있다고 느낀다(양육자는, 반드시 그런 것은 아니지만, 대개 아동의 생물학적 어머니나 아버지다.). 양육자의 애정은 칭찬과 안도감, 안전한 느낌을 주면서, 아동이 자신의 불안을 다루고 자신감을 발달시키며 관계의 안정성을 신뢰하도록 돕는다.

볼비의 이론을 나는 이렇게 바꾸어 표현한다. 양육자가 생후 첫 몇 해의 결정적인 시기 동안 자신의 아이에게 주는 것은 **내면의 황금 단지**(internal pot of gold)와 같다. 프로이트의 통찰 위에 세워진 이 아이디어는 부모가 자신의 아이를 긍정적인 감정들로 채워 줌으로써 그 어떤 물질적인 것보다 더 값진 선물을 아이에게 줄 수 있다는 것이다. 내면의 황금 단지는 심지어 아이가 살면서 무일푼이 되거나 그 어떤 도전으로 괴로움을 겪을지라도 일생 동안 지니고 갈 수 있는 무엇이다. 이 단지는 도전에 맞설 힘과 좌절에서 회복할 수 있는 능력, 그리고 타인에게 애정을 보이고 친밀함을 즐길 수 있는 능력을 준다.

이것을 사이코패스(와 다른 형태의 반사회적 성격 장애들)에게 적용하여, 과거를 거슬러 추적해 보면, 이 사람들이 대개 볼비가 "불안정 애착(insecure attachment)"이라고 불렀던 것을 높은 비율로 형성하고 있음을 알 수 있다.[141-143] 1944년에 출간된 볼비의 원 연구는 「44명의 미성년 절도범들(Forty-Four Juvenile Thieves)」이라는 제목으로 사춘기의 범죄를 주의 깊게 조사했다. 이 연구는 그의 이론의 추동력이었다.

여기서 내가 주목한 부분은 볼비가 유아와 양육자 사이의 초기 애착 관계의 안정성이 그 아이가 성인이 되었을 때 정서적으로 얼마나 잘 적응하는지뿐만 아니라 그들의 도덕성 발달 정도도 예측한다고 주장한다는 점이었다(공감 능력이 결여된 상태에서도 엄격한 도덕률을 발달시킬 수 있기 때문에 도덕성 발달과 공감은 동일한 것이 아니다. 우리는 이 문제를 나중에 살펴볼 예정이다.).

볼비가 연구한 44명의 미성년 절도범들은 — 그의 냉담한 표현으로는 — "정성 결여자(affectionless psychopaths)"들이다. 그들은 집이나 시설 안팎에서 수십 명 — 수백 명은 아닐지라도 — 의 어른들과 피상적이고 얕은 인간관계를 형성했다. 볼비의 시각에서 한 명 혹은 소수의 양육자와의 깊고 신뢰감 넘치는 관계는 반드시 필요하다. 이러한 안정적인 관계들은 사회성 발달(학우들 사이의 인기, 좋은 사회성, 순서 지키기, 공유)과 언어의 발달(더 나은 의사소통 능력)을 모두 촉진한다. 나아가 애착 관계가 단단히 형성된 아동들은 나중에 더 나은 공감 능력과 '마음 이론'(다인의 생각을 정확히 추론하는 능력)을 발달시킨다. 불안정한 애착 관계를 형성한 사람들은 반사회적 행동을 비롯하여 사회적인 어려움을 경험하는 비율이 높으며, 나중에 성인이 되어서 이혼할 위험이 더 높게 나타난다.

볼비는 케임브리지에 있는 트리니티 칼리지에서 의학의 일부로써 심리학을 공부했다. 그는 나중에 케임브리지의 동물 행동학자인 로버트 힌들(Robert Hindle)과 가까운 관계를 구축했다. 로버트 힌들은 해리 할로(Harry Harlow)가 모성 결핍(maternal deprivation)의 효과를 알아보기 위해 엄마 없이 길러진 원숭이에 대해 실시한 중대한 연구를 확장시켰다.[144,145] 이 동물 모델은 — 윤리적으로 문제가 될지라도 xxxix — (인간이든 원숭이든) 사회성 영장류들에서 힘겨운 애착 관계는 우호적인 접근을 공격으로 잘못 해석하여 원숭이로 하여금 공격성을 발달시킬 위험을 증가시킬 뿐 아니라 아이들로 하여금 가혹하고 학대적인 부모로 성장할 가능성 역시 증가시킨다는 점을 가르쳐 주었다.

이제 내가 왜 볼비의 애착 이론을 놀랍다고 묘사했는지 알 수 있을 것이다. 이 이론은 초세대적인 영향을 예측한다. 놀랍게도, 이 이론은 사회성 발달이라는 좁은 영역을 넘어서는 외부 영역에 미치는 영향에 대해서도 예측한다. 안정된 애착 관계를 형성한 유아는 성장하여 학교에서 학문적으로도 더 좋은 성과를 낸다. 이는 내면의 황금 단지가 그 아이에게 새로운 학습 영역을 탐구하고, 실패를 내면하고도 끈기 있게 지속하도록 격려해 주는 충분한 자신감과 자긍심을 주기 때문일지도 모른다. 또 안정된 애착이 아이를 자기 자신과 타인의 마음에 대해 보다 뛰어난 독심술사로 만들어서 그들이 자신이 아는 바와 모르는 바를 숙고하여 학습 방법을 배울 수 있게 해 주는지도 모른다. 44명의 절도범에 대한 중대한 연구 이후, 볼비는 1951년 세계 보건 기구(World Health Organization)로부터 의뢰를 받아 「어머니의 양육과 정신 건강(Maternal Care & Mental Health)」[146,xl]이라는 보고서를 작성했다. 이 보고서는 학교와 병원을 아동과 부모 모두에게 보다 우호적인 환경으로 만들면서 그곳에서 아동들을 보살피는 방법을 완전히 바꿔 놓았다. 이렇게 광범한 영향을 미치는 다른 심리학 이론이 또 어디 있겠는가?[147]

확실히 불안정 애착은 스펙트럼으로 존재하며, 사이코패스의 발달은 그 스펙트럼의 가장 심각한 극단에서 일관성 없는 부모의 훈육, 부모의 알코올 중독, 관리 부족, 신체적·성적 혹은 정서적 학대나 완전한 유기 같은 아동기의 분리를 동반할지도 모르는 부정적인 경험과 관련이 있다.[148] "내면의 황금 단지" 개념으로부터 이 훨씬 극단적인 형태의 불안정 애착이 부정적인 공감 제로가 될 위험을 증가시킨다는 주장이 나온다.[149]

내 오랜 친구인 피터 포나기는 유니버시티 컬리지 런던의 정신 분석학 교수이자 런던의 햄스테드에 있는 안나 프로이트 센터의 관리자이다. 그는 정신 분석에서 흥미로운 아이디어들을 취해 그것을 실험적으로 검증하려고 시도했던 몇 안 되는 과학자들 중 한 사람이다. 그는 애착 관계를 맺고 있는 동안 유아가 양육자의 마음을 "정신화하려고(mentalize)" 시도한다고 주장한다. 아동과 부모의 관계는 타인을 학습하기 위한 시련의 장소다. 아동은 자신의 어머니가 현재의 환경에서 사람과 사물에 대해 생각하고 느끼는 바뿐 아니라, 더 중요하게는, 자신의 어머니가 **아이 자신**에 대해 어떻게 생각하는지를 상상한다. 포나기는 공감의 발달이 아동이 타인의 사고와 감정들을 상상하는 것이 안전할 경우에만 잘 진행된다고 주장한다.

그러나 당신이 정신화를 할 때, 당신의 어머니가 당신을 싫어하거나 당신이 존재하지 않길 원한다고 상상한다면, 그로 인해 공감의 발달에 탈선이 일어날 수 있다. 이것은 분명 흥미로운 주장이며 부모의 행동이 아동의 공감 형성에 기여한다는 생각을 지지해 주는 증거들도 일부 존재한다. 예를 들면, 행동의 결과에 대한 토론을 통해 아이를 훈육시킨 부모의 아이들은 권위적인 수단이나 처벌을 사용한 부모의 아이들과 비교해 더 나은 도덕성을 발달시킨다.[150] 그리고 자신의 아이들을 사회화시키는 데 공감을 사용한 부모의 아이들은 신체적인 처벌을 사용한 부모의 아이들에 비해 범죄를 저지를 가능성이 낮다.

사이코패스의 마음

 초창기 가정 환경에 관한 주제에서 이동하여 우리는 사이코패스의 마음속에 어떤 일이 진행되고 있는지 다소 더 깊이 탐색할 수 있다. 공감 지수를 설문 조사로 평가할 때, 사이코패스들이 다른 사람들보다 더 낮은 점수를 얻는다는 사실은 그다지 놀랍지 않을 것이다. 이러한 사실은 예를 들면, 대인 관계 반응성 척도(interpersonal reactivity index, IRI)를 통해서도 알 수 있다.[151] 그러나, 사이코패스들은 자신의 진짜 본성을 숨기려고 대개 거짓말을 하기 때문에 이들의 자기 보고는 믿을 수 없기로 악명 높다. 이러한 문제를 피하기 위해, 연구자들은 자율 신경의 흥분 — 정서적인 매체를 보거나 들었을 때, 당신이 얼마나 고무되는가 같은 — 을 생리학적으로 측정하는 방식에 의존했다.[152,153] 전형적인 측정 대상은 피층 전기 반응(galvanic skin response, GSR) — 정서적인 성격의 매체를 보았을 때 손바닥에 땀이 나는 정도 — 이었다. GSR 측정을 통해 사이코패스들은 고통스런 사람들의 사진을 보고 있는 동안 자율 신경의 반응성이 감소한다(덜 흥분한다)는 점이 밝혀졌다. 이러한 결과는 그들에게서 정서적 공감이 감소되어 있다는 것을 의미한다.

 사이코패스들은 또한 공포를 드러내는 정서 표현을 잘 알아보지 못한다.[154,155] 그러나, P유형의 사람들이 종종 다른 사람들을 속인다는 사실은 그들의 인지적인 공감 능력이 대개 온전하다는 것을 시사한다. 사이코패스들이 정상적인 방식으로 정서적인 소재들을 처리하지 못한다는 근거는 대부분의 사람들이 "이것은 단어입니까?"라는 질문에 답하는 과제에서 (중립적인 단어들을 판단할 때의 속도와 비교하여) 정서적인 단어를 보여 줬을 때 판단 속도가 더 빠른 반면, 사이코패스들은 정서적인 단어와 중립적인 단어들 사이에 차이를 보이지 않았다는 것이다. 사람의 각성 정도를 측정하는 방법 중 하나가 사건 관련 전위(event-related potential, ERP)를 활용하는 것이다. 이는 두피에 전극을 꽂아 뇌 속의 전기적인 활성을 측정하는 방법이다. 사이코패스들에서는 정서적인 단어에 반응할 때 뇌의 중심부와 마루 부위(두정부, parietal region)에서 흔하게 나타나는 두뇌 활성의 증가가 나타나지 않는다.[156,157] 폴을 통해 보았듯이, 공격적인 사람들의 특징 중 또 한 가지는 애매모호한 상황들을 마치 다른 사람들이 적대적인 의도를 가진 것처럼 해석하는 경향이다. 이러한 경향은 그중 일부가 사이코패스로 성장하는, 품행 장애를 가진 아이들에서도 발견되었다. "귀인 편향(attributional bias)"[158]으로 불리는 이 경향은 공감의 인지적인 측면이 정확하게 작동하지 않는다는 확실한 예시다.

사이코패스의 마음에 대한 견해 중 하나는 그들이 단지 **비도덕적**이라는 것이다. 고전적인 도덕성 검사 방법은 로런스 콜버그(Lawrence Kohlberg)가 개발한 것으로, 검사 시 당신은 이야기를 읽고 등장인물들의 행동의 도덕성을 평가하도록 요구받는다. 그중 유명한 사례 하나가 암으로 죽어 가는 아내를 위해 약을 훔치려고 약국에 침입한 남편에 대한 것이다. 약사가 (실제로 약을 제조하는 데 드는 비용은 겨우 200달러지만) 항암제를 2,000달러 이하로는 팔 수 없다고 거절했기 때문에 남편은 약을 훔치려 했다. 당신은 남편의 옳고 그름을 판단하라고 요구받는다. 이러한 도덕적 딜레마를 판단하는 당신의 능력이 복합적일수록 도덕적 추론 능력은 더 고등하다고 여겨진다. 만약 당신이 이 논의에 두 가지 측면이 존재한다는 것을 알 수 있다면, 혹은 맥락에 따라 행위의 옳고 그름이 달라진다는 것을 알 수 있다면, 이는 당신이 단순한 규칙에 근거해 판단을 내리는 사람들보다 더 예리한 사고방식을 갖고 있다는 징후로 여겨질 수 있다. 예상과는 반대로 사이코패스들이 반드시 이러한 검사에서 더 낮은 점수를 얻지는 않는다.[159] 이는 아마도 사이코패스들이 실제 일상에서 하는 행동과 말이 서로 다르기 때문일지도 모른다.

   콜버그의 도덕적 추론 능력 측정 방식이 유일한 접근법은 아니다. 도덕적 추론에 대한 엘리엇 튜리엘(Elliot Turiel)의 검사에서는 도덕적인 위반(인권을 침해하는 행위, 예를 들면 타인을 상처 입히기)뿐 아니라 관습의 위반(사회적 관습을 훼손하는 행위, 예를 들면 도서관에서 떠들기)까지 묘사하고 있다. 당신은 한 행동이 얼마나 나쁜지 또 그 행동을 금지하는 규칙이 없어도 그 행동이 여전히 나쁜 것인지 판단하도록 요구받는다. 4살이 되면 대부분의 아동들이 이 두 가지 유형의 위반들 사이의 차이를 말할 수 있다. 그리고 만일 관습 위반에 해당하는 규칙이 변경되면(이 도서관에서는 잡담하는 것이 허용된다고 공지할 수 있다.) 그 행동이 더 이상 위반이 아니지만, 도덕적 위반에 해당되는 규칙은 변경이 되더라도(예를 들어, 타인을 상처 입히는 게 이제는 합법이라고 공지한다면) 그 행동이 전보다 덜 나쁜 행동이 되는 게 아니라는 점을 인식할 수 있다.¹⁶⁰ 사이코패스들은 이 두 종류를 구분하는 데 어려움을 겪으며, 반사회적인 행동을 하는 아이 역시 마찬가지다.¹⁵⁴,¹⁶¹

이러한 사실은 우리에게 사이코패스들에서 타인의 고통에 대한 정서적인 반응들이 일반적인 방식으로 나타나지 않는다는 사실을 보여 주며, 또한 그들의 도덕성 발달이 둔화되었다는 점을 말해 준다. 이는 단순히 사이코패스들의 지능이 더 낮아서일까? 낮은 IQ와 낮은 사회 경제적 지위(SES), 반사회적 행동 사이에는 분명한 연관 관계가 있다. 낮은 IQ와 낮은 SES 사이의 연관성은 교육 수준이 더 낮을 가능성이 큰 열악한 이웃 주민들 때문일 수도 있다. 그러나 낮은 IQ와 낮은 SES가 반사회적인 행동을 발달시킬 위험을 증가시키는 이유는 무엇인가? 학력이나 직업이 없으면 범죄가 생계를 유지하는 수단이 될지도 모른다는 게 한 가지 이유가 될 수 있다. 낮은 IQ는 잡힐 가능성을 예상하는 걸 더 어렵게 만들지도 모른다. 그러나 지능적인 사이코패스들이 존재한다는 사실은 낮은 지능이 사이코패스가 된 사람들을 전부 다 설명해 줄 수 없다는 점을 보여 주며, IQ가 낮지만 공감적인 사람들 역시 존재한다는 사실은 공감과 IQ가 서로 독립적인 게 틀림없다는 것을 입증해 준다.

1990년대 초에 함께 연구하며 즐거운 시간을 보냈던 제프리 그레이(Jeffrey Gray)는 런던의 정신 의학 연구소 교수였다. 그는 자신이 행동 억제 체계(behavioural inhibition system, BIS)라 부르는 불안 모델을 개발했다. 이 체계는 동물이 행동의 정서적인 결과들(보상이나 처벌)을 학습할 수 있게 해 준다.ˣˡⁱ 1982년, 처음 제시되었을 때 이것은 정말 대담한 모델이었다.¹⁶² 이 모델은 매디슨 위스콘신 대학교의 조지프 뉴먼(Joseph Newman)을 고무시켜 사이코패스들이 **저활성화된** BIS를 가진 반면, 불안 장애 환자들은 과활성화된 BIS를 갖고 있다는 주장을 하게 만들었다. 뉴먼의 흥미로운 생각은 BIS에 손상을 입은 동물들은 처벌을 유발하는 행동들을 반복하는데 이런 결과로 볼 때 사이코패스들은 근본적으로 자신의 행동 결과에 대해 사고하는 데 문제가 있다는 것이었다.

뉴먼은 이것이 사이코패스들의 핵심 문제 — **처벌을 두려워하도록 배우지 못함** — 라고 주장한다. 그들이 자신을 곤란에 빠뜨릴지도 모를 행동을 알면서도 실행하는 것은 놀랄 일이 아니다. 그는 이것이 사이코패스들이 어떤 숫자들은 보상을 받고 어떤 숫자들은 그렇지 않은지 학습해야만 하는 과업에서 오류를 저지르는 이유와, 그들이 한 행동이 더 이상 보상을 주지 않으며 처벌로 이어지게 될 때조차 그 행동을 변화시키지 못하는 이유를 설명해 준다고 주장한다.[163] 예를 들면, 각각의 카드들이 보상으로 이어지는 카드 한 벌을 가지고 놀라고 하면, 사이코패스적인 특성을 가진 아이들은 이 카드들이 더 이상 보상을 주지 않을 때에도 카드놀이를 계속한다.[164] 오늘날 우리는 뇌 속에 많은 "공포 경로들(fear pathways)"이 존재하며 편도체가 공포의 경험에서 핵심적인 역할을 수행한다는 점을 인정한다. 문제는 뉴먼의 설명이 아이들이 사회화되는 방식에서 불안이 가지는 중요성을 강조하지만 실제로 많은 아이들은 처벌의 공포를 통해서뿐만 아니라 다른 사람들이 어떻게 느끼는지(공감)에 대한 토론을 통해서도 사회화된다는 점이다.[165]

그럼에도 불구하고, 사이코패스들이 공포를 느끼지 못한다는 생각은 중요한 통찰이다. 허비 클렉클리는 자신의 책 『정상인의 가면』에서 "그는 마음속에서 깊은 후회나 불안을 느낄 수 없는 것처럼 보인다."[137]라고 기술했다. 이는 소위 냉담한 하위 집단들에게는 사실인 것 같다. 미네소타 주립 대학교의 행동 유전학자인 데이비드 리켄(David lykken)은 이 주장을 "조건화(conditioning)" 실험을 이용하여 시험했다. 이 실험에서는 버저 소리와 함께 전기 충격을 주었다. "정상적인" 사람들은 버저 소리를 듣고 "피부 전기 공포 반응"(발한)을 나타냈다(즉, 버저 소리가 조건 자극(conditioned stimulus)이 되었다.). 대조적으로, 사이코패스들은 버저 소리에 대해 피부 전기 공포 반응을 덜 보였다. — 그들은 이 위협에 대해 "조건 반응(conditioned response)"을 획득하지 못했다. 또 큰 소리나 자신들을 향해 흐릿하게 다가오고 있는 물체에 대해 경악 반사(startle reflex)(자동적인 점프)를 덜 나타냈다.[153,167-169] 이 모든 결과들은 처벌에 대한 낮은 공포를 비롯하여 매우 특정한 종류의 학습 곤란(learning difficulty)을 제시한다.

확실히, P유형은 B유형과 중요한 측면들에서 다르지만 핵심적인 특징을 공유하고 있다. 바로 부정적인 공감 제로가 된다는 것이다. 이는 발달상에서의 종점이 같다는 의미이다. 결정적으로, 그들의 공감 제로는 타인에게 잔인한 행동을 하는 결과를 가져올 수 있다. 그들의 뇌를 들여다보면 동일한 공감 회로가 영향을 받은 것을 볼 수 있으리라.

사이코패스의 뇌

과학자들은 공감과 공감 결핍의 신경 기반을 이해하기 위해서 사이코패스들을 간신히 설득하여 뇌 주사 장치 안으로 들어가게 했다.

우리가 예측했던 대로, 공감 회로에 이상이 보였다. 공격적인 사람들은 배쪽안쪽앞이마겉질(vMPFC)이 덜 활성화되었으며,[170] 사이코패스 진단표 개정판(psychopathy checklist-revised, PCL-R)[xlii]에서 점수가 높을수록 눈확이마겉질(OFC)/배쪽안쪽앞이마겉질과 관자 부위(측두부, temporal region)의 활성이 더 낮게 나타났다.[171] 이곳은 정확하게 공감 회로에 속한다. 나아가, 과학자들이 눈확이마겉질/배쪽안쪽앞이마겉질과 편도체 간의 연결을 표시했을 때, 그들은 이들 연결이 사이코패스들에서 감소되어 있으며, 이 감소가 PCL-R의 점수를 예측해 준다는 점을 발견했다.[172] 남성들은 여성들에 비해 평균적으로 반사회적 행동을 하는 경향이 훨씬 더 많다. 이러한 성차는 눈확이마겉질 크기에 있어서의 성차에 의해 대부분 설명된다. 일반적으로 남성들은 눈확이마겉질 부피가 여성들에 비해 더 작으며 반사회적 행동이 증가한 남성들에서는 눈확이마겉질의 부피가 이보다 더 작다.[173]

사이코패스의 뇌에 대한 한 가지 견해는 주된 문제가 이마엽(전두엽, frontal lobe)에 존재한다는 것이다. 이 부분이 행동에 대한 '실행 조절(executive control)' 기능을 제공하며, 이 기능 덕분에 우리는 처벌을 불러올 수 있는 행동을 하지 않는다. 그러나 이것은 여러 가지 이유로 신경 해부학적으로 지나치게 단순화된 설명이다. 첫째, 이마엽은 적어도 뇌의 3분의 1을 차지한다. 그래서 하나의 설명이 되기에 이 영역은 너무나 광대하다. 둘째, 이마엽은 분할할 수 있으며, 눈확이마겉질/배쪽안쪽앞이마겉질 부위에 손상을 입은 (그러나 등쪽가쪽(배외측) 부위에는 손상을 입지 않은) 환자들은 공격성의 수준이 증가한다. 이러한 사실은 이상이 이마엽 부위 전체에서가 아니라 이마엽에 위치한 공감 회로 내부에서 발생했음을 보여 준다. 배쪽안쪽앞이마겉질에 손상을 입은 환자들은 정서적으로 고통스러운 자극에 반응하여 심박수가 일반인만큼 변화하지 않으며, 더 이상 이기지 못할 때조차 (혹은 보상받지 못할 때조차) 과업을 수행하며 계속 내기를 걸었다는 사실을 회상하라.[174,175] 또 피니어스 게이지가 눈확이마겉질과 배쪽안쪽앞이마겉질 전체에 손상을 입은 후 냉혹하고 무례하며 불손하고 자제력 없는 행동을 보이기 시작했다는 사실을 기억하라. 이 모든 증거들은 자신의 사회적 행동을 조절하기 위해 당혹감이나 죄의식 같은 감정들을 사용하는 데 곤란을 겪고 있다는 신호다.[31,32,176] 눈확이마겉질/배쪽안쪽앞이마겉질 부위에 손상을 입은 환자들은 도덕적 판단 능력에 변화가 나타난다. 예를 들면, 그들은 다섯 사람의 생명을 구하기 위해 한 사람을 살해하는 일에 개인적으로 참여하는 행위가 도덕적으로 받아들일 수 있는 일이라고 판단한다(대부분의 사람들은 이 같은 판단을 받아들일 수 없다고 생각한다.).[177] 이 환자들은 자신이나 타인의 **의도**에 주의를 덜 기울이기 때문에 이러한 방식으로 도덕적 결정을 내린다고 밝혀졌다. 따라서 배쪽안쪽앞이마겉질 손상 환자들은 대조군에 비해 다른 사람을 해치려 **시도했으나 미수에 그친** 행위를 도덕적으로 허용 가능하다고 판단하는 경우가 더 많다.[178] 이런 식으로, 앞서도 살펴보았듯이, 앞이마겉질의 이 특정 영역에 손상을 입은 환자들은 사이코패스와 닮아 있다.

이러한 이유로 (2장에서 마주쳤던) 안토니오 다마지오의 배쪽안쪽앞이마겉질 신체적 표지 이론은 P유형을 설명할 수 있다. 이 이론은 굉장히 그럴듯하다. 그럼에도 '자율 신경계'의 흥분 없이도 사람들이 고전적인 도박 과제를 정상적으로 수행한다는 사실 때문에 논란에 둘러싸여 있다.[179,28] 이는 눈확이마겉질/배쪽안쪽앞이마겉질의 이상이 공격적인 반사회적 행동을 초래하지만 그것이 반드시 이 사람들이 자신의 '신체적' 상태를 읽는 데 문제가 있어서는 아니기 때문일지도 모른다. 다른 문제는 배쪽안쪽앞이마겉질에 입은 손상이 '반응성(reactive)' 공격[xliii](즉각적인 분노 반응)을 야기할 수 있을지라도, 대개 '도구적(instrumental)' 공격[xliv](냉정하고, 계산된, 계획적인 잔인함)을 야기하지는 않는다는 점이다. 사이코패스에서는 두 가지 종류의 공격 행동 모두가 증가할 수 있기 때문에 P유형의 두뇌에 관한 모델로서 이 신체적 표지 이론은 그들의 중요한 행동 측면을 놓치고 있다. 덧붙여, 배쪽안쪽앞이마겉질에 손상을 입은 환자들은 다른 정시적인 자극들(알몸 사진 같은)에도 자율 신경계의 흥분이 덜 나타나는 반면, 사이코패스들은 오직 위협적이거나 고통스러운 자극에 대해서만 이러한 감소가 나타낸다. 이 사실은 사이코패스들에서 보이는 매우 특정한 형태의 공감 제로가 단지 배쪽안쪽앞이마겉질이 가진 문제만은 아니라는 점을 시사한다.

에이드리언 레인(Adrian Raine)과 그의 동료들은 ("정신 이상을 이유로 무죄를 주장한") 살인자들의 뇌를 조사했다. 그들은 다시 공감 회로, 배쪽안쪽앞이마겉질, 편도체와 위관자고랑(STS)에서 차이점을 발견했다.[180,181] 또 서로 다른 성격 장애를 가진 사람들을 비교한 연구에서는 공격적인 사람들에서 눈확이마겉질의 활성이 감소한 것을 발견했다.[182]

시카고 대학교의 신경 과학자인 진 데세티와 그의 동료들은 신체적인 싸움에 연루된 적이 있는 품행 장애가 있는 10대들을 대상으로 놀라운 연구를 수행했는데, 여기서 공감 회로가 공격성에 관여한다는 증거가 추가로 발견되었다. 앞서 언급했듯이, 이 아이들의 일부는 P유형으로 성장한다. 이 연구에서 10대들은 누군가가 사고로 다치는 영화(예를 들어, 손 위로 뭔가가 떨어진다.)를 보거나 누군가가 고의로 다치는 영화(누군가가 해친다.)를 보았다. 공격적인 10대들은 다른 사람에게 고의적으로 고통을 가하는 영화를 보는 동안 편도체와 보상 회로(배쪽줄무늬체) 모두에서 활성이 증가했다. 보상 회로의 과민성(hypersensitivity)은 반사회적 행동과 P유형에서 굉장한 중요성을 가질지도 모른다.[183] 이 사실은 그들이 다른 사람들이 고통을 겪는 모습을 보는 걸 실제로 즐긴다는 사실을 암시한다. 앞에서 언급했던 독일어 '샤덴프로이데'(타인의 고통을 보며 즐거움을 느낌)가 떠오른다.

이 연구의 다른 차이점은 공격적인 10대들이 앞뇌섬엽(AI)과 중간띠겉질(MCC)(이 부위들은 통증 기질(pain matrix)의 일부분이다.)이나 관자마루이음부(TPJ) 같은 공감 회로 부위에서 활성을 보이지 않았다는 점이다. 관자마루이음부는 도덕적 판단을 내릴 때, 의도를 이해하는 데 일반적으로 사용되는 뇌 부위다.[184-186] 미국 국립 보건원(National Institutes of Health)에서 근무하는 제임스 블레어(James Blair)는 사이코패스들에서는 편도체가 정상적으로 작동하지 않고 있다고 설득력 있게 주장했다. 사이코패스들이 혐오 조건 형성(aversive conditioning)[xlv]을 하는 동안 편도체의 활성이 덜 나타난다는 뇌 영상 연구가 이 주장을 잘 지지해 주고 있다.[187] 그러므로 우리는 P유형의 두뇌가 공감 회로 이상의 증거들을 다수 보여 준다고 말할 수 있다.

생애 초기의 스트레스가 공감 회로에 미치는 영향

그러나 이 모든 뇌의 변화들은 어떻게 발생하는가? B유형과 어린 시절의 학대와 방임 사이의 연관성을 고려하면, 생애 초기의 스트레스가 해마가 얼마나 잘 기능하는지와 위협에 반응하는 신경 체계가 얼마나 활동적인가에 영향을 미친다는 증거가 있다.[188] 스트레스는 위협에 대한 호르몬 반응에도 영향을 미칠 수 있다. 스트레스에 장기적으로 노출되는 것은 뇌에 좋지 않다. 편도체는 스트레스나 위협에 반응하는 뇌 부위 중 하나다.[189] 스트레스에 노출되면 편도체는 해마를 자극해 뇌하수체(pituitary gland)에서 부신 겉질 자극 호르몬(부신 피질 자극 호르몬, adrenocorticotropic hormone, ACTH)이라 불리는 호르몬을 방출하도록 촉발한다. ACTH는 뇌 혈류를 타고 부신(adrenal gland)으로 운반된다. 여기서 ACTH는 또 다른 호르몬인 코르티솔(cortisol)의 분비를 유발한다.

코르티솔은 동물이 스트레스 상황에 놓여 있을 때를 나타내는 좋은 지표가 되기 때문에 종종 "스트레스 호르몬"이라고 불린다. 해마 안에는 코르티솔 수용체들이 자리 잡고 있어서 동물들이 스트레스 반응을 조절하도록 해 준다. 놀랍게도, 너무 많은 스트레스는 해마를 회복 불가능하게 손상을 입히거나 줄어들게 만들 수 있다.[190,191] 스트레스는 편도체의 일부분(바닥가쪽핵(기저외측핵, basolateral nucleus))에 있는 신경 세포의 '미분지 말단(arborization)'을 자극하여 신경 세포들이 정상보다 더 많이 분기하도록 — 즉 과활성화되게 유도할 수 있다.[192,xlvi]

이 사실은 우리가 앞서 "반응성 공격"이라고 부른 행동이 인간과 나른 동물들 모두에서 나타난나는 사실과 매우 관련 있나. 반응성 공격은 "싸움 혹은 도주(fight-or-flight)" 자기 방어 체계의 일부분이다. 작은 위협은 대개 그 위협에 더 가까워지는 것을 피하기 위해 동물을 정지시켜 다음에 무엇을 할지 찬찬히 살펴보게 만든다. 이러한 정지 행동은 공격자가 당신의 움직임에 즉각 반응하거나, 당신이 순종적이라는 징후를 찾고 있는 중이라면 공격을 최소화시킬 수 있다. 만약 위협이 조금 더 가까이 다가오면, 대개 '도주' 행동이 유발된다. 위협이 크고 가까울수록 도주는 선택안이 되지 못하며 보통 동물이 반응성 공격을 취하도록 만든다.

반응성 공격을 보여 주는 신호는 편도체(공감 회로에서 이 부위가 공포를 경험하는 동안 크게 활성화되기 때문에)와 이마겉질(전두피질) 부위에서 온다. 이마겉질 부위는 자기 조절, 혹은 억제가 가능할 수 있도록 브레이크를 걸거나 지각된 위협에 대항해 공격을 개시할 수 있게 브레이크를 푸는 기능을 한다. 그래서 반응성 공격은 당신의 편도체가 활동이 지나쳐서(예를 들어, 우울증과 불안 때문에, 혹은 초기 스트레스에 지속적으로 노출되어서, 혹은 유전적인 이유로) 그리고/또는 당신의 앞이마겉질이 활동이 불충분해서(그로 인해 반응적인 공격을 억제할 수 없어서) 과민하게 나타날 수 있다.[193-195] 다시 한번, 우리는 공감 회로의 주요 부위의 이상이 공감 수준을 떨어뜨리거나 심지어 공감 제로로 만들 수 있음을 보게 된다.

제임스 블레어는 사람을 P유형으로 만드는 원인에 대해 대안적인 모델을 제시했다. 그는 런던의 MRC 인지 발달 연구소에서 일했으며, 나 역시 여기서 초창기 연구를 수행했다. 박사 과정 학생이었을 때,

젊은 블레어는 열정적으로 브로드무어 특수 병원 같은 최고 보안 시설로 사이코패스들을 만나러 갔다. 그는 폭력 억제 메커니즘(violence inhibition mechanism, VIM)이라고 부르는 모델을 개발했다. 이 말이 적절하게 들리는가? 그는 우리가(이는 다른 많은 동물들에서도 사실이다.) 동종 구성원들의 고통을 볼 때, 그 사람 혹은 동물의 고통을 경감시켜 주려는 반응이 자동적으로 나타난다고 주장했다.

블레어는 VIM을 타인들에서 슬프거나 고통스러운 얼굴 표정을 볼 때 혹은 그들의 음성에서 이 감정들을 느낄 때마다 자동적으로 활성화되는 체계로 본다. 이 신호들은 당신에게 "누군가가 속상해 하고 있다."고 말해 주며 자율 신경의 흥분을 증가시키고(심장 박동이 빨라지고 땀을 더 많이 흘리기 시작한다.) 뇌 속의 위협 시스템을 활성화시켜 당신을 멈추게 한다. 달리 말해, 누군가의 고통을 대면하고 당신은 하던 일을 멈춘다. 아마, 이러한 반응은 한 동물이 다른 동물에게 폭력을 가하는 것을 막을 때, 매우 적응적이었을 것이다. 당신이 뭘 하려 했건, 아마도 거기에는 상대방에게서 고통을 유발할지도 모를 행동들도 포함되어 있겠지만, 당신의 행동을 멈추게 하기 위해 그들이 할 수 있는 일은 아파서 움찔하거나 울부짖는 것이다. 블레어에 따르면, 사이코패스들은 VIM의 활동이 불충분하다.

이 주장을 지지하는 증거는 타인의 고통에 대한 자율 신경계의 흥분이 사이코패스들에서 감소되어 있다는 점이다.[152] 그러나 VIM 모델은 사이코패스들이 더 이상 보상을 받지 못할 때조차 카드 도박 게임을 계속하는 이유를 쉽게 설명하지 못한다. 이 게임에는 아무런 고통의 단서도 존재하지 않기 때문이다. 또 그의 모델은 (친절한 볼비가 안정된 애착을 촉진시킨다고 주장했던) 부모의 애정 어린 보살핌이 아동을 더 잘 사회화시키는 이유도 쉽게 설명하지 못한다. 이러한 아동들의 삶에는 고통의 단서가 거의 없거나 매우 적을 것이기 때문이다.

P유형의 뇌의 공감 회로에 이상이 있다는 증거는 충분하고도 남을 만큼 많다. 이것이 우리가 '악'이라는 용어를 사용하는 것 대신에 공감의 감소(혹은 부재)에 대해 이야기해야만 한다고 주장하는 또 다른 증거다. 당신이 기꺼이 나와 함께 이 여행을 계속하고 싶다면 아직 우리가 다루지 못한 부정적인 공감 제로 유형이 하나 더 남아 있다. N유형 혹은 자애성 성격 장애자, 나르시시스트가 그들이다.

부정적인 공감 제로 N유형

제임스는 64세다. 캐럴처럼, 제임스 역시 내 진료 전문 클리닉을 찾아왔다. 그는 세상에 분노하고 있었다. 그는 자신이 일생 좋은 일만 했지만 누구도 보상해 주지 않는다고 느끼며, 따라서 자신이 사회에서 부당하게 취급받고 있다고 생각한다.

"나는 선하게 살려고 노력했수. 항상 남들을 도왔고, 가족들을 부양했지. 병원에 입원한 아픈 친구나 친척들을 방문했고. 근데 무슨 일이 일어났는지 아쇼? 빌어먹을 놈들. 사람들은 나를 도와주려고 하지 않았소. 그들은 나를 방문하지도 내게 전화를 걸지도 않았고 심지어 내가 오고 있는 것을 보고서도 모른 척 길을 건너 버렸지. 난 매일 혼자 밥을 먹어요. 개도 이런 식으로 취급하지는 않을 거요. 다른 모든 사람들처럼 나도 우정을 얻을 권리가 있소. 근데 왜 사람들은 다른 사람들에게만 우정을 주고 내게는 안 주는 거요?"

여기서 핵심 개념은 '권리'이다. 제임스는 자신이 남들을 어떻게 대하든 상관없이, 스스로 잘 대접받을 권리를 자동적으로 갖고 있다고 느낀다. 제임스와 몇 분 대화를 나누지 않아도 그가 얘기하는 모든 내용이 자신과 자기 가족, 자신의 필요와 욕구에 대한 것이라는 사실을 분명히 알 수 있다. 만약 당신이 그의 얘기를 믿는다면, 그의 아이들은 다른 누구의 아이들보다 훨씬 재능이 있으며, 그는 남들보다 우수하고, 남들보다 더 매력적이며, 그의 마음속에서 그의 사회적 지위는 남들보다 더 뛰어나다. 마치 그 자신과 그의 아이들 외에는 중요한 사람도 사물도 존재하지 않는 것 같다. 그는 자신의 얘기를 듣고 있는 다른 사람들이 어떻게 느낄지 의식하지 못한다. 마치 그들이 그의 청중이 되기 위해, 자신이 얼마나 위대한지 듣기 위해 거기에 있는 것처럼, 또 그들의 역할이 그에게 동의하고 그를 존경하는 것인 듯이 말이다. 사람들이 예의 바르게 소곤거릴 때, 그는 그것을 자신의 특별함을 확인하는 것으로 받아들이고 잠시 동안 우쭐해진다. 그러나 곧 그의 기분은 곤두박질쳐 완전히 우울하고 부정적이며 불만에 찬 상태로 되돌아간다. 제임스에게 왜 그렇게 부정적인지 물으면, 그는 "사람들은 나를 더 잘 대접해야 해요. 아내가 죽은 뒤 나는 혼자 살았소. 누구도 나를 위해 요리해 주지도 내게 전화해 주지도 않았소. 심지어 내 집 문을 두드린 적도 없소. 마치 내가 일종의 사회적인 나병에 걸린 것 같소. 사람들은 내게 뭔가 질병이 있을 거라 생각할 거요."라고 대답한다.

식당에 갈 때, 제임스는 제일 좋은 자리를 요구한다. 그는 줄 맨 앞으로 곧장 갈 수 있다고 가정하고 자기 음식이 빨리 나오지 않으면 웨이터에게 모욕적으로 대한다. 병원에서는 다른 환자들보다 먼저 진료를 받게 해 달라며 접수 담당자를 괴롭힌다. "당장 진찰을 받게 해 주지 않으면, 고소해 버리겠어!" 가정용 기기를 고치려고 전화를 할 때, 그는 당장 수리공을 보내 달라고 닦달한다. 그는 자기 아이들이 자신에게 충분히 전화를 걸거나 방문하지 않는다고 끊임없이 불평한다. 아이들이 자신을 방문하거나 전화를 걸었을 때, 그는 자신에게 관심을 가져 주지 않다니 이기적인 녀석들이라고 폭언을 퍼붓는다. 자식들은 아무리 많은 관심을 그에게 준들, 그의 요구가 너무 커서 뭘 하든 결코 충족되지 않을 것이라는 점을 알고 있다. 그가 스스로 중요하다고 느낄 때, 예를 들면 비즈니스 클래스를 타고 비행할 때, 그는 일시적으로 의기양양해진다. 그는 사람들이 자신에게 충분한 관심을 주지 않는다고 느낄 때, 예를 들면, 가족 모임에서 식탁 끝에 앉게 되었을 때, 형편없는 대우를 받았다고 느끼며 비난하거나 화를 낸다. 그는 자신의 행동이 다른 사람들을 더 멀리 밀어낸다고는 생각하지 않는다. 사람들이 자신을 피할 때, 그는 그것을 그들은 나쁜 사람들이고 문제는 자신이 아니라 그들에게 있다는 증거로 받아들인다.

만약 영향력 있는 위치에 있는, 자신을 도울 수 있는 사람들을 만나게 되면, 그는 그 사람들이 미래에 자신에게 얼마나 가치가 있을지에 대한 정보를 비축하고 매력을 발산하며 재미있고 유머러스해진다. 그러나 상대가 자신이 원하는 것을 줄 수 없으면, 그들은 갑자기 중요하지 않은 존재가 되어 버린다. "그들은 내게 아무 가치가 없어요."라고 그는 말한다. 그는 이 말이 사람들을 이용하는 자신의 부끄러운 패턴, 즉 할 수 있는 한 많은 것을 착취하고 자신에게 더 이상 쓸모가 없을 때 사람들을 버리는 패턴을 어떻게 반영하는지 눈치채지 못한다. 지역의 교회 공동체 센터에 갔을 때, 사람들이 그의 안부를 물으면 그는 불만을 터뜨린다. 제대로 작동하는 게 없다, 사람들은 기대에 미치지 못하고 서비스는 형편없다. 그의 비판은 너무 부정적이라서 사람들이 외면하고 떠나 버리고 싶어지게 만든다. 그는 다른 사람들이 무례하다고 여기는 것이 무엇인지 모르며 종종 모욕적인 말을 한다. "어떻게 지내세요?"라는 질문을 받으면 그는 종종 비꼬는 투로 대답한다. "저녁에 초대해 줘서 고맙수." 질문을 한 사람은 어색한 침묵 속에 남겨진다. 사람들이 제임스에게 무엇을 하고 있는지 물으면 그는 대개 자서전을 쓰고 있다고 대답한다. 자서전 저술은 그가 생각하기에 흥미로운 일이다. 만약 여자들이 그에게 흥미를 보이면, 그는 즉시 추파를 던진다. 그들이 관심을 돌리거나 그에게 대안 의견을 제시하면 그는 그들을 폄하하거나 비판한다.

제임스에게서 한 걸음 물러나 생각하기

나르시시스트(N유형)는 앞서 만났던 사이코패스(P유형), 경계선 성격 장애(B유형)와는 쉽게 식별할 수 있을 만큼 다르다. 한편으로는 공감 제로가 나르시시스트들을 몹시 자기중심적으로 만들지만, 그리고 심지어 그들은 다른 사람들에게 불쾌감을 주는 말과 행동을 일삼지만 잔인한 행동을 저지르지는 않을지도 모른다. 더 정확히 말하면, 겸손함이라곤 없이 나르시시스트들은 자신들이 다른 사람들보다 훨씬 더 낫다고 생각한다. 마치 자신들이 다른 사람들에게는 결여된 특별한 재능을 가진 것처럼 말이다. 실제로, 끊임없는 자랑과 자기 과시는 어느 정도 다른 사람들이 불쾌하게 여기는 태도다. 그들을 시기해서가 아니라 이러한 태도를 나르시시스트들의 완전한 자아도취의 지표로 보기 때문이다. 나르시시스트들은 다른 공감 제로 유형들과 마찬가지로 양방향적인 관계의 중요성을 인식하지 못한다. 공감 제로의 사람들에게 관계는 진짜 관계가 아니다. 그들이 일방적이기 때문이다. 이러한 특성은 나르시시스트들이 말을 얼마나 많이 하는지만 봐도 아주 명백하게 나타난다. 대화에 다른 사람들을 참여시킬 여지를 만들려 하거나 다른 사람들에 대해 알아내려는 노력은 전혀 없다. 그들은 단지 자기 자신에 대한 말을 장황하게 늘어놓으며 강의를 하고 있을 뿐이며 대화를 끝낼 때를 자신이 결정한다. 이것은 독백이지 대화가 아니다.

몇몇 정신 역학 사상가들은 스스로를 전혀 좋아하지 않는 사람들과 상반되는 것으로서 약간의 나르시시즘은 필수적이며 규범적이고 건강한 특징이라 여긴다.[196,197] 이는 나르시시즘이 개인에 따라 단계적으로 변화하는 형질이며, 한 개인이 **오직** 자기 자신에게만 관심을 쏟으며 자신에게 유용한 경우에만 타인들에게 마음을 쓰는 극단적인 경우에만 '병적'이 된다는 것을 의미한다. 달리 표현하면, 타인들은 나르시시스트들의 쓸모를 위해 착취당한다. 이런 의미에서 그들은 사물로써 이용된다(전문 용어로, "자기 대상(self-objects)").

나르시시즘은 사람마다 다른 형태를 취할 수 있다(나르시시즘 진단 증상들의 목록은 부록 2 참조.). 어떤 사람들은 매우 사교적이고 주목받

길 원하며 회사의 우두머리나 집단의 리더가 된다. 또 어떤 사람들은 사회적으로 수줍은 듯 위축되어 있지만, 여전히 다른 사람들과 중간 지점에서 만나기보다는 그쪽에서 자신에게 다가오길 기대하며, 자신에게는 그럴 만한 권리가 있다고 생각한다. 만일 타인이 자신들을 위해 더 많은 것을 해 주지 않으면 그들은 분노한다. 어떤 나르시시스트들은 위험할지도 모른다. 이 인격 유형은 때때로 연쇄 살인범의 기저를 이루고 있다고 여겨진다.[198]

나르시시스트들은 일반인의 1퍼센트 정도다. 정신 건강 문제로 병원을 찾은 사람들 중에는 이들의 비율이 훨씬 더 (약 16퍼센트까지) 높다. B유형과 달리, 이 유형의 적어도 50~75퍼센트가 남성들이다. P유형과 B유형처럼, N유형에서도 생애 초기의 감정적 학대가 한 원인으로 제시된다. 내면의 황금 단지의 중요성이 다시 한번 상기된다. 그러나 다른 부정적인 공감 제로와는 달리 N유형은 그들의 외모나 재능에 대한 과잉 칭찬과 감탄, 지나친 방임, (부모의) 현실적인 피드백이 부재한 과대평가 때문에도 발생할 수 있다. P유형이나 B유형과 비교할 때, N유형은 상대적으로 연구가 거의 이루어지지 않았다. 이는 앞으로 메워져야 될 간극이다. 내 개인적인 견해는 이 세 가지 형태의 부정적인 공감 제로 중 N유형이 다른 유형들보다 타인들에게 더 편한 상대는 아니지만 잔인한 행동을 저지를 가능성은 더 적을지도 모른다는 것이다. 물론 이 견해는 입증하려면 더 많은 정보가 요구되는, 바로 그런 종류의 의문이기도 하다.

정신 의학은 이 세 가지 유형의 부정적인 공감 제로를 "성격 장애"라는 표제 아래 하나로 묶는다. 그러나 내게 그들이 모두 공유하고 있는 아주 명백한 특징은 공감 제로라는 것이다. B유형의 경우 사신의 감정 상태에 대한 스스로의 통제 능력에 의존해 공감 정도가 변할지도 모른다. 고비와 고비 사이, 다시 또 추락하기 전에 그들의 공감 수준은 회복될 수도 있다. 어쨌든 내 예측은 그들이 모두 뇌 속의 공감 회로에 이상을 보이리라는 것이었다. 그리고 우리는 그 손상이 B유형으로 이어질지 아니면 P유형과 연결될지와는 상관없이 **동일한** 신경 회로가 영향을 받는 모습을 확인했다. 우리는 N유형에서도 공감 회로에서 비슷한 이상이 발견되리라고 예측할 수 있다. 그 부분은 앞으로 후속 연구를 통해 확인되어야 할 것 같다. 이 모든 사실들이 어떻게 부정적인 공감 제로가 되는지와 공감 자체에 대한 보다 완벽한 그림을 그려 준다.

이제 또 다른 의문이 떠오른다. 그렇다면, 왜 어떤 사람은 P유형이 되고, 또 어떤 사람은 B유형이나 N유형이 되는 것일까? 여기서 우리는 유전자 측면에서든, 환경 요인의 측면에서든, 아니면 둘 다든 공통된 종점에 이르는 경로가 서로 다르다고 가정해야만 한다. 우리는 5장에서 이 문제를 다시 다룰 예정이다. 이런 의미에서 공감 회로의 작동은 한 사람이 다른 사람에게 상처를 줄 수 있는 상태에 있는지를 결정하는 최종 공통 경로라고 할 수 있다.

공감 회로의 일시적인 활동 저하와 영구적인 활동 저하 사이의 차이는 '상태(state)' 대 '특성(trait)'의 차이를 되풀이한다. 상태는 특정한 맥락에서 유도된 심리 체계나 신경 체계에서의 변동이며 회복 가능하다. 우리는 모두 공감을 위태롭게 할 수 있는 단기적인 상태들을 알고 있다. 여기에는 음주나 피로, 조바심이나 스트레스 등이 포함된다. 이

때 우리는 다른 사람들에게 안 좋은 말이나 행동을 하고 나중에 후회한다. 후회의 감정은 우리의 공감 회로가 회복되었다는 징후지만 우리가 잘못된 말이나 행동을 한다는 사실은 그럼에도 불구하고 — 그 순간 — 우리의 공감 회로에 나타난 변동이다. 반대로 특성은 영구적인 것이며 맥락에 관계없이 지속되는 심리 체계나 신경 체계의 확고하게 설정된 배열로서 되돌릴 수 없다.

성격 심리학에서는 여러 특성들이 모여 성격 유형(내향적이냐 외향적이냐 같은)을 구성한다고 보며, B, P, N유형은 분명한 '성격 장애' 사례들이다. 이 장에서 나는 성격 장애의 전통적인 개념들을 공감 회로의 **영구적인** 활동 저하 사례들로써 재구성했다. 영구적이라는 말이 정말로 영구적이라는 의미인지 규명하는 것은 불가능하나, 그 사실을 검증하려면 사람들을 일생 동안 추적해야만 하기 때문이다. 특성들은 상태의 단기적인 변화보다 확실히 더 오래 지속되는, 보다 장기적인 변화로 생각할 수 있다.

B, P, N유형에 관한 주제를 마무리하기 전에, 나는 우리가 한 발 물러나 이러한 성격 장애로 진단받은 사람들이 세상에서 벌어지는 잔인한 일들 대부분에 책임이 있는 건 아니라는 사실을 기억했으면 한다. 실제로, B유형인 사람들은 감정적인 위기 상태에 있을 때 다른 사람들을 상처 입힐지도 모른다. 그 상처는 다른 사람들에게 고통을 주는 말이나 사랑하는 사람들에게 괴로움을 줄 수 있는 자해(자살 시도 등)의 형태로 나타날 수도 있다. N유형인 사람들은 다른 사람들 앞에서 잔인해지기보다는 위축될지도 모른다. 하지만 이 세 질병들에서 공감의 침식을 살펴본 바, 뇌 속에서 공감 회로가 작동하고 있다는 사

실이 밝혀졌다.

　우리는 공감 제로의 부정적인 형태들을 탐색하며 충분한 시간을 보냈다. 이제 나는 **모든** 형태의 공감 제로가 반드시 부정적인가라는 질문으로 주의를 돌려 적어도 하나, 공감 제로가 긍정적일 수 있는 방식이 있다는, 논란이 많은 아이디어를 다루려고 한다.

4

공감 제로의 두 얼굴:
긍정적인 공감 제로

　지금까지 우리가 만났던 세 가지 유형의 사람들은 공감 제로였고 그들이 처한 상태가 조금도 바람직하지 않았기 때문에 부정적인 공감 제로로 분류되었다. 만약 이 부정적인 공감 제로들에게 치유법이 나타난다면, 매우 환영받을 것이다. 이 장에서 우리는 공감 제로가 항상 다른 사람들에게 끔찍한 일을 저지르게 만들지는 않는다는 사실을 살펴볼 예정이다. 공감하는 데 어려움을 겪는 것은 사회적으로 장애를 가진 일일 수는 있지만 공감이 도덕률과 양심을 발달시켜 사람으로 하여금 윤리적으로 행동하게 만드는 유일한 경로는 아니다. 여기가 바로 우리가 공감 제로지만 긍정적인 제로라고 할 수 있는 사람들을 만날 수 있는 지점이다. 말도 안 되는 소리처럼 들리지만 내 말을 끈기 있게 들어 보시라.
　긍정적인 공감 제로는 공감하는 데 어려움을 갖고 있지만 놀랍도록 정확하고 꼼꼼한 정신 상태를 가진 사람들을 의미한다. 그들은 자폐 스펙트럼(자폐 범주성, austic spectrum) 장애인 아스퍼거 증후군(asperger syndrome)을 갖고 있다. 아스퍼거 증후군 환자들은 세 가지 이유로 긍정적인 공감 제로다. 첫째, 그들이 가진 공감의 어려움은 특별한 능력으로 이어질 수 있는 정보 처리 방식을 지닌 뇌와 관련 있다. 둘째, 그들의 뇌가 정보를 처리하는 방식은 역설적이지만 그들을 비도덕적이기보다는 초도덕적(supermoral)이 되도록 이끈다. 마지막으로, 긍정적인 공감 제로인 사람들에서 인지적인 공감은 평균 이하일지 몰라도 정서적인 공감은 온전하기 때문에 그들은 다른 사람들을 돌볼 수 있다. 마이클을 사례로 들어 이 이유들을 더 구체적으로 살펴보자.

아스퍼거 증후군

마이클은 52살이다. 그는 여러 분야에서 일하려고 시도했지만 계속 해고를 당했다. 그가 상처 주는 말로 사람들을 공격한다는 이유에서다. 그는 왜 사람들이 자신의 말에 기분이 상하는지 이해하지 못하겠다고 주장한다. 자신은 진실을 말했을 뿐이기 때문이다. 그는 누군가가 추하게 머리를 잘랐다고 생각되면, 그 점을 지적한다. 대화가 지루해지면, 지루하다고 대놓고 얘기한다. 만약 누군가가 틀렸다고 생각하면 그는 확실히 그렇다고 말한다. 그는 자신은 정말 사람들을 이해할 수 없다고 고백한다. 그래서 사람들이 한가로운 잡담을 나누리라고 기대되는 파티 같은 사교적인 모임을 피한다. 그로서는 그 같은 경박하고 목적 없는 대화의 요점을 알 수 없기 때문이다. 그에게 그러한 대화는 아무짝에도 쓸모가 없을뿐더러, 그는 어떻게 그런 대화를 나눠야 하는지도 모른다. 한 입장을 선호하는 쪽으로 증거가 모아질 수 있는 한 가지 주제에 기반한 대화는 괜찮다. 이때 그는 대화가 흘러가는 방향을 안다.

그러나 사람들은 그가 자기 입장의 정당성을 설득하려고 노력할 때 세심하게 대화를 나누기보다 자신들을 향해 강연을 한다고 자주 얘기한다. 상대방이 그가 옳다는 것을 인정할 때까지 주장을 멈추지 않기 때문에 사람들은 마치 코너에 내몰린 것처럼 느낀다. 하지만 다른 종류의 대화들은 마이클에게 예측하기가 너무 어려운 탓에 굉장한 스트레스로 다가온다. 그의 어머니는 그에게 자신의 의견 외에 다른 관점이 있을 수 있다는 것을 이해시킬 수 없어서 오랫동안 애를 먹었다. 그는 자신이 말하는 모든 것이 다 옳다고 확신한다. 모르는 주제에 대해서는 침묵하기 때문이다. 그는 모든 사실들을 확인하고 또 확인한다.

마이클은 집에 있는 모든 물품들을 본래 자리에 두길 고집한다. **그가** 움직인 게 아닌 한 어떤 물건도 새로운 자리로 이동할 수 없다. 그의 삶은 그가 자신의 부모에게 부과한 규칙 체계에 의해 작동한다. 이 규칙들은 그가 스스로에게 맞게 설계한 것들이다. 그의 부모는 그가 만든 규칙 내에서 사는 것에 대해 자신들이 어떻게 느끼는지 그가 전혀 모른다고 불평한다. 만약 그의 어머니가 집에서 뭔가 작은 것을 움직이면, 예를 들면 벽난로 위 선반의 장식을 책장으로 옮기면 그는 그것을 다시 원 위치로 되돌려 놓는다. 만약 그녀가 부엌의 식탁을 창문 쪽으로 옮기는 일처럼 인테리어에서 더 큰 변화를 만들길 원하면, 그는 반대한 뒤 식탁을 원 위치로 되돌려 놓을 것이다. 그는 매일 같은 청바지, 티셔츠와 스웨터, 신발을 입길 원하고 늘 같은 음식을 먹고 싶어 한다. 실제로 16살이 될 때까지, 그는 오로지 콘플레이크만 먹었다. 개인위생이 늘 문제가 되었다.

심지어 어렸을 때에도 그는 사회적인 상황들을 혼란스럽고 긴장되는 것으로 여겼다. 그는 놀이터에서 다른 아이들과 놀지 않았고 생일파티에 초대받은 적도 없으며, 무리의 일원으로 뽑힌 적도 없었다. 초등학교 시절에는 혼자 잔디의 풀 이파리 개수를 세면서 운동장의 맨 아래쪽으로 이동하며 놀이터를 피해 갔다. 겨울에 눈이 내릴 때는 눈송이의 구조에 사로잡혀서는 왜 눈송이마다 각각 모양이 다른지 이해하고 싶어 했다. 같은 반의 다른 아이들은 그가 하는 말을 이해할 수 없었다. 그들의 눈에는 모든 눈송이들이 다 똑같아 보였기 때문이다. 선생님이 반 전체 아이들에게 모든 눈송이들은 각기 고유한 모양을 띤다고 얘기해도, 실제로 눈송이마다의 작은 차이를 볼 수 있는 사람은 그 반에서 그가 유일한 것 같았다. 다른 아이들은 마이클을 "눈송이 뇌"라고 부르며 놀려 댔다.

중고등학교 시절에 그는 도서관에 가서 철도의 역사에 대한 책을 읽으며 사회적인 상황들을 회피했다. 그는 철도 체계에 대한 방대한 양의 정보를 축적했지만 다른 사람들에게 들려주지는 않았다. 그는 중고등학교 시절을 마치 6년 동안 그저 기나긴 복도를 걸어온 양 묘사한다. 가끔씩 아이들은 그의 가방을 빼앗아 가며 그를 괴롭혔다. 가방을 되찾기 위해 아이들 뒤를 쫓아갔을 때, 아이들은 그를 "샌님"이라 부르며 놀려 대더니 그를 들어 올려 학교 쓰레기 처리장에 집어넣었다.

대학에서는 수학을 전공했다. 수학은 그가 느끼기에 사물이 오직 진실 혹은 거짓으로 나뉘는, 진정으로 사실에 기반을 둔 유일한 학문이었다. 그러나 여전히 그는 남과 어울리지 않고 혼자 지냈다. 대학에 들어가면서 처음엔 학창 시절 외로웠던 모든 시간들이 지나간 일이 되기를 희망했다. 또 일생에서 처음으로 다른 사람들에게 받아들여지고 서로 자연스럽게 어울리며 소속감을 느끼게 되길 희망했다. 슬프게도, 그런 일은 일어나지 않았다. 다른 학생들은 별로 힘들이지 않고 함께 어울리는 것처럼 보였지만 그는 그들에게 무엇에 관해 얘기를 해야 할지 전혀 알 수가 없었다. 그들의 대화는 여전히 한 꽃에서 다른 꽃으로 마음대로 옮겨 다니는 나비 같았다. 반면 그는 전 단계로부터 확실하게 이어지는 일련의 사실들이나 주장들, 논리적으로 일직선으로 연결된 길을 따라 대화가 진행되는 것을 더 선호했다. 사람들이 갑자기 주제를 바꾸거나 유머나 풍자, 비유, 혹은 더 나쁘게는 보디랭귀지를 하면 그는 즉시 뭐가 뭔지 알 수 없는 상태가 되었다. 그는 "다른 사람들은 말이 아니라 눈을 통해서 소통하는 것 같고 그들은 서로가 의미하는 바나 말하고 있는 주제를 잘 알고 있는 것처럼 보인다."는 점을 눈치챘다. 그들이 어떻게 그런 불가사의한 일들을 해내는지에 대해서는 조금의 실마리도 얻을 수 없었다.

그는 외로움 때문에 우울증에 걸려서 자살 시도까지 하고는 대학을 중퇴했다. 22살에 부모님의 집으로 옮겨 온 뒤, 그는 가족들과의 식사마저 거부하며 온종일 침실에서 혼자 지냈다. 현재 그는 실업자다. 사람들과 상호 작용하는 것이 너무나 스트레스가 된다고 생각해서 그는 하루 종일 혼자 지낸다. 그의 꿈은 사람들이 없는 세상에서 사는 것이다. 거기서는 자신이 모든 것을 완벽히 통제할 수 있다. 마이클은 스스로 쉽게 털어놓은 것처럼 공감 제로다. 그는 다른 사람들이 무엇을 생각하고 느끼는지 모르며 그들의 감정에 어떻게 반응해야 할지도 알지 못한다. 그는 "누군가 기분이 상해 있으면 차를 한 잔 갖다 줘라."거나 "누군가 화를 내면 사과해라." 같은 단순한 몇 가지 규칙들을 학습했다. 그런데 이 규칙들이 매우 유용할 것 같지는 않다.

마이클이 전혀 공감을 할 수 없다는 사실이 그가 다른 사람에게 잔인하게 굴도록 만들지는 않는다. 그는 단지 다른 사람들을 피할 뿐이다. 이 사례에서 보이는 것처럼, 낮은 공감 수준이 타인들을 상처 입힐 위험을 증가시킬 수는 있지만, 반드시 그런 일이 일어나지는 않는다. 마이클이 공감에서 겪는 어려움은 타인들을 '읽는 것'에 관한 부분이다(공감의 인지적 요소). 공감의 다른 구성 요소(정서적 요소)는 온전한 것 같다. 누군가가 괴로워한다는 얘기를 들으면, 그는 마음이 상해서 그러한 고통을 막으려면 무슨 일을 할 수 있는지 먼저 묻기 때문이다.

그가 인지적인 공감에 곤란을 겪고 있다는 사실에 더해 그의 뇌는 항상 뭔가 다른 일을 하느라 **바쁘다**. 마이클의 침실을 들여다보면, 그가 모눈종이 위에 강박적으로 작은 패턴들을, 서로 다른 길이의 선들을 종이 가득 그리고 있는 모습을 보게 될 것이다. 그는 자신이 그린 선 패턴들이 황금비율(1.61803…)을 만들어 낼 때 큰 기쁨을 느낀다. 그의 설명에 따르면, 황금비율에서는 **항상** 두 숫자의 합을 둘 중 더 큰 숫자로 나눈 비율((A+B)/A)이, 둘 중 더 큰 숫자를 작은 숫자로 나눈 비율(A/B)과 같다. 그는 이 비율이 너무나 많은 곳, 단지 수학에서뿐만 아니라 자연과 건축물 등지에서 반복적으로 나타나고 있는데 왜 사람들이 이렇게 간단하고 쉬운 패턴들을 찾아낼 수 없는지 이해할 수 없다고 말한다. 40대에 그는 종지기가 되는 데 흥미를 갖게 되었다. 교회의 종이 울리는 소리를 듣고는 종들 사이에 존재하는 **모든 작은 패턴들**을 알아차렸다. 그는 자신의 지역 성당에 5개의 종이 있으며 5개의 종들을 모두 연이어 울리는데, **같은 순서를 반복하지 않고** 할 수 있는 한 가장 길게 종을 울리는 방법은 120가지(1×2×3×4×5)라는 것을 알아차렸다. 자신의 대학 부속 예배당에는 6개의 종이 있으며, 종을 울리는 경우의 수는 720(1×2×3×4×5×6)가지다. 또 세인트 메리 교회에는 8개의 종이 있으며, 따라서 그들은 4만 320가지로 울릴 수 있다. 그는 이처럼 **끝이 없는 패턴들**을 사랑한다.

자폐증의 뇌

긍정적인 공감 제로인 사람들은 자폐 스펙트럼 상태에 있다. 그들 역시 공감 회로의 대부분의 영역에서 활동 저하를 보인다.[199,200] 짧은 이야기를 읽고 등장인물의 의도, 동기와 기분에 대해 판단을 내려야만 할 때, 혹은 한 사람의 의도를 판단하기 위해 글을 읽어야만 할 때 그들의 등쪽안쪽앞이마겉질(dMPFC) 부위는 활성이 감소한 것으로 나타난다.[200-203] 또 사람의 눈 사진을 보여 주며 그 사람이 생각하는 바나 느끼는 바를 추론해 보라고(눈 주위의 얼굴 표정을 해독하라고) 요구하면, 그들은 큰 어려움을 느끼며 이마덮개(FO), 편도체와 앞뇌섬엽(AI) 부위에서 활동 저하를 보인다.[83,204,205] 뒤위관자고랑(pSTS)처럼 시선을 처리하는 데 수반되는 뇌 부위들 역시 자폐증에서는 이례적으로 활동한다.[206] 뒤위관자고랑 부위는 긍정적인 공감 제로인 사람들이 살아 있는 것처럼 보이는 움직임을 보고 있을 때(예를 들어, 사람이 걷는 방식과 비슷하게 움직이는 점들을 볼 때)에도 이례적으로 반응한다.[207] 긍정적인 공감 제로인 사람들은 얼굴과 감정을 처리할 때 편도체에서 이례적인 활성을 나타내며[208-215] 다른 사람들의 정서적인 얼굴 표정을 흉내 낼 것을 요구받으면 거울 신경 세포계의 일부분인 이마덮개/아래이마이랑(IFG) 부위가 덜 활성화된다.[72,xlvii]

긍정적인 공감 제로인 사람들에서 공감이나 독심술에 관한 많은 초창기 연구들은 언어 검사(verbal test)(예를 들어, 이야기나 풍자적인 논평을 해석하거나 감정을 명명하기)에 의존했다. 언어를 우회하기 위해, 연구자들은 사회적 귀인(Social Attribution(혹은 동영상(Animation))) 검사라고 불리는 영리한 과제를 이용했다. 이 검사에서 당신은 컴퓨터 스크린 위를 돌아다니는 기하학적인 모양들의 움직임을 보게 된다. 대부분의 사람들은 자연스럽게 이 기하학적 모양들의 움직임을 의인화시키지만 자폐증과 아스퍼거 증후군을 가진 사람들은 이 동영상의 움직임들을 의도, 사고와 감정의 측면에서 자연스럽게 해석하는 경향이 적다. 자폐증이 있는 사람들이 MRI 주사 장치 속에서 이 과제를 수행할 때, 그들은 등쪽안쪽앞이마겉질과 오른관자마루이음부(RTPJ)/뒤위관자고랑 부위에서 활동이 낮게 나타난다.[218-220]

긍정적인 공감 제로인 사람들은 타인뿐 아니라 자신의 마음을 이해하는 것도 어려워한다. 이러한 어려움을 "감정 표현 불능증(alexithymia)"이라고 부르며 "감정에 해당하는 언어가 없는" 것으로 해석할 수 있다.[221-224] 자폐증이 있는 사람들에게 감정이 강렬하게 드러난 사진을 보여 준 뒤 스스로 어떻게 느끼는지 평가하라고 요구하면 정서적인 성찰이 이루어지는 동안 그들의 공감 회로의 여러 부위 — 등쪽안쪽앞이마겉질, 뒤띠겉질(후측대상피질, posterior cingulate cortex)과 관자극(측두극, temporal pole) — 에서 활성이 적게 나타난다.[225] 등쪽안쪽앞이마겉질은 자폐증이 있는 사람들이 **다른 사람**의 마음을 읽기 어려워할 때에도 활성이 저하되는 부위다.[201,203,219,220] 그러므로 독심술과 공감에 관여하는 신경 체계들은 모두 자폐증을 가진 사람들이 공감 과제를 수행하는 동안 일관되게 활성이 저하된다.[17,85] 휴지기(기준치가 되는 활동성이라는 측면에서)에 등쪽안쪽앞이마겉질과 배쪽안쪽앞이마겉질(vMPFC)의 활성은 자폐인들에서 이례적으로 나타난다.[230,231,xlviii]

자폐인의 뇌에서 공감의 감소를 추적하는 작업은 내 박사 과정 학생이었던 마이크 롬바르도와 공동 연구를 수행하면서 우리가 주로 주목한 부분이었다. 동료들과 함께, 그는 자폐증을 가진 사람들이 스스로에 대해 생각할 때 신경 활성이 이례적으로 나타나는 것을 발견했다. 배쪽안쪽앞이마겉질은 주어진 정보가 자신과 관련된 것일 때 가장 많이 반응한다. 마이크는 자폐인들에서 배쪽안쪽앞이마겉질이 보통 자신과 타인을 구분하지 않는다는 점을 발견했다. 가장 사회성이 손상된 이 사람들이 가장 이례적인 배쪽안쪽앞이마겉질의 반응을 보여 주었다.²³¹ 그는 또한 일반 사람들이 자기 자신에 대해 생각할 때 배쪽안쪽앞이마겉질이 대개 감각 반응(sensory reaction)(예를 들어, 접촉에 반응하기)에 관여하는 뇌의 다른 부위들, 예를 들면 몸감각겉질 같은 부위와 크게 연결된다는 점을 발견했다. 그러나 자폐인에서는 배쪽안쪽앞이마겉질과 이 같은 하위 수준의 감각 부위들 사이의 연결이 극단적으로 감소돼 있다.

이러한 결과는 로마에서 케임브리지로 날아온 재능 있는 참관 학생이었던 일라리아 미니오팔루엘로의 연구 결과와도 들어맞는다. 일라리아는 보통 사람들이 고통스러워하는 다른 사람들의 사진(예를 들어, 바늘로 따끔하게 찔린 손)을 볼 때, 감각운동겉질(sensorimotor cortex)이 손에게 움찔하도록 신호를 보내는 것을 발견했다. 마치 그들이 사진 속의 사람들과 같은 고통을 느끼는 것처럼 말이다. 타인의 고통에 대한 이 같은 감각 운동 반응은 자폐증을 가진 사람들에서는 매우 낮게 나타났다.²³³ 따라서 하위 수준에서 구현되는 과정들이 자폐인의 공감에 영향을 미치고 있으며 상위 수준의 자기 성찰 과정 역시 손상되어 있다고 할 수 있다.

마이크는 긍정적인 공감 제로인 사람들의 공감 회로에서 자신과 관련된 정보에 이례적으로 반응하는 부위를 하나 더 발견했다. 그 부위는 바로 중간띠겉질(MCC)이다. 중간띠겉질은 대개 고통을 느끼는 동안 활성화된다. 또 입력된 정보가 자신과 관련된 것일 때에도 활성화된다.²³² 중간띠겉질의 이례적인 활성은 자폐인들이 타인에게 얼마나 많은 돈을 위탁해야 할지 결정한 뒤 돈을 위탁받은 사람이 자신들에게 돈을 돌려줄지 아니면 그냥 가져 버릴지 알아보기 위해 기다려야만 하는 게임을 수행할 때 나타났다. 일반적으로, 중간띠겉질은 협동적인 사회적 상호 작용에서, 특히 다른 사람을 얼마나 믿어야 할지 생각해야 할 때, 매우 활성화된다.[234] 그러나 자폐인들은 이 게임을 할 때, 자신들이 무엇을 해야 할지 고민하는 동안 중간띠겉질이 활성화되지 않는다. 아마도 이는 그들이 다른 사람들에게 얼마나 기대해야 할지 상상하는 것이 어렵기 때문인 것 같다.[235,236,xlix]

부정적인 공감 제로에서처럼 긍정적인 공감 제로에서도 공감 회로가 존재하는 뇌의 동일한 부위에서 이상이 나타난다. 그렇다면 무엇이 긍정적인 공감 제로와 부정적인 공감 제로를 서로 다르게 만드는 것일까?

체계화

마이클은 아스퍼거 증후군인 다른 사람들처럼 공감 제로다. 하지만 그는 두 가지 이유로 긍정적인 제로라고 할 수 있다. 첫째, 공감에 어려움을 겪는 부분이 대개 인지적인 요소('마음 이론'이라고도 불리는)에 한정된다. 그들의 정서적인 공감은 흔히 온전하다. 누군가가 속상해 하고 있다는 사실을 알려 주면 대개 그들도 역시 속상해 한다. 이 사실을 보고 그들의 정서적인 공감이 온전하다는 것을 알 수 있다. P유형인 사람들과는 달리, 아스퍼거 증후군인 사람이 애완동물을 다치게 할 가능성은 매우 낮다. 오히려 실제로는 그 반대로 아스퍼거 증후군을 가진 많은 사람들이 길 잃은 개나 고양이를 구해 준다. 그 동물들에게 안쓰러움을 느끼고 돌봐 주고 싶어 할 만큼 정서적인 공감이 강해서이다. 나는 길 잃은 개들을 많이(12마리 이상이나) 기르게 된 아스퍼거 증후군을 가진 사람들을 만난 적이 있다. 한 창의적인 연구에서, 베를린의 신경 과학자인 이자벨 지오벡(Isabel Dziobek)과 동료들은 아스퍼거 증후군인 사람들이 고통을 겪고 있는 사람들에 대해 우려하는 정도가 일반인들과 별반 다르지 않다는 점을 발견했다. 비록 이들은 다른 사람들이 무엇을 느끼고 생각하는지 파악하는 데 애를 먹고 있지만 말이다. 이러한 사실은 아스퍼거 증후군인 사람들이 P유형의 거울상과 같다는 점을 제시한다. 사이코패스들은 인지적 공감이 온전하나 정서적 공감이 낮다. 반면 아스퍼거 증후군인 사람들은 정서적 공감은 온전하나 인지적 공감이 낮다. 결론적으로 아스퍼거 증후군인 사람들은 다른 사람들을 '읽어 내기' 위해 고군분투하지만, 그들을 돌볼 수는 있다. P유형들은 다른 사람들을 돌볼 수는 없지만 동시에 그들을 쉽게 '읽을' 수는 있다.[1]

둘째, 아스퍼거 증후군인 사람들은 공감에 어려움을 겪는 한편으로 **체계화 능력**이 극도로 발달돼 있다. 체계화는 패턴의 변화를 분석하고 사물이 작동하는 방식을 파악하는 능력이다.[238,239] 매일매일 세상에서는 정보들이 임의적으로 혹은 작위적으로 끊임없이 변하고 있다. 변화가 임의적인 것이 아닐 때, 패턴이 존재하며 인간의 뇌는 그 패턴을 알아내기 위해 조정된다. 패턴은 반복의 다른 말이다. 우리는 정보의 변화가 연속적으로 일어났다는 사실을 눈치챘다. 패턴을 인지하는 정도는 사람마다 다르다. 아스퍼거 증후군인 사람들은 패턴을 인식하기에 걸맞도록 정교하게 조정된 뇌를 갖고 있다.

마이클에게는 규칙을 찾아내는 일이 쉽다. 그러나 그는 사회적인 일들에는 규칙이 없는 것 같다고 느낀다. 대조적으로 교회 종들의 세계는 매우 규칙적이다. 그는 그 종들을 정확하게 예측하기 위해 소리의 순서를 반복적인 패턴으로 체계화했다. 선을 그린 그림에서 그는 선들이 궁극적으로 완벽한 모양을 만들기 위해 서로 어떻게 연합하는지 예측하려고 기하학적인 패턴들을 체계화했다. 마이클의 특성은 아스퍼거 증후군인 사람들과 나란히 제시될 때 그들 사이의 유사성 덕분에 더 확실하게 드러난다. 아스퍼거 증후군인 다른 사내, 케빈 역시 사회적 상황들이 혼란스럽다고 느낀다. 그는 한밤중에 자신의 정원으로 외출하는 시간을 가장 행복해 한다. 사람들이 잠들어 있는, 이 고요한 시간에 그는 사언(특히 날씨에 흥미가 있다.)과 자신의 장

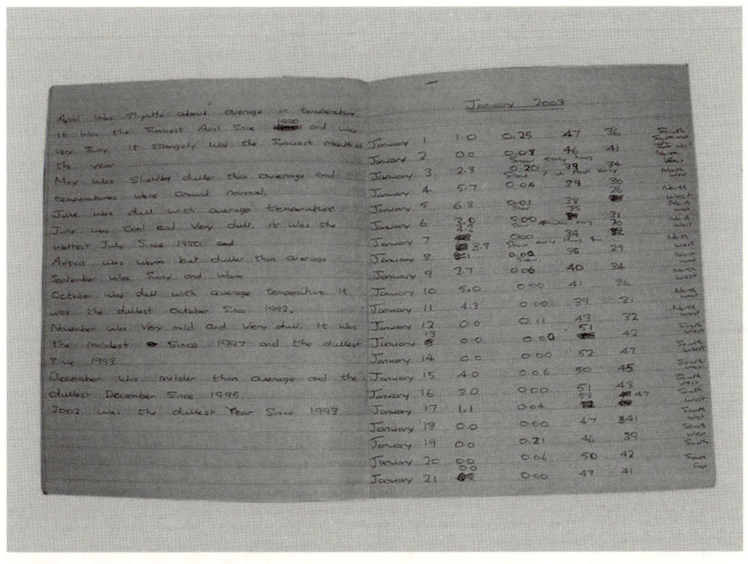

그림 7 날씨를 기록한 케빈의 공책

비(날씨를 측정하는 장비)에 집중할 수 있다. 매일 밤 그는 자신의 공책에 날짜, 온도, 강우량, 풍속 등의 정보를 기록한다. 그는 이런 정보의 작은 패턴들을 수천 번이나 기록한 공책을 수백 권 갖고 있다. 케빈은 (적어도 자기 정원에서) 날씨를 예측하려고 시도하며 날씨를 체계화한다. 그림 7은 그의 공책의 한 페이지를 복사한 것이다.

대니얼 타머(Daniel Tammet) 역시 아스퍼거 증후군이다. 마이클과 케빈처럼, 그도 학창 시절 놀이터를 두려워하며 자랐다. 그는 다른 아이들은 그렇게도 쉽게 서로 어울려 노는 게임에 자신은 어떻게 합류해야 할지 도통 알 수가 없었다. 몇몇 사람들은 그를 영화 「레인맨」에서 더스틴 호프만이 연기했던 인물과 비교한다. 이 인물은 자폐증을 가진 실존 인물(킴 픽)에서 따왔다. 대니얼 역시 세부 사항들에 놀랄 만한 주의력을 보이며 그에 관해 무한해 보이는 기억력을 갖고 있다. 그는 (당신과 나는 잘해야 단지 3.1415, 소수점 아래 넷째 자리까지 알고 있는) 숫자 파이(π)를 소수점 아래 2만 2514자리까지 외우도록 훈련하여, 그 놀라운 기억력으로 유럽 챔피언이라는 타이틀을 얻었다.

대니얼은 숫자들을 극도로 체계화시켜서 6자리 숫자 2개의 곱셈을 컴퓨터만큼이나 빠르게 할 수 있다. 그러나 14살 때, 그는 내게 사람들과 말할 때 여전히 자신은 사람들을 쳐다보지 않는다고 말했다. 그는 친구가 없었다.[240,241] 사람들과 어울리기 힘들어 하며 공감하는 법을 **모르겠다고** 쉽게 고백하는 자폐증이나 아스퍼거 증후군인 사람들 중에는 이외에도 예술을 체계화한 사람들이 있다. 이들 중 상당수가 자신이 가장 좋아하는 이미지를 여러 번 계속해서 반복하여 그리는 경향이 있다. 목표하는 기술을 완전히 익힌 후, 그들은 자신들의 그림에 체계적인 변화를 도입한다. 그렇게 함으로써 그들의 미술은 단순한 형태에서 복잡하고 화려한 형태로 진보한다. 베니스에 살던 어린 시절, 리사 페리니(Lisa Perini)는 오직 문자 W만을 그렸다. 여러 해가 지난 후, 현재 그녀의 미술은 놀라운 재능으로 발전했다.[242]

데렉 파라비시니(Derek Paravicini)는 시각 장애자이자 고전적 자폐증(classic autism)[li] 환자다. 그는 블루스건 클래식이건 단 한번 들은 음악의 모든 음표들을 예상하여 피아노로 재현해 낸다. 음악을 체계화하는 놀라운 재능에도 불구하고, 그가 가진 대화 능력은 간단한 대화를 나누는 것조차 극단적으로 제한적이며 대개 다른 사람들이 말하는 것을 되풀이하는 데 한정된다. 혼자 있을 때 그는 반복적으로 앞뒤로 몸을 흔들며 진히 독립직으로 생활하시 못한다.[243] 2006년에 우리가 주최했던 자폐증 연구를 위한 모금 활동 콘서트에서, 데렉이 부기우기 건반 주자 줄스 홀랜드(Jools Holland)와 함께 케임브리지에 블루스를 연주하러 왔을 때 나는 그를 만났다. 그는 소리 높여 외치는 누구의 어떤 요청도 다 연주해 내며 청중들을 놀라게 하는 매력적인 젊은 청년이었다.

마지막으로 피터 마이어스(Peter Myers)는 요크셔에 있는 모형 제작자다. 아스퍼거 증후군인 다른 사람들처럼 그도 혼자 지낸다. 그에게 사람들은 혼란스러운 존재다. 그는 말이라는 게 애매모호하다고 생각하기 때문에 의사소통하는 데 애를 먹는다. 심지어 "어디 사세요?" 같은 단순한 질문조차 그는 불명확하다고 생각한다. 이 질문이 나라에 대한 것인지 도시에 대한 것인지 아니면 거리나 집 혹은 방에 대한 것인지 확실하지 않기 때문이다. 그 결과 대화하는 데 애를 먹고 그나마

그림 8 피터 마이어스가 그린 그림

도 자주자주 끊긴다. 하지만 이 사회성 결핍은 예술적인 재능을 만들어 내는 머리와 같은 곳에서 생겨난다. 그는 작은 동그라미나 사각형 무늬들로 페이지를 가득 채운다. 여기서 각각의 그림은 동일한 모양을 약간 변화시킨 구조로, 수천 시간에 걸친 창조의 산물이다. 그림 8은 피터의 패턴 중 하나를 예시한다.[244]

수수께끼는 왜 이 외견상으로 달라 보이는 두 가지 결과들(낮은 공감 능력과 강한 체계화)이 동일한 한 사람의 내부에서 동시에 일어나느냐는 것이다. 우리는 조금 뒤에서 이 수수께끼에 대한 가능한 해결책들을 다시 다룰 예정이다. 그러나 지금은 먼저 '체계화'에 관한 한두 가지 용어들을 살펴보려고 한다(체계화가 긍정적인 공감 제로의 핵심이기 때문이다.).

패턴 찾기

　뇌는 여러 가지 이유로 패턴을 찾는다. 우선, 패턴은 우리가 미래를 예측하는 것을 가능하게 해 준다. 만약 교회 종이 매주 일요일 아침 정각 10시에 정확히 열 번 울린다면, 체계화를 할 수 있는 머리는 이 종이 이번 주 일요일에도 정확히 같은 시각에 다시 울릴 것이라고 예측할 수 있다. 교회 종에 대한 패턴이 삶과 죽음의 문제는 아닐지도 모른다. 그러나 당신은 즉시 이 같은 일반적인 패턴 인식 체계가 얼마나 광범위하게 — 시장에서의 가격 변동을 예측하는 일부터 곡물 생산량이 계절마다 어떻게 달라지는지에 이르기까지 — 적용될 수 있는지 알 수 있다. 패턴은 또한 우리가 예측을 확인하기 위해 어떤 실험을 수행할 수 있는지 제시하여 사물이 작동하는 방식을 파악할 수 있게 해 준다. 시계에 건전지를 넣으면 시곗바늘이 움직이기 시작한다. 이것은 아주 간단한 좋은 예다. 패턴을 찾아내는 이 같은 능력은 취급 설명서가 없는 새로운 장치를 이해하거나 여러 개의 부품으로 이뤄진 장치를 수선할 수 있게 해 준다. 이때 비결은 한 번에 부품들을 하나만 조작한 후 무슨 일이 벌어지는지 — 어떤 패턴이 만들어지는지 살펴보는 것이다.

　패턴의 다른 가치는 우리가 한 번에 한 가지 변수만을 다룰 수 있게 해 주고 시스템을 변경시킬 수 있게 하며 그로 인해 새로운 시스템을 발명할 수 있게 해 준다는 것이다. 만약 카누를 더 날씬하게 만들면 카누는 물 위를 더 빨리 흘러갈 수 있을 것이다. 만약 화살의 무게를 바꾼다면, 화살은 더 빨리, 더 멀리, 더 정확하게 날 수 있을 것이다. 보다시피 이러한 패턴들을 발견하는 일은 우리가 사물을 발명하고 향상시키는 능력의 핵심이 된다.

마지막으로, 패턴의 발견은 우리가 만든 예측들이 참인지 거짓인지 확인하게 해 주어 진리에 직접적으로 접근할 수 있게 해 준다. 교회 종은 예측대로 울리거나 울리지 않을 것이다. 철학자들과 신학자들은 진리가 무엇을 의미하느냐를 놓고 오랫동안 논쟁을 벌여 왔다. 진리에 대한 내 정의는 신비주의적이지도 신성하지도 않으며 불필요한 철학적인 복잡성 때문에 이해하기 어렵지도 않다. 진리는 (순수하고 단순하게) 반복할 수 있고 입증할 수 있는 패턴들이다. 때때로 우리는 이 패턴들을 '법칙'이나 '규칙'이라고 부른다. 그러나 본질적으로 그들은 단지 패턴일 뿐이다. 진리는 때로 전혀 유용하지 않을 수도 있고(예를 들어, 영국의 우체부는 편지 봉투들을 묶기 위해 빨간색 고무줄을 사용한다.), 매우 유용할 수도 있다(예를 들어, 21번 염색체가 한 개 더 있으면 아기는 다운증후군이 된다.). 때로 진리는 자연의 패턴들을 반영할 것이며(예를 들어, 왼손잡이는 소녀보다 소년에서 더 많다.), 또 때로는 사회적인 패턴들을 반영할 것이다(예를 들어, 인도에서 동의를 표하려면 머리를 흔들어야 한다.). 어느 경우든 이 패턴을 진리의 위치로 격상시키는 것은 이 패턴이 반복 가능하다는 점이다.

시간에서 한 발 물러나

패턴에의 매혹은 원의 직경이 1일 때, 원의 둘레는 의당 파이(π, 3.1415…)와 같으리라는 것을 발견하도록 이끌었다. 고대 바빌로니아에서 발견되었으며 후에 아르키메데스(Archimedes)가 정확하게 계산한 이 패턴을 초기에 찾아낸 사람들은 자신들이 체계화한 이 아름다운 파이 패턴이 거의 2,000년이 흐른 뒤 뉴저지의 프린스턴 대학교에서 물리학자인 알베르트 아인슈타인(Albert Einstein)의 상대성 이론에 실질적으로 적용되리라는 사실을 알지 못했다. 자신들이 살고 있는 시대에 무관하게, 세상에 반복해서 나타나는 동일한 패턴을 찾는 것이 인간의 정신이다. 세월이 흘러도 변치 않는 패턴들. 체계화하려는 사고방식은 최소한 과거에 발생한 적이 있고 현재에도 발생한다는 점이 입증되었기 때문에, 현재에 매이지 않는 진리를 찾기 위해 **시간에서 한 발 물러선다**. 적어도 자연의 패턴들 중에서 진리는 영원한 것일 수 있다.

체계화하는 방식에는 두 가지가 있다. 첫 번째는 오직 관찰하는 것이다. 우리는 변화하는 자료들을 관찰하고 자료 속에 나타난 패턴을 찾는다. 매번 일곱 번째 파도가 큰 파도라면? 그리고 이 큰 파도가 항상 조개껍데기들을 해변 위로 멀리까지 밀어 올린다면? 일단 패턴을 발견하고 나면, 우리는 공식화한 규칙(큰 파도가 조개껍데기를 더 멀리 밀어 올린다.)이 새로운 발견들에 의해 입증되는지 알아보기 위해 자료들을 다시 한번 관찰한다. 미래에 대한 우리의 예측이 정확한 사실인지 검사한다. 법칙은 그 법칙에 들어맞지 않는 새로운 자료들이 산출될 때까지 존속한다. 만약 법칙에 위배되는 자료들이 산출되면, 법칙은 변형되며 더 많은 관찰이 요구된다. 이 과정은 예측이 입증될 때마다 진리를 산출하며, 하나의 순환 고리로서 끝없이 계속될 수 있다. 체계화를 위한 이 첫 번째 (관찰) 경로에서 뇌는 법칙을 찾아내기 위해 단지 입력된 내용(파도의 횟수)과 그 산출물(조개껍데기가 밀려간

거리)을 관찰할 뿐이다. 여기서 체계화는 **입력과 출력**의 관계를 수반한다.

두 번째 체계화 방식은 관찰에 조작을 추가하는 것이다. 우리는 자료를 관찰하고 몇 가지 조작(변수를 하나 조작하기)을 수행한 후 그 영향을 관찰한다. 욕조의 물속에 바위를 떨어뜨렸을 때 수면의 높이는 상승했을까? 이 두 번째 체계화 경로를 밟고 있는 뇌는 입력된 내용을 관찰하고(최초의 수면의 높이에 주목하기) 조작을 수행하며(바위를 떨어뜨리기) 그 산출물을 다시 관찰(새로운 수면의 높이를 확인하기)하는 중이다. 여기서 체계화는 **입력-조작-출력**의 관계를 수반한다.

우리는 체계화할 수 있는 모든 영역에서 온 자료들에 이 두 가지 형태의 체계화 방식을 적용한다. 체계란 규칙적인 변화나 패턴들을 갖고 있는 무엇이다. 이 두 가지 체계화 방식 모두 결국 "p이면 q이다."는 형태의 규칙들이 된다. 하나의 체계가 이러한 규칙을 한 개 가질 수도 있고 수백 혹은 수천 개 가질 수도 있다. 체계는 자연계(해양의 파도처럼), 기계적인/인간이 만든 체계(도끼처럼), 추상적인 체계(수학처럼), 모을 수 있는 체계(조개껍데기 수집가처럼), 운동 근육의 체계(춤 기술처럼), 혹은 심지어 사회 체계(법체계처럼)일 수도 있다. 인간의 놀라운 체계화 능력은 인간이 세포처럼 작거나 태양계처럼 광범위한 체계를 이해할 수 있게 하여 방정식처럼 작은 체계나 인공위성처럼 대규모의 체계를 구축할 수 있게 해 준다. 인간들은 자연을 이해할 수 있을 뿐만 아니라 나이로비에서 뉴욕까지 몇 초 안에 문서 메시지를 송출할 수 있게 하여 삶을 더 편하고 풍요롭게 만드는 데 이러한 지식을 활용할 수도 있다.

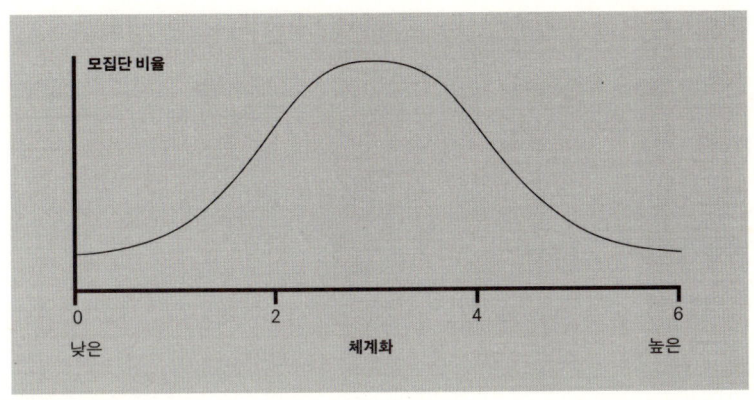

그림 9 체계화 종형 곡선

체계화 기제

'체계화 기제'를 정보가 변화할 때 패턴을 인식하는 뇌의 부위들이라고 하자. 이 기제는 우리가 사물이 작동하는 방식을 파악하여 미래를 예측할 수 있게 해 준다. 체계화 기제는 사람마다 달라진다. 과학자들은 이 기제를 질문지(체계화 지수(Systemizing Quotient) 혹은 SQ)와 역학의 이해를 평가하는 검사들을 사용하여 연구해 왔다.[13,245-247] 2장에서 다뤘던 공감 기제처럼 체계화 기제도 7개의 부분으로 이뤄지며 단일한 기제가 낮은 쪽부터 높은 쪽까지 서로 다른 부분들에 맞게 조정되어 있다(그림 9).

레벨 0인 사람은 패턴을 전혀 의식하지 못한다. 그들은 교회의 종이 울린다는 사실은 알지만 종들이 집단으로 울리고 있는지 알아차리지 못하거나 혹은 몇 개의 종이 울리고 있는지 말할 수 없다. 그들의 체계화 기제는 매우 낮은 수준으로 조정되어 있다. 그들은 변화를 분석하시 못하고 흘려보낸다. 체계화에 거의 관심이 없기 때문에 많은 변화들을 처리할 수 있다. 일들이 갑자기 발생했다 갑자기 중단될 수 있으며, 또 그들은 특정 과업을 수행하던 중에도 새로운 활동으로 전환할 수 있다. 이런 일들은 전혀 그들을 괴롭히지 않는다. 그들은 패턴을 찾지 않기에 변화를 처리할 수 있다.

레벨 1인 사람은 쉬운 패턴들, 예를 들어 강하게 반복되는(짝수나 홀수, 알파벳순의 카드 배열법이나 생일 같은) 패턴들을 인식하지만 (집에서 새로운 기기를 사용하는 법 같은) 새로운 시스템을 파악하는 건 거의 불가능하다. 그들은 패턴을 알 수 없기 때문에 학창 시절에 수학 같은 과목들을 회피한다.

레벨 2의 사람은 지적을 해 주면 새로운 패턴들을 알아볼 수 있다. 그러나 그 작업이 매우 어려워서 혼자서는 하지 못한다. 만약 한 패턴이 어떻게 발견되었는지 되짚어 가 보라고 요청하면 그들은 자력으로 그 일을 해내지 못할 것이다. 예를 들면, 새 휴대 전화를 샀을 때, 그들은 다른 사람들이 휴대 전화를 작동시키는 방식을 따라할 수는 있지만 혼자 힘으로 휴대 전화 작동법을 익힐 수는 없다.

레벨 3의 사람은 간단하고 짧은 시스템은 처리할 수 있지만 길고 훨씬 복잡한 시스템은 도전적이라고 느낄지도 모른다. 반면, **레벨 4**의 사람은 혼자서 시스템을 파악하는 데 꽤 능숙하다. 설명서가 없어도 그들은 시행착오를 거치며 자신 있고 빠르게 장치를 익히고 이해할 것이다. 레벨 3에는 여성들이 더 많고 레벨 4에는 남성들이 더 많다. 이 레벨에 있는 사람들은 일상에서, 새로움과 예측 불가능한 일, 그리고 다른 사람들을 두 번 생각할 것도 없이 바로 다룰 수 있다.

체계화 기제가 **레벨 5**로 조정돼 있는 사람들은 패턴에 흥미를 느끼고 일상과 직장에서 패턴을 찾고 싶어 하는 경향이 있다. 이 레벨의 사람들은 과학, 수학, 음악, 기술과 패턴 찾기가 핵심이 되는 다른 분석적인 분야(언어학, 철학이나 교정/교열 같은)에 자연스럽게 끌린다. 그들은 특별한 환경(예를 들어, 과학 실험실)을 창조하려고 시도한다. 여기서 그들은 한 번에 한 가지 변수의 영향을 분석할 수 있도록 변화의 양을 제한하려고 시도한다. 무슨 일이 일어나는지 알아보기 위해 쥐에서 **한 번에 한 개**의 유전자를 제거하기 혹은 어떤 일이 벌어지는지 보기 위해 **한 번에 한 달** 동안의 수익 차트를 조사하기 등을 그 예로 들 수 있다. 그들은 한 번에 한 가지 일을 하고 싶어 한다. 그러나 하루 종일 체계화 작업만을 하지는 않는다. 그래서 사람들과 어울릴 때나 상황이 예상대로 흘러가지 않을 때, 그들은 체계적이지 않은 환경을 다룰 수 있다. 레벨 5의 사람들은 시스템을 좋아하며 그래서 그들의 삶은 질서 정연하고 규칙적이다. 어쩌면 그들은 '오늘의 할 일' 목록을 만드는 것으로 매일을 시작하여 그대로 업무를 진행할지도 모른다. 그럼에도 그들은 여전히 예상치 않은 일들을 다룰 수 있다.

이제 자폐증이나 아스퍼거 증후군인 사람들을 다시 다뤄 보자. 이 설명에 따르면 그들의 체계화 기제는 최고 수준(레벨 6)으로 **시종일관** 조정되어 있다.[245] 레벨 6의 삶은 어떤 모습일까? 여기서 우리는 깨어 있는 **매** 순간을 체계화해야만 하는 사람들을 발견한다. 그들이 흥미 있어 하는 유일한 정보는 패턴화된, 체계화할 수 있는 정보들이다. 반복되는 숫자, 반복되는 음악 소절, 반복되는 사실들, 반복되는 움직임과 활동들이다.

유독한 변화

그런데 레벨 6인 사람들은 한 번에 오직 한 개의 패턴만을 살필 수 있으며 한 번에 오직 한 개의 변수에 대해서만 그 패턴을 분석할 수 있다. 예측할 수 있는 패턴에 대한 탐색은 끔찍한 대가를 치르며 이뤄진다. 무엇이든 예상치 못한 것은 그들에겐 독이다. **유독한 변화**다. 그들이 컴퓨터로 작업을 하는 중에 어떤 사람이 뭔가 일상적인 일(커튼을 여는 것 같은)을 하려고 불시에 침실로 걸어 들어오면 그들의 스트레스 수준은 최고조에 도달한다. 매주 화요일에 진행하는 계획이 수요일로 옮겨지면 붕괴가 유발된다. 레벨 6의 사람은 **과잉되게 체계화를 하는 사람**(hyper-systemizer)이다. 몇 시간 동안 세탁기가 돌아가는 모습을 쳐다보고 있는 것을 뭔가 다른 일을 하라고 떼어 놓으면 소리를 지르고 변화에 저항하는 아이들도 여기에 속한다.

이곳이 바로 대니얼 타머가 살고 있는 세상이다. 여기서 파이는 — 소수점 이하 2만 2514자리에 이를지라도 — **항상 똑같다**. 그 순서는 100퍼센트 예측 가능하기 때문에 편안하고 안심이 된다. 레벨 6인 사람들은 변화를 너무 어렵게 생각해서 완전히 통제되는 세상에 살며 무슨 수를 써서라도 변화에 저항한다. 레벨 6의 삶에 주어진 놀라운 보너스는 그들이 누구도 알아채지 못하는 패턴들을 발견한다는 점이다. 이러한 지각의 독창성은 때때로 '천재성'이라고 불릴 수 있다. 이때 천재성은 정보를 살펴서 다른 사람들은 같은 정보를 여러 번 보고도 눈치채지 못한 패턴을 인식하는 능력으로 정의된다. 레벨 6의 삶의 엄청나게 불리한 면은 예상치 못한 변화에 대응할 수 없다는 점이다.[248] 이들이 바로 임상의들이 '자폐증'을 앓고 있다고 진단하는 사람들이다.

레벨 6이 겪는 예상치 못한 삶의 결과들을 두 가지 더 살펴보자. 만약 당신의 체계화 기제가 최고 수준까지 높아지면, 당신은 정보가 **참**일 경우에만 그 정보에 흥미를 가진다. 진실은 세상에서 중요한 유일한 것이다(약알카리성 토양에 심은 수국은 푸른 꽃잎을 피울까? 혹은 강알칼리성 토양에 심은 수국은 분홍 꽃잎을 피울까?). 어떤 희생을 치르더라도 진실은 중요하다. 식물과 바위, 기계의 세계에 대해서만 그런 게 아니라 사람들의 세계에 대해서도 마찬가지다. 내 이웃의 행동은 한결같은가(즉, 참인가)? 그의 말은 그의 행동과 일치하는가(그들은 진실한가)?

레벨 6의 사람들은 다른 사람의 행동을 무생물의 행동을 판단하듯 엄격하게 판단한다. 사실은 참이거나 거짓이다. 회색 지대란 존재하지 않는다. 레벨 6의 사람들은 진실에 너무 집중한 나머지 누군가가 그다지 중요하지 않은 규칙을 위반할 때 자칭 도덕적인 내부 고발자가 된다. 그들은 다른 사람들의 말과 행동 사이에 작은 차이가 단 하나라도 있으면 그들을 정직하지 못하다고 비난한다. 체계화 기제의 수준이 낮은 사람들이 부정확한 것들을 다룰 수 있는 반면, 레벨 6에서 체계를 정의하는 것은 정확성이다. 레벨 6에는 가식, 비유적인 언어, 모호함, 혹은 목적이 없는 잡담이 존재할 여지가 없다. 단지 사실만이 있을 뿐이다.

레벨 6에서 공감 제로는 이렇게 탄생한다. 사람들의 세상은 감정에 지배되는 곳이며 그들의 행동은 예측 불가능하다. 누군가가 어떻게 느끼는지는 정확하게 결정될 수 있는 게 아니다. 우리가 공감할 때, 그것은 다른 사람이 어떻게 느낄지에 대한 부정확한 추측을 우리가 인내할 수 있어서이다(아마도 그녀는 다소 침울한 것 같아 혹은 다소 화난 것 같아 하는 식으로). 감정의 세계는 법칙적이지 않다. 물리나 수학의 세계와는 달리 그곳에는 이분법도 일관된 법칙도 없다. 설상가상으로 사회 집단에는 단 하나의 객관적인 시각이 아니라 다양한 여러 관점들이 존재한다. 공감은 사회적 상호 관계에서 여러 가지 관점들과 변동하는 감정 상태들을, 빠른 속도로, 동시에 계속 추적하는 작업을 수반한다.

체계화 기제와 공감 기제 사이의 관련성을 살펴보면, 만약 당신의 체계화 기제가 높은 수준으로 조정돼 있다면 당신은 감정처럼 법칙적이지 않은 현상들에 주의를 덜 기울일 것이다. 이는 일부분 정확성에 대한 필요 때문이다. 높게 조정된 체계화 기제는 공감 제로가 되는 추가적인 경로임이 드러난다. 반면 당신의 체계화 기제가 낮은 수준이라면 당신은 부정확성을 참아 낼 수 있을 것이다. 레벨 6에서는 정확히 그 반대일 것이고. 다른 사람의 행동은 이해를 넘어서는 것이며 공감은 불가능하다. 종지기를 희망했던 마이클에게 그의 동료가 "난 친구의 장례식에 참석해야만 해."라고 말했을 때, 마이클은 단지 "알았어. 몇 시에 돌아올 거야?"라고 대꾸했다.

마이클은 자신의 사무적인 발언이 무신경한 것인 줄 전혀 몰랐다. 자신의 동료에게 상처를 줄 의도는 없었다. 단지 무엇이 다른 사람의 감정에 상처를 주는지 이해하지 못했을 뿐이다. 놀라운 체계화 능력의 뒤편에는 비법칙적인 현상에 대한 관심의 결핍이 자리하고 있다. 비법칙적인 현상의 가장 극명한 예는 바로 감정의 세계다. 이제 우리는 이들이 긍정적인 공감 제로인 이유를 알고 있다. 비록 변화가 유독 한 것인 양 반응하며 공감 수준이 0이 되는 것이 하나의 장애로 작용할 수도 있지만 패턴에 대한 사랑은 다른 사람들이 놓치고 있는 사실들을 볼 수 있게 해 준다. 실제로 인류 역사에서 긍정적인 공감 제로인 사람들은 패턴을 이처럼 명확하게 지각하여 위대한 음악과 예술을 낳았을 뿐만 아니라 물리적, 수학적, 화학적, 또 그 외 여러 세상의 법칙들을 발견하는 데 놀랍고 독창적인 방식으로 기여했다.[249]

고전적 자폐증

이 책의 발단에서 나는 공감의 상실이 한 사람이 다른 사람을 사물로 취급할 때 발생한다고 정의했다. 그러나 타인을 사물로 취급하는 모든 사람들이 해를 끼치지는 않는다. 예를 들면 고전적 자폐증인 사람은 자주 다른 사람들을 사물로 취급하지만 나는 그들을 고의로 해를 끼치는 사람들과 같은 부류로 묶고 싶지 않다. 고전적 자폐증은 자폐 스펙트럼 장애에서 아스퍼거 증후군 외에 주요 하위 집단을 형성한다. 나는 아스퍼거 증후군을 긍정적인 공감 제로의 사례라고 주장했는데 그렇다면 고전적 자폐증은 어떨까?

1980년대 초반 자폐증 연구를 시작했을 때, 나는 볼티모어의 소아정신과 전문의인 레오 칸너(Leo Kanner)가 자신의 진료실을 방문했던 한 소년에 대해 묘사한 글을 읽었다. "그에게 손을 내밀었을 때, 아마 내 손을 무시할 수 없어서 그랬을 것 같은데, 그는 내 손을 가지고 잠시 놀았다. 마치 손이 **분리되는 물건**인 것처럼……. 사람들과 관계를 맺을 때, 그는 상대를, 아니 좀 더 정확히 말하면 상대의 신체 일부를 **마치 물건인 양 다룬다**……. 마치 그는 사람과 사물을 구분하지 못하는 것 같다. 아니면 적어도 그 차이에 관심이 없는 것처럼 보인다."[250]

그로부터 약 30년이 흐른 뒤, 사람들이 다른 사람들을 물건 취급하는 이유를 생각하면서 나는 칸너의 임상적인 설명으로 되돌아갔다. 이런 아이들 중 상당수가 다른 사람들을 물건 취급한다. 그러나 다행히도 이런 태도가 대개 어떤 심각한 해를 불러오지는 않는다. 그들은 당신을 무시하거나 의식하지 못할지도 모르지만 거기에 해를 입히려는 **의도**는 없다. 때때로 당신이 그들의 욕망을 성취하는 데 방해가 된다면 당신은 물론 희생자가 될 수도 있다. 예를 들면, 마이클 블래스트랜드(Michael Blastland)는 자폐증이 있는 자신의 아이, 조에 대해 이렇게 썼다. "그 애가 내게서 뭔가를 원할 때, 나는 내가 모든 욕구에 해당하는 커다란 버튼을 가지고 있어서 누르면 종종 필요한 만큼이 제공되는, 자연의 보편적인 자판기라고 가정해야만 한다."[251]

당신이 자판기에 불과한 존재로 취급된다면 기분이 어떨까? 어느 정도는 모든 부모들이 자신의 아이들이 자신을 단지 그들의 매일의 요구를 만족시키는 존재, 부모는 스스로 어떤 감정과 필요도 갖고 있지 않은 존재로 취급하고 있다고 느끼는 때가 있다. 그러나 자폐 아동과는 달리, 대부분의 아이들은 자신의 부모가 지쳤거나 기분이 상했거나 휴식이 필요하다는 사실을 결국 알아채게 된다. 그들은 응석을 멈춰야 할 때를 안다. 몇몇 아이들은 자기 부모의 감정을 감지하는 데 다른 사람들보다 더 빠르다. 자폐 아동들은 슬프게도 다른 사람에게 감정이 존재한다는 사실을 알지 못할지도 모른다. 그래서 다른 사람에 개의치 않고 자신의 욕구를 추구하게 될 수도 있다.

마이클과 조는 어느 날 한 지역 쇼핑센터에서 엘리베이터를 타고 있었다. 그때 한 엄마가 유모차에 아이를 태우고 들어왔다. 아기가 울기 시작하자 조는 ─ 모든 사람들이 다 놀라게도 ─ 울음을 멈추게 하려고 **아이를 한 대 때렸다.** 마이클은 자기 책에서 이렇게 물었다. 당신이 나였다면 생전 처음 보는 이 여성에게 어떻게 설명했을까? 자기 아기를 세상 누구보다 더 끔찍이 아낄 이 여성에게, 내 아들이 방금 한 행동은 나쁘긴 하지만 고통을 주려는 악의는 없었다고, 내 10살짜리 아들은 단지 다른 사람들이 주먹으로 맞으면 고통을 느끼거나 기분이 상할 수 있다는 사실을 모르고 있어서 그런 것이라고 말할 수 있을까?

마이클에 따르면 조는 이 작은 아기를 비롯해 사람들을 하나의 사물처럼 취급한다. 비디오테이프 재생 장치의 소리가 너무 크면, 음량을 줄이기 위해 단추를 누른다. 이 아기 역시 너무 시끄러우니, 소리가 꺼지는지 살펴보기 위해 한 대 쳐 본다. 마이클은 조가 앞서와 마찬가지로 타인의 고통을 의식하지 못한 채 자기 여동생에게 장난감 벽돌을 어떻게 힘껏 던졌는지를 묘사한다. 그러나 마이클은 조가 사이코패스가 아니라고 강조한다. 나 역시 그에게 동의한다. 타인의 감정을 의식하지 못한다는 사실이 그가 고의로 그들에게 상처를 주고 있다는 의미는 아니다. 사이코패스는 자신이 누군가를 상처 주고 있다는 사실을 의식**하고 있다.** 공감의 '정서적인' 요소(타인의 기분에 대한 감정적인 반응)는 온전하지 않을지라도 '인지적인'(인식) 요소는 (대체로) 온전하기 때문이다. 고전석 (저기능성의) 자폐증인 사람은 공감의 이 두 가지 요소 모두가 부족한지도 모른다.

이 모든 이야기들은 한 사람이 다른 사람을 물건 취급할 수 있는 상태에 이르게 되는 경로가 여러 가지로 존재한다는 사실을 설명한다. 조에게서는 이 장에서 만났던 아스퍼거 증후군인 사람들 중 몇몇이 보인 명백한 '서번트 증후군(savant syndrome)[lii]'이 나타나지 않을지도 모른다. 그러나 고전적 자폐증인 이 소년에게서도 우리는 세부 사항들에 대한 뛰어난 집중력과 패턴에 대한 사랑을 엿볼 수 있다. 앞서 만났던 피아노 연주자, 데렉 파라비시니 역시 그의 언어가 대부분 타인의 어구를 반복하는 데 한정되며, 분명한 음악적인 천재성을 제외한 다른 자조적인 능력들은 많은 부분이 상당히 제한적이고 타인에게 완전히 의존적이기에 아스퍼거 증후군보다 고전적 자폐증으로 더 잘 묘사되었다는 점에 주목하라. 하지만 자폐증과 아스퍼거 증후군 사이에는 뚜렷한 구분 선이 없기 때문에 우리는 그들을 모두 긍정적인 공감 제로의 잠재적인 형태로 바라보아야 한다. 나는 여기서 '잠재적'이라는 표현을 썼는데 이는 만약 한 개인이 매우 심각한 학습 장애를 갖고 있다면 그 점이 그가 가진 강한 체계화 기제가 재능으로 표현되는 것을 막을지도 모르기 때문이다.

긍정적인 공감 제로가 없는 삶?

긍정적인 공감 제로는 공감 능력이 감소한 대신 패턴 인식과 체계화 능력이 향상된, 분명히 특별한 경우다. 그들의 존재는 다음과 같은 질문을 촉발한다. 체계화 기제가 높은 수준으로 증가하지 않았다면 **호모 사피엔스**는 어떤 상태일까? 틀림없이, 우리는 많은 (어쩌면 아무런) 기술적인 혁신을 이루지 못했을 것이다. 그리고 여전히 산업화 이전과 과학 발생 이전의 상태에 머물러 있을 것이다. 강한 체계화는 인간이 여러 종들 중에서 유일하게 "~라면 어떻게 될까?"라는 질문을 던질 수 있게 한다. 최근에 나는 디스커버리 채널에서「호기심 해결사(Myth Busters)」라는 프로그램의 한 에피소드를 보았다. 이 프로그램에서 사람들은 "~라면 어떻게 될까?"라는 질문을 제기한다. 우리가 탁구공을 사용해서 침몰한 보트를 들어 올리려고 노력하면 어떻게 될까? 보트가 표면 위로 떠오를까? 이것은 단지 과학자들이 묻길 즐기는 터무니없는 질문일 뿐이다(그런데 이 질문의 대답은 '그렇다'이다. 2만 5000개의 빈 탁구공들로 6미터 아래 침몰한 보트를 떠오르게 할 수 있다.). 인간이 체계화를 할 수 있기 때문에, 우리는 스케이트보드에서 아이폰까지, 모든 종류의 기술을 가진다. 이 중 어떤 것도 긍정적인 공감 제로에서 뚜렷이 보게 되는 능력이 없었다면 존재하지 않았을 것이다. 사회는 기술, 음악, 과학, 의학, 수학, 역사, 물리학, 공학과 그 외 여러 체계화 분야에서 혁신을 이룩한 이 사람들에게 특별한 빚을 지고 있다. 그들이 공감에 관한 한 시련을 겪고 있다는 사실은 오히려 우리 사회를 긍정적인 공감 제로에 더 우호적이게끔 만들어야 하는 이유다.

우리는 긍정적인 공감 제로인 사람이 행동에 있어 공감 상의 곤란을 겪으며 뇌의 공감 회로에 이상이 있다는 사실을 살펴보았다. 또 낮은 공감 수준에도 불구하고 이 사람들은 대개 타인들에게 잔인하게 행동하지 않는다는 점 역시 보았다. 그들은 예를 들면, 부정적인 공감 제로의 P유형과는 다르다. 아스퍼거 증후군에서는 인지적인 공감 능력이 손상된 반면 정서적인 공감은 온전하기 때문이다. 반면 P유형에서는 완전히 반대의 상황이 펼쳐진다.[liii]

대부분의 사람들은 공감을 통해 도덕률을 발달시키지만, 긍정적인 공감 제로인 사람들은 자신의 도덕률을 체계화를 통해 발달시킨다. 그들은 규칙대로 살려는 강한 욕구를 갖고 있으며 **공정성**을 이유로 다른 사람들도 같은 행동을 하길 기대한다. 제임스 블레어는 자폐증에서 도덕성 발달이 온전하게 이루어진다는 점을 보여 준 최초의 인물 중 한 명이다. 그러나 최근의 설명들은 자폐증인 사람들에서 도덕률이 과발달한다고 제시한다. 이들은 규칙을 어기는 사람들을 용인하지 못한다. 아스퍼거 증후군인 사람들은 종종 부당한 대우를 받는 사람을 옹호하려고 제일 먼저 나선다. 그들이 외면할 수 없는 논리를 통해 구축한 도덕 체계를 부당한 대우가 훼손시키기 때문이다. 그러므로 긍정적인 공감 제로인 사람들(아스퍼거 증후군인 사람들)은 보통 법의 집행자들이지 범법자들이 아니다. 그들은 극도로 체계화되어 있으며 정서적인 공감 능력이 온전하기 때문에 이들의 '긍정적인' 지위는 정당화된다.

흥미롭게도, 그들의 부모들 역시 동일한 약력을 반복해서 보여 주며 이러한 특성이 유전의 산물일 가능성을 제기한다. 일례로 자폐 아동의 부모들은 타인의 눈을 통해 마음을 읽는 것을 다소 어려워한다. 그들은 또한 얼굴을 보고 타인의 감정과 생각을 읽을 때 뇌의 공감 회로 부위에서 비슷한 패턴의 활동 저하를 보여 준다. 똑같이, 자폐 아동의 형제들도 표정을 읽는 동안 편도체의 활성이 자폐증과 정상 수준 사이의 중간 정도로 나타나[204,213,252,253] 유전적인 요인들이 연루되어 있음을 시사한다. 자폐 아동의 부모들 역시 공학처럼 체계화를 요하는 직종에 과다하게 많이 종사하는 것으로 나타난다.

지금까지 우리는 유전학의 역할을 빙 둘러 왔다. 그러나 이제 공감에서 유전자가 담당하는 역할을 정면으로 조사해야 할 시간이다.

5

공감 유전자

왜 어떤 사람은 긍정적인 공감 제로가 되고 또 어떤 사람은 부정적인 공감 제로가 되는 걸까? 심리학적인 차원에서 부정적인 공감 제로는 우리가 2장에서 마주쳤었던 공감의 개인차에 대한 곡선의 왼쪽 끝 아래에 한 개인이 항상 처하게 될 때 발생한다. 이는 어떻게 그 사람이 그 상태에 이르게 되었는지에 대해서는 아무것도 말해 주지 않는다. 그것은 더 심층적인 수준의 원인과 관련된 질문이다. 우리가 알고 있는 것은 부정적인 공감 제로의 상태가 '내면의 황금 단지'가 고갈되었을 때 같은, 환경적인 방임에 의해 초래될 수 있다는 것이다. 그러나 부정적인 공감 제로지만 방임으로 괴로워한 적이 없는 사람들의 존재는 방임으로 괴로워했지만 최상의 공감 능력을 갖고 있는 사람들의 존재와 함께 이러한 환경적인 요인들이 공감 제로를 초래하는 필수조건도 충분조건도 될 수 없다는 사실을 보여 준다.

부정적인 제로 P유형을 예로 들어 보자. 우리는 3장에서 부모의 행동에 책임을 물을 수는 있지만 양육 방식이 결과를 완전히 예측해 주지는 않기 때문에 그것만으로 사이코패스가 되는 이유를 완전히 설명할 수는 없다는 것을 알았다.[254] 즉 부모들은 자신의 아이들과 사물에 대해 합리적으로 토론하며 공감적이고 비권위적인 양육 방식을 사용하지만 아이들은 여전히 사이코패스로 판명되는 경우도 존재한다. 동일하게, 우리 모두는 어려운 환경에서 성장했음에도 불구하고 잘 자란 사람들을 알고 있다.

단테 시체티(Dante Cicchetti)는 피츠버그의 제일 가난하고 가장 위험한 지역에서 성장했다. 그러나 그는 미네소타 대학교의 발달 정신병리학과 교수가 되었다. 내가 1980년대에 그의 연구 센터를 방문했을 때, 그는 내게 자신이 살아남을 만큼 운이 좋았다고 말했다. 어린 시절 그의 동년배들 대부분은 마약, 범죄 혹은 폭력단 간의 싸움으로 교도소에 가거나 사망했다. 그는 제임스 블레어가 "위험하고 범죄를 야기하는" 환경이라고 부르는 것이 결과를 완전히 결정하지는 않음을 보여 주는 살아 있는 증거다. 그와 그의 동료들은 학대와 방임으로 고통을 겪은 아이들 중 80퍼센트나 되는 상당수가 "혼란 애착(disorganized attachment)"을 발달시키게 된다는 사실을 발견했다.[255] 그러나 사이코패스가 되려면 혹독한 환경 이상의 것이 필요하다는 점은 분명하다. 유전적인 요소가 있음에 틀림없다.

그러므로 이 장에서 우리는 환경적인 요인들이 '공감에 상응하는 유전자들'과 상호 작용한다는 새로운 증거를 탐구한다. 물론 '상호 작용'이라는 단어가 핵심이다. 나는 이 책이 공감을 완전히 유전적인 것으로 주장한다고 오해받지 않길 희망한다. 유전자는 항상 환경 속에 존재하며 우리는 생애 초기 경험이 중요하다는 풍부한 증거들을 많이 살펴보았다. 같은 이유로 나는 공감에 상응하는 유전자들이라는 단어 주위에 따옴표를 했다. 유전자들은 공감 같은 고차원적인 구조물을 부호화할 수 없기 때문이다. 유전자들은 더 없이 행복하게도 자신들의 궁극적인 장기적 효과를 알지 못한 채 단지 단백질 산물들을 맹목적으로 부호화할 뿐이다.

그러나 이 장에서 우리는 몇몇 유전자들이 다양한 공감 측정 방법에서 우리가 얻는 점수와 **결부된다**는 증거를 조사할 예정이다. 미리 주의를 줬음에도 불구하고 어떤 사람들은 공감에 상응하는 유전자들이라는 빌싱에 깜짝 놀랄지도 모른다. 그들은 이러한 시각의 결정론적인 함의를 두려워한다. 초창기 환경이 유일한 결정 인자가 아니기 때문에 유전자들 역시 유일한 결정 인자가 아니라는 점을 다시 한 번 얘기하겠다. 그리고 묻겠다. 우리는 이러한 유전적인 증거들이 우리를 불편하게 만든다는 이유로 단지 그들을 카펫 아래로 쓸어 넣어야만 하는 걸까? 인간이 어떻게 서로에게 끔찍한 짓을 저지르게 될 수 있는지 이해하려고 노력하며, 우리는 우리의 세계관에 부합하는 것들뿐만 아니라 **모든** 증거들을 다 조사해야만 한다.

긍정적인 공감 제로의 원인은 다소 다르다. 4장에서 보았던 것처럼, 이 사람들에게 공감 곡선의 낮은 쪽에서 돌아다니고 있다는 것은 또한 체계화 곡선의 높은 쪽에서 돌아다니고 있다는 의미이다. 즉, 그들은 단지 공감 제로를 나타내는 게 아니라 동시에 높은 수준의 체계화 능력 역시 보여 주고 있다. 그들의 경우에 그들을 공감 제로의 상태로 만들 수 있는 유전자들은 또한 그들에게 극단적인 체계화 성향 역시 줄 수 있다. 따라서 우리는 긍정적인 공감 제로와 부정적인 공감 제로를 생산하는 데 서로 다른 유전자들이 작동하는 게 틀림없다는 결론을 내리게 된다. 누군가를 부정적인 공감 제로로 만들 만큼 공감을 고갈시킬 수 있는 특정 유전자와 또 누군가를 긍정적인 공감 제로로 만들 만큼 공감을 고갈시킬 수 있는 또 다른 유전자들을 조사하기 전에 우리는 먼저 이러한 결과들이 어쨌든 유전적인 것이라는 가장 큰 증거를 조사해야만 한다. 이 증거는 쌍둥이들에게서 얻을 수 있다.

쌍둥이들

하나의 특성 혹은 한 행동이 부분적으로라도 유전적인 것이라면 우리는 쌍둥이에서 그 징후를 보게 될 것이다. 핵심은 일란성 쌍둥이(monozygotic, MZ)와 이란성 쌍둥이(dizygotic, DZ)를 비교하는 데에서 나온다. 만약 논의 중인 그 특성이나 행동이 일란성 쌍둥이와 이란성 쌍둥이 사이에서 크게 다르지 않다면 우리는 유전자가 그 행동에서 거의 역할을 하지 않는다고 결론을 내릴 수 있다. 일란성 쌍둥이와 이란성 쌍둥이는 **유전적으로** 서로 상당히 다르기 때문이다. 일란성 쌍둥이들은 유전적으로 복제품과 같은(그들은 유전적으로 동일하다. 즉 유전자를 100퍼센트 공유한다.) 반면, 이란성 쌍둥이들은 쌍둥이가 아닌 두 형제와 유전적으로 다르지 않은 관계다(그들은 서로의 유전자를 평균적으로 50퍼센트 공유한다.). 반면, 일란성 쌍둥이와 이란성 쌍둥이들은 **환경적으로는** 서로 꽤 비슷하다. 그들은 나이가 같고 일반적으로 같은 가정 내에서 성장한다. 달리 말해, 만약 우리가 논의 중인 특성이나 행동이 이란성 쌍둥이에서보다 일란성 쌍둥이에서 더 큰 상관관계를 보인다는 점이 발견되면, 우리는 유전자가 작동 중임을 알 수 있다.

쌍둥이에서의 거의 모든 공감 연구들은 이란성 쌍둥이들과 비교하여 공감 점수 상의 상관관계가 일란성 쌍둥이들에서 더 크다는 점을 발견했다.[256-258] 예를 들어, 한 쌍둥이 연구에서 나타난 정서적인 공감의 유전율(heritability)(즉, 정서적인 공감의 변이가 얼마나 많은 부분 유전적인지)은 68퍼센트로 추정된다. 높은 수치다. 대조적으로 '마음 이론'(혹은 인지적인 공감)의 유전율을 조사한 한 연구는 일란성과 이란성 쌍둥이들이 꽤 비슷하다는 점을 발견하며,[259] 마음 이론을 유전적인 요소보다는 환경적인 요소들이 지배한다는 결론을 제시했다. 그러나 이 결론은 나중에 이루어진 다른 연구에 의해 도전을 받았다.[260]

환경적인 요소와 유전적인 요소가 공감에 기여하는 정도가 얼마나 큰지 추정하는 일은 공감이 측정되는 방식에 의존하여 달라진다. 예를 들어, 어떤 쌍둥이 연구들은 질문지 측정법을 사용하는 반면 다른 연구들은 관찰 방법을 사용한다. 매우 어린 쌍둥이들에 대한 연구들에서는 관찰 측정법에 조사자들이 아이의 반응을 촬영하는 동안 엄마에게 여행 가방을 닫다가 손가락이 끼인 척하라고 요구하는 항목이 포함된다. 유아들 사이에서 이 관찰 방법을 사용한 연구들은 공감에 유전적인 요소가 강하다는 점을 보여 준다.[261,262] 관찰 방법은 '정서적인 공감'(반응적인 요소)을 측정하는 더 나은 수단이며 공감의 두 가지 주요 요소들(인지적인 공감 대 정서적인 공감) 중 정서적인 요소에 유전이 더 많이 기여할지도 모른다는 사실을 제시한다. 감정 표현 불능증(자신의 감정을 나타내고 보고하는 데 어려움을 겪음) 역시 쌍둥이 연구들에서 유전 가능성을 보여 준다.[263]

P유형에 관해서는, 정신병질 성격 평가 검사(psychopathic personality inventory)(질문지) 방법을 사용한 한 쌍둥이 연구에서 두 가지 특정한 척도들이('마키아벨리적 자기중심성(Machiavellian egocentricity)'과 '냉담함(cold-heartedness)') 중등도의 유전율을 보이는 것으로 나타났다. 쌍둥이에 대한 영국의 한 검사 연구는 7세에서의 사이코패스적인 성향 중 냉담하고 정서가 결여된 요소가 더 강한 유전율을 나타냈다.[264-265] 입양된 아이들에 대한 연구에서도 동일한 단서들을 얻을 수 있기 때문에 쌍둥이 연구가 유전자의 중요성을 이해할 수 있는 유일한 '자연 실험(natural experiment)'은 아니다. 입양 연구는 반사회적인 행동이 부분적으로만 유전적이다라는 점을 다시 한번 시사한다.[266]

입양은 과학자들이 유전자와 환경의 영향을 분리할 수 있는 또 다른 기회에 해당한다. 만약 한 아이가 — 서로 다른, 유전적으로 관련이 없는 환경에서 길러졌음에도 불구하고 — 자신의 양부모보다 '친부모'와 더 비슷하다면, 유전자가 영향력을 발휘하고 있는 것이 분명하다. P유형의 쌍둥이 연구 중 100퍼센트의 유전율을 보여 준 것은 없었지만 그럼에도 불구하고 유전적인 요소는 상당히 크다(최대 추정치 약 70퍼센트). 이는 사이코패스가 되는 것이나 관련 특성들 중 몇 가지를 발달시키는 데 환경이 여전히 기여하고 있다는 의미다. '적절한' 환경에서 사이코패스의 유전적인 소인을 가진 사람은 그 같은 행동을 보일 수 있다.

N유형이나 B유형에서도 유전의 징후를 볼 수 있을까? 지금까지 N유형에 대해 쌍둥이 연구가 이루어진 적은 없다. 이는 앞으로 메워져야 할 부분이다. B유형에 관해서는 가족 연구 결과 경계선 성격 장애 환자의 부모와 형제, 자매들도 B유형일 가능성이 10배 더 높은 것으로 나타났다.[107,267-273] 가족 연구들은 (쌍둥이 연구나 입양아 연구들과는 달리) 유전적인 요인들과 환경적인 요인들을 구분할 기회를 우리에게 제공하지 않는다. 그래서 가족 연구를 통해 내릴 수 있는 결론은 부정적인 공감 제로의 이 형태가 가족력이 있다(집안 내력이다)는 것이 전부다. 그러나 B유형에 대한 한 쌍둥이 연구는 실제로 이란성 쌍둥이들(7퍼센트)보다 일란성 쌍둥이들(35퍼센트) 사이에서 더 높은 '일치율(concordance rate)'을 보였다. '일치율'은 상관관계의 다른 표현으로 한 쌍의 쌍둥이 중 한 명이 어떤 질환(예를 들어, 경계선 성격 장애)을 갖고 있으면 다른 한 명도 같은 질환을 가지는 경우가 얼마나 잦은지를 계산할 때 사용된다. 비록 35퍼센트 대 7퍼센트가 작은 차이로 보일지도 모르지만 이 결과는 우리에게 경계선 성격 장애가 되는 것이 실제로 매우 유전적임을 말해 준다. — 즉, 경계선 성격 장애가 될 위험의 약 70퍼센트를 유전적 요인으로 설명할 수 있다.[274,275] 그래서 환경의 영향(주로 학대와 방임)이 분명히 있음에도 불구하고, 경계선 성격 장애가 되려면 그 개인이 우선 약간의 유전적 감수성(genetic susceptibility)을 갖고 있어야만 한다.

긍정적인 공감 제로의 유전적인 징후는 어떠한가? 가족 연구들은 자폐증이나 아스퍼거 증후군(긍정적인 공감 제로)을 가진 사람들의 형제, 자매와 부모들 역시 자폐적인 특성들을 평균 수준보다 많이 갖고 있다는 점을 보여 준다.[204,252,253,276-278] 그래서 우리는 긍정적인 공감 제로가 되는 데 가족력이 있음을 알 수 있다. 공감 지수(EQ)처럼 질문지를 사용하는 연구, 그리고 사진을 보고 감정을 인식하는 정도를 측정하는 심리 검사나 그러한 과제를 수행하는 동안 두뇌의 활성을 측정한 연구에서도 이 점은 사실로 확인된다.[204,253] 비슷하게, 긍정적인 공감 제로에 대한 쌍둥이 연구들은 일란성 쌍둥이들이 이란성 쌍둥이들보다 자폐적인 특성들을 측정한 검사에서 더 높은 상관관계를 보인다는 점을 드러낸다.[279-281] 그러면 공감에 상응하는 유전자들에 대한 이 모든 정보들을 고려해 볼 때, 어떤 유전자들이 한 사람이 부정적인 공감 제로가 될지 아니면 긍정적인 공감 제로가 될지를 결정한다고 할 수 있을까?

공격성을 담당하는 유전자들

몇몇 과학자들은 공감 유전자들에 대해 연구하며 신경 전달 물질(neurotransmitter)인 세로토닌에 영향을 끼치는 요소들에 집중했다. 시냅스(synapse)[liv] 부위의 세로토닌의 양은 공격성과 관련된다. 세로토닌 수용체의 활성이 증가하면 시냅스 부위에서 세로토닌이 제거되며 공격성이 감소한다.[282] 세로토닌(과 도파민, 노르아드레날린, 아드레날린 같은 다른 신경 전달 물질)의 제거에 관여하는 유전자의 예로 모노아민 산화 효소 A(monoamine oxidase A, MAOA) 유전자를 들 수 있다.

여기서부터가 흥미로운 부분이다. 이 유전자는 여러 가지 형태로 존재한다. 하나는 MAOA-L이라고 불린다. 이 유전자를 보유한 사람이 이 효소를 낮은(low의 L) 수준으로 생산하기 때문이다. 다른 형태는 MAOA-H라고 불린다. 이 유전자의 보유자는 같은 효소를 높은 수준(high의 H)으로 생산한다. MAOA의 수준이 낮다는 것은 종종 시냅스에 남아 있는 신경 전달 물질의 수준이 높다는 것을 의미한다. 놀랍지 않게도 MAOA-H를 가진 사람들은 덜 공격적이다. MAOA-L을 보유한 사람들은 전사의 문화(뉴질랜드의 마오리족 같은)에서 과도하게 나타난다. 이런 이유로, 논란의 여지가 있지만, 이 유전자는 "전사 유전자(warrior gene)"라고 불린다. 그러나 마오리족이라고 해서 반드시 공격적인 것은 아니므로, 결국 이 유전자가 환경적인 요인들과 상호 작용하리라는 것을 알 수 있다. 예를 들면, 아브샬롬 카스피(Avshalom Caspi)와 그의 동료들은 각기 MAOA-L과 MAOA-H 유전자를 보유한 아이들이 학대받는 환경에서 자란 경우 MAOA-L 보유 아동들에서 반사회적 문제들을 일으킬 가능성이 더 높다는 사실을 발견했다.[283,284]

MAOA 유전자를 제거한 수컷 쥐는 더 공격적인 행동을 나타내더라는 동물 연구 또한 이를 뒷받침한다. 인간에서는 MAOA 유전자에 돌연변이가 발생한 한 네덜란드인 가족의 남성 구성원들이 높은 수준의 공격성을 보였다. 뇌 영상은 MAOA-L 보유자들이 편도체와 앞띠다발(전측대상, anterior cingulate)(공감 회로의 주요한 두 부분)이 더 작다는 사실을 밝혀냈다. 또 이 유전자의 L 형태 보유자는 얼굴 표정에 어울리는 감정을 찾는 과제 수행 시 편도체의 활성은 증가하고 앞띠다

발의 활성은 감소하는 결과를 나타냈다.[285,286]

감정 인식을 담당하는 유전자들

우리는 적어도 3개의 유전자들이 뇌가 감정 표현에 반응하는 방식에 영향을 줄 수 있다는 사실을 안다. 앞서 살펴보았듯이, 감정 인식은 공감의 핵심적인 부분이다. 당신이 가진 세로토닌 수송체 유전자(serotonin transporter gene, SLC6A4)의 어느 판본인가가 당신의 편도체가 공포스러워하는 얼굴 표정에 반응하는 정도에 영향을 미친다(그러나 모든 연구 결과들이 다 이 점을 입증해 주지는 않는다.).[287,288] 다른 비슷한 신경 전달 물질들(예를 들어, 도파민)의 이용 가능성을 조절하는 유전자들 역시 공포스러워하는 얼굴에 대한 편도체의 반응에 영향을 미친다.[289-291] 편도체가 공감 회로에서 핵심적인 뇌 부위라는 점을 떠올리자. 자폐증과 관련이 있는 아르기닌 바소프레신 수용체 1A 유전자(arginine vasopressin receptor 1A gene, AVPR1A) 역시 편도체가 공포나 분노를 나타내는 얼굴에 반응하는 정도에 영향을 미친다.[292]

세 번째 유전자는 우리 실험실에서 발견되었다. 그 이야기를 좀 해 보면, 많은 연구들이 행복한 얼굴은 쳐다보는 것만으로도 보상이 된다는 것을 입증했다. 우리가 음식이나 아름다운 풍경을 바라보길 좋아하는 것처럼 우리는 행복한 얼굴도 보상을 준다고 여긴다. 이는 유아기 때부터 계속되는 것이다. — 일반적인 유아는 8주 정도부터 행복한 얼굴을 보고 미소를 짓는다. 이러한 미소를 '사회적 미소(social smile)'라고 부른다. 우리는 또한 뭔가 보상을 경험할 때 뇌의 주요한 두 부위가 활성화된다는 사실을 알고 있다. 줄무늬체(striatum)와 흑질(substantia nigra)이 그 부위다.[293,294] 따라서 우리가 행복한 얼굴을 볼 때 바로 그 뇌 부위들이 활성화된다는 사실은 그리 놀랍지 않게 다가온다.[295]

비쉬마데브 차크라바르티는 줄무늬체가 행복한 얼굴에 반응하는 정도에 영향을 미치는 유전자가 있는지 없는지 알고 싶었다. 어쨌든 사람을 지켜보는 일을 좋아하는 정도에 개인차가 있다는 사실을 우리는 모두 알고 있다. 그래서 그는 보상에 반응하는 방식에 관여한다고 이미 알려져 있는 유전자를 선택했다. 카나비노이드 수용체 유전자 1(cannabinoid receptor gene 1, CNR1)이 그것이다. 이 유전자는 뇌의 보상 체계인 줄무늬체에서 강하게 발현된다.[iv] 이 유전자의 명칭은 마약인 대마초(cannabis)에서 따온 것으로 이 유전자의 단백질 산물은 뇌 속에서 대마초의 주요 표적이다. 이 수용체에서의 개인차는 한 개인이 대마초를 보상으로 느끼는 정도와 연관된다(어떤 사람들은 같이 대마초를 피우고도 아무 영향도 받지 않는 반면, 다른 사람들은 대마초를 기분 좋다고 느끼며, 또 어떤 사람들은 불유쾌하다고 느낀다.). 우리는 뇌 주사 장치 안에 누워 있는 각각의 사람들로부터 구강 상피 세포 샘플을 채취했다. 그리고 여기서 그들의 DNA를 추출하여 이 유전자의 변이가 행복한 얼굴을 볼 때 줄무늬체가 반응하는 정도에 영향을 미칠 것이라는 비쉬마데브의 뛰어난 발상을 시험할 수 있었다. 물론, 그의 예측은 확증되었다.

이 세 유전자들은 유전자 구성(genetic make-up)이, 뇌가 다른 사람의 감정에 반응하는 방식을 어떻게 변화시킬 수 있는지에 관한 매우 분명한 예를 제공한다.[295,296] 이들이 감정 인식에 영향을 미치는 유전자의 전부일 가능성은 매우 적지만 이들의 존재는 적어도 공감의 이 측면에 관여하는 유전자들이 있다는 사실을 보여 주기에 충분하다.

EQ와 관련된 유전자들

2009년에 비쉬마데브와 나는 우리의 두 번째 유전자 실험을 완료했다. 우리는 공감 지수의 개인차와 연관되는 유전자들을 발견하는 데 관심이 있었다. 그래서 일반인 수백 명에게 EQ 검사를 받게 하여 2장에서 봤던 것 같은 일부는 공감 점수가 낮고 일부는 중간이며, 또 일부는 점수가 높은 종형(혹은 정규) 분포 곡선을 관찰했다. 이 개인차는 키에서의 개인차처럼 우리가 어떤 모집단에서든 보게 되리라고 기대하는 바이기 때문에 '정규(normal)'라는 용어를 사용한다. 중요한 의문은 만약 우리가 어떤 그럴듯한 '후보' 유전자들을 선별한다면 이 유전자들 중 어떤 것에서의 변이가 EQ 점수 상의 변이와 연관되느냐는 것이었다.

유전자 사냥이 위험한 사업이기 때문에 우리가 공감 유전자를 검사한 방식은 여담이지만 잠시 다룰 만한 가치가 있다. 인간의 유전체 속에 3만 개의 유전자들이 있을 것으로 추정된다는 사실을 고려할 때, 유전자 사냥꾼들에게는 두 가지 전략이 유용하다. 하나는 '전장 유전체 확인 작업(whole genome scan)'(즉, 3만 개 유전자 전부를 검사하는 방법)으로 비용이 많이 드는 과정이다. 다른 하나는 그럴듯한 후보 유전자들만 검사하는 방법으로 비용이 약간 덜 든다(한 사람당 한 개의 유전자마다 돈을 지불해야 하기 때문이다.). 둘의 차이는 낚시를 할 때 물고기가 어디 있을까에 대한 특정한 가정을 수립하지 않은 채 하는 경우(따라서 당신은 강을 따라 일정 간격으로 계속 '맹목적'으로 낚싯줄을 드리운다.)와 매우 직접적인 '가설에 기반한(hypothesis-driven)' 접근 방식을 사용하는 경우(당신은 물고기들이 강 속의 매우 특정한 지점에 모이는 경향이 있다는 사실을 안다.), 이 둘 간의 차이와 유사하다. 우리는 여기서 가설에 기반한 접근, 즉 후보 유전자들을 검사하는 방법을 택하기로 했다.

다음 질문은 어떤 후보자를 선택할 것이냐나. 이것은 매우 위험이 큰 전략이어서 정확하게 선택한다면, 정말로 운이 좋다고 할 수 있다. 그러나 운이 나빠 잘못 선택한다면 전부 유의미하지 않은 (따라서 재미없는) 결과들만 손에 쥐게 될 것이다. 비쉬마데브와 나는 전략을 짜는 일에 열심히 착수했다. 나는 성호르몬(테스토스테론과 에스트로겐)에 관여하는 유전자 집단에 매우 관심이 많았다. 그래서 공감이 심리 차원에서 분명한 성차를 보이기 때문에 이 유전자들을 시도해 볼 가치가 있다고 비쉬마데브를 설득했다. 평균적으로 소녀와 여성들은 소년과 남성들보다 EQ 점수가 더 높다. 이러한 결과는 다양한 문화에서 공통적으로 발견되며 나는 이 사실에 관해 나의 전작인 『그 남자의 뇌 그 여자의 뇌』에서 상세히 논의한 바 있다.[12,15,17,297]

공감은 또한 뇌 차원에서 분명한 성차를 보인다. 여성들은 얼굴 표정에 드러난 감정을 읽는 동안 공감 회로의 많은 부위들에서 평균적으로 활성이 더 크게 나타난다.²⁵³ 또 뇌의 구조적 차이에 관한 최근의 한 연구는 남녀 간에 차이를 보이는 뇌 부위들의 상당 부분이 편도체와 '거울 신경 세포계'를 포함한다는 것을 보여 주었다. 이들은 공감 회로의 영역과 겹치는 부위들이다.

내가 성호르몬을 조절하는 유전자들을 검사해 보고 싶었던 데에는 한 가지 이유가 더 있다. 지난 10년 동안 우리는 영국의 케임브리지셔에 거주하는, 엄마가 양수천자를 받았던 약 500명의 아이들을 계속 추적해 왔다. 양수천자란 양수액을 약간 뽑아내기 위해 긴 바늘을 엄마의 자궁에 찔러 넣는 것으로 임상적인 이유로 행해지는 절차다. 우리는 이 엄마들에게 양수액 속의 테스토스테론을 측정해도 되는지 허락을 구했다. 테스토스테론은 남성 호르몬으로 여성보다 남성에서 더 많이 생산된다. 우리는 태아가 출생 전 생산한 테스토스테론의 양이 적을수록 나중에 아이가 아동용 EQ 척도에서 더 높은 점수를 얻었다는 사실을 발견했다. 따라서 이 성호르몬은 발달 중인 인간의 뇌에서 공감 회로를 형성하는 데 관여하는 것처럼 보인다.[lvi]

이러한 이유들로 우리는 성호르몬에 관여한다고 알려진 유전자들을 선택했다.[lvii] 우리는 임상 유전학 연구의 세계적인 전문가인 린지 켄트와 프랭크 더드브리지를 연구 팀에 참여시켰다. 비쉬마데브는 우리가 막연하게 '사회적-감정적 행동(social-emotional behavior)' 유전자라고 부르는 두 번째 유전자들의 집단을 후보 유전자에 포함시키길 원했다. 그것은 CNR1 유전자 실험의 후속 실험이었지만 우리가 다른 사람들에게 얼마나 끌리는지에 영향을 미치는 유전자들이 더 있을 것이라는 발상을 시험하는 일이기도 했다. 이 유전자들 중 하나는 옥시토신(oxytocin)이라는 호르몬과 관련이 있다. 옥시토신은 들쥐(털복숭이 설치류) 한 종의 수컷들이 다른 종의 수컷들(더 사교적이며 일부일처제일 가능성이 높은)보다 덜 사교적이(며 일부다처일 가능성이 있다.)라는 사실이 발견된 이래로 언론의 많은 관심을 받아 왔다. 이 종들은 뇌 속 옥시토신과 바소프레신의 발현에 극적인 차이가 존재한다는 사실을 제외하고는 서로 대동소이하다.[300-302] 옥시토신은 코로 들이마시면 곧장 뇌로 가기 때문에, 또 혈관에 주사하면 감정 인식과 공감 검사에서 점수가 향상되기 때문에 뉴스에 많이 오르내렸다.[303,304]

대중지에서는 옥시토신이 갖가지 이름으로 불린다. 때때로 옥시토신은 "러브 호르몬"이라고 불린다. 오르가즘을 비롯하여 친밀한 신체 접촉을 하는 동안 옥시토신이 분비되기 때문이다. 또 "신뢰 호르몬"이라고도 불린다. 얼마나 많은 돈을 이방인에게 선뜻 빌려 줄 것인가를 측정한 결과, 체내 옥시토신 호르몬 수치가 증가하면 우리는 타인에게 더 관대해지는 경향이 있었기 때문이다.[305,306] 마지막으로 옥시토신은 때때로 "애착 호르몬"이라고도 불린다. 막 출산한 산모가 수유를 하는 동안 이 호르몬이 분비되어 어머니가 자신의 아이와 사랑에 빠지게 만들며 행복감을 고취시킨다. 그 반대의 경우 역시 마찬가지다.[307] 그래서 우리는 옥시토신의 합성과 수용체에 관여하는 유전자들을 긴밀하게 연관된 펩티드 호르몬(peptide hormone)[lviii]인 아르기닌 바소프레신 관련 유전자들과 함께 검사했다.

긍정적인 공감 제로인 사람들(자폐증과 아스퍼거 증후군)에서 두뇌 연구는 신경 세포(뉴런)들이 어떻게 서로 연결되는지와 자폐아의 뇌가 출생 후 초기 발달 기간 동안 얼마나 빠르게 성장하는지에 관해 이례적인 패턴들을 밝혀냈다. 그래서 마지막으로 우리는 우리가 '신경 성장(neural growth)'이라고 막연히 불렀던 것에 관여하는 유전자들을 후보군으로 선별했다.

우리는 지노타이핑(genotyping)[lix]이 진행되는 동안 숨을 죽이고 기다렸다. 그동안 투자했던 상당한 시간과 비용이 아무 소용도 없게 되는 건 아닌지 궁금했다. 결과가 도착했을 때 우리가 얼마나 흥분했을지 상상해 보라. 검사한 68개의 후보 유전자들 중 4개가 EQ와 유의미한 연관 관계를 **강하게** 나타냈다. 이 유전자들 중 하나인 CYP11B1은 성호르몬 중에 하나였다. WFS1은 사회적-감정적 행동과 관련된 집단에 속했다.[lx] EQ와 관련이 있는 다른 두 유전자들은 NTRK1[lxi]과 GABRB3[lxii]로 신경 성장 집단에 속하는 것이었다.

전체적으로 우리는 공감과 관련된 4개의 유전자들을 발견했다.[308] 유전자를 발견한 후 그 유전자의 기능이 공감에 어떻게 영향을 미치는지를 이해하기까지는 엄청난 도약이 필요하다. 따라서 우리는 이제 겨우 한 걸음 내딛었을 뿐이다. 하지만 어쨌든 시작했다.

자폐 특성들과 관련된 유전자들

비쉬마데브와 나는 일반인 모집단에서 선발한 자원자들에게 자폐 특성들을 얼마나 많이 가지고 있는지 측정하는 자폐 스펙트럼 지수(Autism Spectrum Quotient, AQ)와 EQ 검사지를 작성하도록 요구했다. AQ 검사지는 우리의 초창기 연구들이 AQ에서 개인차가 크게 나타난다는 것을 보여 주었기 때문에 연구에 포함시켰다. 어떤 사람들은 AQ 점수가 낮고 자폐적 특성들을 거의 갖고 있지 않았던 반면 어떤 사람들은 모집단의 평균 정도로 점수가 나타났고 또 다른 사람들은 자폐 스펙트럼 장애 진단을 받지 않았음에도 불구하고 점수가 높게 나타났다. 4장에서 보았던 것처럼, 자폐적 특성들이 다 부정적인 것만은 아니다.

감소한 공감 능력은 사회생활에 지장을 초래할 수 있지만 세부 사항들에 대한 놀라운 집중력과 작은 주제에 여러 시간 동안 집중하고 그 주제를 고도로 **체계화된** 방식으로 이해하는 능력은 긍정적일 수 있다. 이 능력은 그 개인이 공감과 사회화에 있어 상대적으로 어려움을 겪음에도 불구하고 특정 분야에서 활발히 활동하도록 이끌 수 있다. 만약 당신이 비사회적인 학술 분야(수학이나 컴퓨터 과학, 공학 혹은 물리학 같은)나 비사회적이면서 실용적인 작업 분야(자동차 정비나 독도법, 철도 시간표 짜기 같은), 또는 예술이나 공예(미술이나 건축, 디자인 같은) 분야에서 재능을 꽃피우고 있다면, 당신은 진단을 받지 않고도 자신에게 꼭 맞는 자리를 발견해서 잘 살아가고 있는 중인지도 모른다. 이런 이유들 때문에 우리는 일반인 모집단에서 자폐적인 특성들과 관련되는 유전자들을 발견할 수 있다.

그러면 우리의 후보 유전자들 중에는 AQ와 유의미한 연관성을 보이는 유전자가 있었을까? 4개의 유전자가 AQ하고만 연관성을 나타냈다. 여기에는 뉴로리긴(neuroligin)[lxiii] 유전자 중 하나인 NLGN4X와 뇌의 패턴화 작업을 조절하는 호메오박스(homeobox)[lxiv] 유전자 중 하나인 HOXA1, 신경 생성에 관여하는 유전자인 ARNT2가 포함된다.

또 앞서 논의했던 MAOA 유전자와 비슷한 유전자인 모노아민 산화 효소 B 유전자(MAOB)도 포함된다.

마지막으로 우리는 후보 유전자들 중 긍정적인 공감 제로가 되는 것(아스퍼거 증후군 진단을 받는 것)과 연관이 큰 유전자들이 있는지 조사하고 6개의 유전자가 존재한다는 사실에 매우 흥분했다. 여기에는 3개의 성호르몬 유전자들이 포함된다. 에스트로겐 수용체 유전자 중 하나인 ESR2와 이상 발생 시 여성의 생리 주기에 불규칙을 초래하는 CYP17A1, 그리고 콜레스테롤로부터 테스토스테론이 생산되는 것을 촉매하는 유전자의 일종으로 공감하고도 연관되는 CYP11B1이 그들이다. 이외에 공감과도 연관되는 ARNT1, HOXA1과 옥시토신 유전자(OXT)가 포함됐다.

이 사실들은 우리에게 어떤 유전자들은 단지 EQ나 AQ, 긍정적인 공감 제로 중 하나에만 영향을 미치는 반면, 또 다른 유전자들은 이들 중 여러 가지에 영향을 미친다는 것을 말해 준다. 이러한 유전자 작업은 더 많은 의문들을 던져 주며 연구에 새로운 길을 열어 준다.[lxv]

한 발 물러서기

이 장에서 논의된 유전자들은 공감에 관여한다고 밝혀진 유전자들의 전체 목록이 결코 아니다. 아직 발견해야 할 유전자들이 많이 있으며, 여기에 명시된 유전자들 중 일부는 후속 연구들에서 시간의 시험을 견뎌 내지 못할지도 모른다. 그러나 이 목록은 공감 유전자들과 부정적인 공감 제로 혹은 긍정적인 공감 제로의 몇몇 유형들에 상응하는 유전자들이 발견되고 있다는 사실을 보여 주기에는 충분하다.

그럼에도 이 장의 서두에서 던진 경고를 되풀이할 필요가 있다. 공감 제로의 원인을 유전자나 환경 중 하나로 돌리고 싶은 유혹이 강할지라도, 확실한 원인은 여러 요인들이 혼합된 형태일 것이다. 예를 들면, 출생 시 산소 결핍증으로 고통을 겪었던 아기들은 성인기에 품행 장애, 비행이나 폭력을 발달시킬 위험이 높다. 사소한 신체적인 이상(예를 들면 낮게 달린 귀)을 가진 소년들은, 특히 불안정한 가정에서 살고 있을 경우 나중에 폭력 범죄자가 될 위험이 더 높다.[310] 낮게 달린 귀는 유전적인 이유로 발생할 수도 있고 엄마가 임신 중에 피를 흘리고 감염이 되어 발생할 수도 있다. 둘 중 후자는 그 아기가 임신 초기 동안 최상의 건강 상태에 있지 않았다는 사실을 나타낸다. 낮게 달린 귀가 불안정한 가정 환경에서 나타나면 아이가 폭력적이 될(따라서 공감 수준이 낮을) 위험이 증가한다. 예를 들면, 덴마크의 한 연구에서는 소년들의 4퍼센트가 난산을 겪고 엄마에게서도 거부당했는데, 그중 18퍼센트가 성인이 되어서 폭력 범죄를 저질렀다.[311] 다시 한번, 우리는 생물학적 요인들(이 경우에는 출생 시의 트라우마)과 심리적 요인들(이 경우에는 '내면의 황금 단지'의 고갈)의 복잡한 상호 작용을 보게 된다.

다른 동물들에서의 공감

인간에게서 한 발 물러서서 다른 동물들이 적어도 보다 단순한 형태도라도 공감의 전 단계에 해당하는 것을 지니고 있는지 물어볼 수 있다. 만약 공감이 일부분 유전적인 것이라면 동물들도 공감 능력을 갖고 있어야만 한다. 일반적으로 진화된 특성들의 중간 형태들이 동물계 전반에서 나타날 수 있기 때문이다. 에모리 대학교의 영장류학자인 프란스 드발(Frans de Waal)은 인간이 공감을 할 수 있는 유일한 동물은 아니라고 주장했다. 그러나 공감이 다른 어떤 종들에서보다 인간에서 더 높은 수준으로 진화했다는 점은 인정했다.[312] 그의 시각에서는 공감의 전 단계가 동물의 많은 행동들에서 명백하게 나타난다. 첫째, 일부 원숭이들과 다른 동물들은 집단의 다른 구성원들과 **음식을 공유한다.** 만약 그들이 완전히 이기적인 존재라면 왜 이런 행동을 하겠는가?

이러한 형태의 명백한 이타주의가 사실은 유전적 근친도(genetic relatedness) 때문에 나타난다고 주장할 수도 있다. 즉, 사촌 관계일지도 모르는, 따라서 유전자를 일부 공유하고 있는 자기 집단의 구성원을 돕는 것은 궁극적으로는 (타 개체에 존재하는) 자신의 유전자의 복사본을 보호하여 그 보유자가 살아남아 번식할 수 있게 함으로써 (공유된) 유전자들이 영속할 수 있도록 돕는 것이라는 얘기다. 에모리 대학교에서 최근에 수행한 한 실험에서는 꼬리감는원숭이(capuchin monkey)들에게 음식을 독식할지 아니면 다른 원숭이들에게도 줄지 선택하게 했다. 이때 그들은 다른 원숭이들을 알고 있는 경우 사회적인 선택안을 골랐다. 이러한 결과는 음식 공유가 단지 유전적으로 연관된 구성원들에게만 한정되지는 않는다는 점을 시사한다. ― 즉, 지인들에게까지도 확대되는 것 같다(그림 10 참조).[313]

둘째, 음식 공유 외에도 동종 동물들끼리 서로를 **돕는** 사례들이 존재한다. 예를 들면, 몇몇 침팬지들이 서로 높은 벽을 오르는 것을 돕는 모습이 관찰된 바 있다. 이 사례는 그들이 서로의 필요와 목적을 읽는 능력을 갖고 있음을 보여 주는 강력한 증거다. 셋째, 드발은 원숭이나 유인원들이 싸운 후에 패자가 종종 집단의 다른 구성원들에게서 **위로**를 받는 모습을 관찰했다. 그가 자신의 상처를 핥자, 다른 개체가 다가와 그를 부드럽게 건드리고 심지어는 마치 위로해 주는 것처럼 패배한 개체에게 팔을 두르기도 했다. 이 같은 접촉은 우리가 불편한 상태에 있는 사람에게 하는 행동과 매우 닮아 있다. 의인화의 위험이 있지만 우리는 이것을 다른 사람의 감정 상태에 대한 적절한 감정적 대응 — 간단히 말해, 공감으로 해석할 수 있다.

그림 10 음식을 공유하고 있는 꼬리감는원숭이들

마지막으로, 원숭이와 유인원들이 동종의 다른 구성원들의 얼굴이나 발성, 혹은 자세에서 감정 표현을 읽을 수 있다는 많은 증거들이 있다. 일례로, 노스웨스턴 대학교의 임상 심리학자인 수전 미네카(Susan Mineka)와 그녀의 동료들은 어린 원숭이들이 엄마가 뱀을 본 후 목소리와 표정에서 드러내는 두려움에서 뱀에 대한 공포를 학습할 수 있다는 사실을 보여 준 것으로 유명하다.[314] 또 위스콘신 대학교의 심리학자 해리 할로는 고립해서 기른 후 사회 집단으로 다시 돌려보낸 원숭이들이 동료 원숭이들의 우호적인 접근에 마치 공격적인 접근인 것처럼 반응하는 경향이 있다는 사실을 발견했다. 반면, 엄마 아래 형제들과 함께 길러진 원숭이들은 다른 동물들의 '의도'를 (우호적인지 공격적인지) 또렷하게 구분할 수 있었다.[315]

2개의 놀라운 초기 연구들에서는 막대를 누르는 행위가 공중에 매달린 다른 쥐를 땅바닥에 내려놓는다는 사실을 쥐가 학습할 경우, 막대를 누르는 것으로 나타났다.[316] 공감 능력이 없다고 여겨지는 쥐에서 이런 일이 일어나다니! 또 노스웨스턴 대학교의 영장류학자인 줄스 매서먼(Jules Masserman)과 동료들은 1964년에 쥐보다 우리 인간과 더 가까운 친척인 붉은털원숭이(rhesus monkey)에서 음식을 얻기 위해 사슬을 당기도록 훈련받은 원숭이들이 사슬을 당기는 행위가 다른 원숭이에게 전기 충격을 가하는 결과를 가져오면 그 행동을 거부한다는 것을 보여 주었다. 마치 그들은 다른 원숭이의 고통을 대가로 이익을 취하기를 거부하는 것 같았다.[317] 여기서 우리는 일부 사람들이 원숭이와 유인원들을 비롯한 다른 동물들 역시 약간의 공감을 가지고 있다고 믿는 이유를 볼 수 있다.

그러나 다른 종들의 공감에는 한계가 있다. 예를 들면, 침팬지들은 자신들의 영토를 확장하기 위해 '치명적인 영역권 다툼'을 벌일 수 있다. 이 전쟁에서 큰 집단은 새 영토로 이동하기 전에 "경쟁자들을 전략적으로 살해하기 위해 정찰대"를 보냈다.[318,319] 이러한 '잔인함'은 인간에서뿐 아니라 다른 동물들에서도 흔하게 나타난다. 또 다른 예로, 인간의 유아들조차 다른 사람들과 주의를 공유하기 위해 사물을 가리키는 데 자신의 검지를 사용할 수 있는 반면, 다른 종들에서는 이러한 가리키기 행동이 나타난 적이 없었다. 비록 동물들이 타 개체의 감정에 반응할 수 있을지라도, 그들이 속임수 행위에 가담하는지는 확실치 않다. 속임수 행위는 그들이 다른 동물의 생각을 고려한다는 것을 의미한다.[320]

버빗원숭이(vervet monkey)에서 관찰된 한 놀라운 사례에서는, 어미 원숭이들이 털로 덮인 아랫배에 새끼들을 매달고 홍수가 난 논을 가로질러 마른 땅을 향해 헤엄을 쳤다. 어미의 머리가 물 위에 있을지라도, 제 새끼의 머리는 물 아래 있다는 사실을 상당수 개체들이 속 편하게도 모르고 있었다. 그래서 어미가 논의 반대편에 무사히 도착했을 때 비극적이게도 아기들은 익사한 상태였다. 이 사례는 원숭이들이 다른 개체의 다른 관점을 어떻게 고려하지 않을 수 있는지를, 이 행동이 자신의 유전자들의 생존에 미칠지도 모르는 영향을 포함하여, 심각한 결과로 선명하게 보여 준다. 분명히, 우리가 다른 종들에서 포착한 (혹은 포착했다고 생각한) 공감의 기색이 무엇이든지 간에, 인간이 보여 주는 공감의 수준은 다른 종에서 보이는 공감의 수준과는 질적으로 다르다.

6

공감의 침식 뒤에 숨겨진
우리 안의 악마

이 책을 쓴 나의 목적은 종교의 영역 밖으로 논쟁을 끌어내어 과학의 영역으로 옮겨 놓음으로써 악의 원인에 대한 논의를 활성화시키는 것이다. 도킨스적인 반종교적 의도를 갖고 있어서 내가 이 일을 하는 것은 아니다. 반대로, 나는 자신의 정체성이 문화적인 전통과 의식, 관습과 결부되는 개인과 공동체에서 종교가 중요한 위치를 차지한다고 생각한다. 그러나 종교는 잔인함의 원인에 관한 주제를 개별적으로 탐구하지 않는다. 대부분의 종교에서, 악의 존재는 단지 우주의 불편한 사실일 뿐이며, 선한 삶을 이끌 만큼 우리의 정신적인 염원이 충분하지 않기 때문에 혹은 그러한 힘들(예를 들어, 악마)이 인간의 본성에 대한 통제권을 놓고 신성한 힘들과 끊임없는 전쟁을 벌이고 있기 때문에 존재하는 것이다.

극단적인 악은 대개 분석할 수 없는 것으로 치부되며("왜 그런 일이 일어나는지 묻지 마라. 그것은 그저 악의 본성일 뿐이나."), 추론은 좌절감을 느낄 정도로 순환적이고("그는 정말로 악하기 때문에 ~을 했다."), 때때로 신에 대한 우리의 믿음을 강화하는 데 사용되기까지 한다("신은 우리를 시험하길 원하신다."). 만약 내게 의도가 있다면, 사람들이 설명 도구로써 이 '악'이라는 개념에 만족하지 않게 설득하는 것이다. 그리고 만약 이 논쟁을 종교의 영역에서 사회 과학과 생물학의 영역으로 성공적으로 이동시킬 수 있다면, 나는 이 책이 제 역할을 했다고 느낄 것이다.

그러나 이러한 목적은 다소 개괄적인 것으로 물론 나는 몇 가지 더 구체적인 목적도 갖고 있다. 특히, 나는 이 책이 이 논쟁에 열 가지 새로운 발상들을 도입하길 희망한다. 이제 그 발상들을 여기서 간략하게 제시하려고 한다.

열 가지 새로운 발상들

첫째, 우리는 모두 높은 데서 낮은 곳까지 **공감 스펙트럼** 상의 어딘가에 위치한다. 과학이 설명해야만 하는 부분은 이 스펙트럼 상에서 각 개인이 위치하는 장소를 무엇이 결정하느냐다. 나는 유전자, 호르몬, 신경과 환경적인 기여 요인들 중 일부를 지적했다. 아직 모든 증거들이 유효하지 않기 때문에 내 목록은 종합적이지 않다. 하지만 적어도 이 목록은 우리가 그러한 증거들에 어떻게 추가를 해 나가야 할지를 알려 준다.

둘째, 이 스펙트럼의 한쪽 끝은 **공감 제로**다. 우리는 공감 제로를 부정적인 공감 제로와 긍정적인 공감 제로로 분류할 수 있다. 부정적인 제로의 세 가지 주요 하위 유형은 P유형, N유형, B유형이다. 이들이 존재하는 하위 유형의 전부는 아니다. 실제로, 알코올, 피로와 우울은 공감 수준을 일시적으로 낮출 수 있는 상태의 몇 가지 사례들일 뿐이며 정신 분열증은 공감 능력을 낮출 수 있는 질병의 또 다른 예이다. 더 많은 하위 유형들이 묘사될 필요가 있지만 이 목록은 최소한 이 과정을 개시한다. 비평가들은 합리적으로 다음과 같이 질문할지도 모른다. 확실히 P, N, B유형에 대해서는 새로운 것이 없다. 우리는 적어도 반세기 동안 이 세 성격 장애들에 대해 알고 있지 않았는가? 나는 정확히 그것이 문제라고 대답할 것이나. 선동적인 분류 체계는 이 세 유형들을 **성격 장애** 범주에 넣는다. 그들이 모두 공유하고 있는 것을 간과하면서 말이다. 그것은 바로 이들이 모두 공감 제로라는 사실이다. 따라서 그들의 존재는 새롭지 않지만 이 책에서 나는 우리가 그들에 대해 생각하는 방식을 미묘하게 바꿔야 한다고 제안했다. 피상적인 수준에서는 그들을 성격 장애로 보는 것이 여전히 적절할 수 있다. 그러나 우리는 이제 이 피상적인 수준을 넘어 이 세 유형들을 하나의 공통적인 근본 기제에 연결시킬 수 있다. 공감이 바로 그것이다.

셋째, 어떤 경로를 밟아 공감 제로가 되든 공감 제로에서는 공감의 뇌적 기반이 전형적이지 않을 것이다. 2장에서 우리는 공감 회로를 구성하는 10개의 뇌 부위를 살펴보았다. 3장에서는 이 부위들이 부정적인 공감 제로의 뇌에서 (여러 조합들에서) 실제로 얼마나 이례적인지 조사했다. 그들을 성격 장애라고 부르는 것은 우리에게 그 원인을 찾기 위해 뇌의 어느 부위를 조사해야 할지 안내해 주지 않는다. 그들을 부정적인 공감 제로라고 부르면 우리는 정확히 어디를 조사해야 할지 알게 된다. N, B, P유형이 교차하는 지점에(그림 6 참조) 이 10개의 뇌 부위가 있다. 이런 의미에서, 정신 의학은 우리의 분류와 진단 방식을 변화시키면서 서로 관련이 없어 보이는 이 질병들을 공감 제로로 함께 묶을 수 있다.

넷째, 공감 제로의 **치료**는 공감 회로를 겨냥해야 한다. 공감의 치료에는 우리가 자폐 스펙트럼 장애에 있는 사람들을 위해 개발한, 「마인드 리딩」 DVD나 아동용 애니메이션인 「더 트랜스포터」 같은 교육 소프트웨어를 포함할 수도 있다.[321,322] 전자는 전 연령대를 대상으로 설계되었으며 따라서 부정적인 공감 제로인 성인들에게 시험하는 데 유용하다. 비강 흡입용 옥시토신 스프레이가 일반인들과 자폐인들에서 공감 능력을 신장시킨다는 훌륭한 발견들은 옥시토신을 부정적인 공감 제로인 사람들에게도 시험해 볼 가능성을 제시한다.[303,323] 희생자의 관점을 취하는 것을 비롯한 역할극들 역시 시도해 볼 가치가 있을지도 모른다. 이 두뇌 유형들을 성격 장애라고 부르는 것은 특히 성격을 영구적이고 고정적인 일련의 특성들로 정의한다면, 성격이 변할 수 있는 것이냐에 대한 논쟁으로 이어진다. 반면 그들을 부정적인 공감 제로라고 부르는 것은 조정이 개입할 수 있는 새로운 길을 열어 준다.[324]

다섯째, 생애 초기의 안정적인 애착에 대한 존 볼비의 놀라운 개념은 **내면의 황금 단지**로 이해될 수 있다. 비록 새로운 발상은 아니지만, 이것은 새로운 용어이다. 어린아이들을 애정을 가지고 양육하는 데 실패했을 경우 우리는 그들에게 줄 수 있는 가장 가치 있는 생득권을 빼앗고 거의 되돌릴 수 없을 만큼 상처를 준 것이기 때문에 이 메시지는 지칠 줄 모르고 나를 자극했다. 그로 인한 영향들은 아동기 혹은 심지어 사춘기와 청년기에도 항상 분명하게 나타나지는 않는다. 그러나 마치 뒤통수를 치는 부메랑처럼 중년기에 다시 나타나 악영향을 미칠 수도 있다. 특정한 형태의 부정적인 공감 제로는 살면서 나중에 환경적인 유발 인자의 스트레스를 받았을 때에만 드러나기도 한다. 내가 내면의 황금 단지의 중요성을 각 세대의 새로운 부모들에게 계속해서 상기시켜야만 한다고 생각하는 이유는 그것이 부정적인 공감 제로에서 건강한 공감으로 개인의 삶의 과정을 바꿀 한 가지 조정 방인이 되기 때문이나.

여섯째, **공감 유전자**가 존재한다. 5장에서 살펴보았듯이, 환경적인 유발 인자들은 유전적인 소인과 상호 작용한다. 과학자들은 우리의 공감에 지대한 영향을 미치는 특정 유전자들을 발견하기 시작했다. 나는 이 유전자들이 공감 그 자체를 부호화하는 유전자가 아니라 여러 작은 단계들을 거쳐 공감과 연결되는, 뇌에서 발현되는 단백질들을 부호화하는 유전자들이라고 분명하게 다시 한번 말하고자 한다. 이 단계들은 아직 규명되는 중이지만 우리는 통계적인 분석을 통해 공감과 **결부되는** 유전자들이 존재한다는 사실을 이미 알고 있다. 이러한 발견은 그것만으로 공감이 완전히 환경적인 것이라고 믿고 싶은 사람들을 언짢게 할 것이다. 이 사람들에게 나는 이 책에서 하는 주장이 사실은 온건한 제안이라고 얘기한다. 즉, 생물학과 환경은 둘 다 중요하다. 실제로 공감이 완전히 환경적인 것이라는 생각은 채택하기에는 너무나 극단적이고 급진적인 입장이다.

일곱째, 공감 제로의 대부분의 유형들이 분명히 부정적이지만 하나는 (놀랍게도) **긍정적이다**. 긍정적인 제로의 존재는 정신 의학이 '자폐 스펙트럼 장애'라고 부르는 것과 같은 것이며 공감 제로의 유형 중 적어도 한 가지는 강력한 체계화 능력과 관련되기 때문에 진화 과정에서 긍정적으로 선택되었을 가능성을 암시한다. 자폐 스펙트럼 장애를 긍정적인 공감 제로로 여길 수 있는 또 다른 이유는 이들에서 공감의 어려움은 대개 인지적인 요소(혹은 마음 이론)에만 제한되고 정서적인 공감은 상대적으로 온전한 상태이기 때문이다. 이러한 사실은 이 상태에 있는 사람들이, 예를 들면 P유형과는 달리, 타인에 대한 관심을 발달시킬 수 있는 기반을 제공한다.

물론 몇몇 부모들은 고전적 자폐증에 권장할 만한 점이 거의 없다고 반대할지도 모르며, 여러 가지 학습 장애와 언어 지체, 뇌전증(간질, epilepsy)이 공존하는 상태나 자해는 실제로 이 사람들에게 긍정적인 무엇도 제공해 주지 않는 장애일 뿐이다. 그러나 이 어려움들은 장애 스펙트럼과 공존하는 상태일 뿐이며 장애 스펙트럼 그 자체를 정의하지는 않는다. 이것들을 벗겨 낼 때, 아스퍼거 증후군에서처럼, 우리는 인지적인 공감의 어려움에도 불구하고 강력한 체계화 능력을 가진, 종종 배려심이 많은 사람을 볼 수 있다. 이는 상당히 긍정적인 점일 수 있다.

여덟째, 긍정적인 공감 제로는 자연에서 영원히 반복되는 패턴들을 완전히 뚜렷하게 보고자 시간의 차원을 한쪽으로 치워 놓으려고, **시간에서 물러서려고** 끊임없이 분투하는 정신의 결과다. 변화는 그것이 없었다면 완벽하게 예측할 수 있는, 체계화할 수 있는 세상으로 침투한 시간의 차원을 대변한다. 그 세상에서 바퀴는 제자리에서 빙글빙글 돌며 레버는 오직 앞뒤로만 움직일 수 있다. 교회의 종은 아름다운 수학적인 패턴으로 크게 울린다. 이렇게 많은 반복 뒤에, 사건들은 매시간 동일하게 일어나기 때문에 긍정적인 공감 제로인 사람은 시간에 대한 감각을 잃어버린다. 나는 자폐인들이 '스티밍(stimming)'[lxvi]에 관해 이야기할 때 언급하는 상태가 이와 같을 것이라고 가정한다. 그들은 새롭기 때문에 기대를 훼손하는 사건들이 벌어질 동안에만 시간의 차원을 인식할지도 모른다.

아홉 번째, 긍정적인 공감 제로의 정신은 **변화를 유독하게 여긴다**. 예측 가능한 패턴늘이 중단될 때, 예를 들면 예측 불가능한 행동(일례로, 예상치 못한 무언가를 말하거나 그냥 움직이는 행동)을 할 수 있는 다른 사람에 의해 방해를 받을 때, 긍정적인 제로인 사람은 그것을 피하고 싶고, 심지어는 무서운 일로 여길 수 있다. 이런 이유로 긍정적인 공감 제로들은 대개 어떤 대가를 치르더라도 변화에 저항한다. 고전적 자폐증은 변화에 완전히 저항하고 완벽하게 체계화할 수 있는—따라서 완벽하게 예측할 수 있는—세계로 숨어든 경우다.

마지막 열 번째, 공감은 그 자체로 이 세상의 **가장 가치 있는 자원**이다. 이렇게 주장하고 나니, 학교나 양육 커리큘럼에서 공감을 거의 중요한 부분으로 다루지 않는다는 사실이, 정치와 경제, 법률, 치안 활동에서 이 문제를 좀처럼 의제로 다루지 않으며, 다루더라도 매우 드물게 다룬다는 사실이 수수께끼처럼 느껴진다. 우리는 정치 지도자들 중에서 공감의 가치를 보여 주는 사례를 만날 수 있다. 일례로 아파르트헤이트^lxvii로 인한 남아프리카 공화국의 분열에 반대하며 넬슨 만델라(Nelson Mandela)와 F. W. 데클레르크(F. W. de Klerk)가 서로를 이해하고 친구가 되려고 노력한 경우를 들 수 있다. 그러나 이스라엘과 팔레스타인 사이에는, 혹은 워싱턴과 이라크 또는 아프가니스탄 사이에는 아직 같은 일이 일어나지 않았다.[325] 매일, 세계 각지에서 서로 공감하지 못한 탓에 많은 생명들이 사라지고 있으며 앞으로도 사라져 갈 것이다.

해결되지 않은 수수께끼들

아직 많은 의문들이 해결되지 않은 채 남아 있다. 첫째로, 여러 형태의 공감 제로들이 모두 공감 회로의 이상을 수반한다면, 왜 사람마다 다른 형태의 공감 제로가 되는 것일까? 이 질문에 대답하는 한 가지 방법은 여러 형태의 공감 제로들을 서로 겹치는 부분과 각기 독특한 부분의 측면에서 비교·대조하는 것이다. 표 1은 심리적인 차원(공감의 두 측면, 인지적 공감과 정서적 공감이 손상되었는지/온전한지와, 체계화 능력이 손상되었는지/온전한지라는 측면에서 각 형태를 분류)에서 이 작업을 진행한 것이다. 언젠가 열 군데의 뇌 부위 각각에 대해, 각각의 '공감 유전자들'과 각각의 환경적인 유발 요인들의 측면에서 비슷한 작업이 가능해질 것이다. 긍정적인 공감 제로는 최소한 2개의 하위 집단으로 쪼개진다. 이 두 하위 집단들(고전적 자폐증과 아스퍼거 증후군)을 구분하는 두 가지 핵심 차원은 언어 발달과 IQ의 근간이 되는 유

표 1 공감 장애의 구별되는 특성들

	인지적 인공감 긍정적 (CE+)	인지적 인공감 부정적 (CE-)	정서적 인공감 긍정적 (AE+)	정서적 인공감 부정적 (AE-)	도덕성 긍정적 (M+)	도덕성 부정적 (M-)	체계화 긍정적 (S+)	체계화 부정적 (S-)
부정적인 제로								
P유형 (사이코패스)	V			V	V			
B유형 (경계선 성격 장애)		V	V					
N유형 (나르시시스트)				V				
긍정적인 제로								
고전적 자폐증		V		V		V	V	
아스퍼거 증후군	V	V		V		V		

발 요인들(유전적인 혹은 환경적인 요소들)이다. 표 1은 어떻게 해답이 발견될지에 대한 실례를 제공한다.

둘째, 이외에도 다른 형태의 공감 제로가 존재할까? 이 질문에 대답하는 한 가지 방법은 위 목록이 완전하지 않다는 점을 보여 주기 위해 우리가 아직 논의한 적이 없는 새로운 형태에 대한 분명한 사례를 골라내는 것이다. 예를 들면, 런던 정신 의학 연구소의 정신과 의사인 재닛 트레저(Janet Treasure)는 적어도 거식증의 몇 가지 경우들은 섭식 장애가 아니라 아스퍼거 증후군의 한 형태일 수도 있다고 제시했다.[326] 그녀의 관찰은 스웨덴의 정신과 의사인 크리스 길버그(Chris Gillberg)가 예전에 제시한 기준에 의거한다.[327] 그녀가 이 점을 언급하자마자 많은 사람들이 관점에 있어 이론적인 전환의 중요성을 알 수 있었다. 거식증 환자들에서 우리는 그들의 심각한 체중 감소와 제한된 음식 섭취에 놀라며 이러한 상태를 일차적으로 섭식 장애의 하나로 간주하지만, 이러한 태도는 표면적인 특징들을 너무 중요시한 것일지도 모른다.

많은 임상의들과 부모들이 즉시 인지하는 거식증의 특징은 자기중심적인 공감의 결핍이다. 비록 이러한 특징이 진단 기준의 하나가 아닐지라도 그렇다. 부모들이 딸이 절식으로 인해 치명적인 방향으로 계속 나아가고 있다는 걱정으로 어찌할 바를 몰라 하는 동안, 이 소녀는 자신의 체중과 체형이 맘에 든다고 완고하게 주장할지도 모른다. 그녀는 가족 구성원들과 어울리는 것보다 칼로리 계산에 더 집중하고 음식의 무게를 밀리그램에 가깝게 재면서, 다른 가족들과는 따로 식사를 하겠다고 계속 주장할 수도 있다. 이처럼 다른 관점을 보지 못하는 태도는 매우 공감 제로의 또 다른 형태처럼 보인다.

전통적으로, 정신 의학은 거식증 환자들은 "음식과 다이어트에 완전히 몰두"한다고 여기고 자폐인들은 "대개 편협하고 제한적인 관심사와 극단적인 반복 행동"을 보인다고 여겨 왔다. 그들은 거식증과 자폐를 완전히 다른 종류의 현상으로 가정했다. 이 새로운 시각에 따르면, 전통적인 정신 의학은 이들이 둘 다 세부 사항에 굉장한 집중력을 보이며 뛰어난 체계화 능력과 극단적으로 협소한 초점 혹은 집착을 수반한다는 사실을 인지하지 못하고 있는지도 모른다. 새로운 렌즈를 통해서 보면, 거식증 환자들은 자폐인들과 같은 방식으로 '변화에 저항'한다. 한 경우에서는 반복적인 행동이 음식과 체형의 영역에서 일어나는 반면 다른 경우에서는 제자리에서 빙글빙글 도는 장난감 자동차 바퀴의 영역에서 일어난다. 이 주장에 따르면, 적어도 거식증의

한 하위 유형은 섭식 장애**이자** 긍정적인 공감 제로로 재개념화하는 데서 이득을 볼 수 있다. 이때 치료적 함의는 매우 달라진다.

이 책에서는 부정적인 공감 제로의 세 가지 유형만을 다뤘지만 당연히 다른 유형들도 있을 것이다. 또 다른 예로 색정 망상증(erotomania)[lxviii] 같은 특정한 망상을 가진 사람들을 들 수 있다. 이 경우, 색정 망상증 환자는 다른 사람이 자신을 사랑한다고 믿는다. 실제로 상대는 그렇지 않은데도(이언 매큐언의 소설 『이런 사랑(Enduring Love)』에 유명하게 묘사된 상태) 그의 망상이 타인의 감정을 제대로 인지하지 못하게 한다.

다음 질문은 한 사람이 공감 제로의 유형들 중 한 가지 이상에 해당될 수 있느냐다. 이에 대한 대답은 분명히 "그렇다."이다. 여러 형태의 부정적인 공감 제로가 있다는 발상과 이들이 긍정적인 공감 제로와는 다르다는 발상이 한 개인이 이들 하위 유형들 중 오직 하나에만 해당될 수 있다는 것을 의미한다고 생각해서는 안 된다. 틀림없이, 나는 긍정적인 제로이면서 B유형인 사람을 만난 적이 있다. P유형이면서 N유형인 사람들을 알고 있는 다른 임상의들도 아마 있을 것이다. 그러나 한 개인이 다른 유형은 없이 한 가지 유형을 지닐 수 있다는 사실은 유형들이 서로 독립적이라는 증거이자 그들 사이를 구별하게 해 주는 논거이다.

아직 많은 의문들이 남아 있다. 여기 또 다른 의문이 있다. 살인을 저지른 사람은 **정의상** 공감이 결여된 상태인가? 나는 우리가 정신 의학이라는 전문 분야 자체가 왜 공감의 중요성을 다시 생각할 필요가 있는지 쉽게 이해할 수 있도록 새로운 이야기를 꺼내고자 한다.

정신 의학을 다시 생각하기

케임브리지의 세인트존스 칼리지에서 열린 어느 저녁 만찬 자리에서 우연히 법 정신 의학 분야 전문가인 닐 헌트(Neil Hunt) 옆에 앉게 되었다. 그는 내게 레카 쿠마라베이커(Rekha Kumara-Baker)를 평가하는 일을 맡았던 정신과 의사가 바로 자신이라고 말했다. 레카 쿠마라베이커는 2007년 6월 13일, 스트레섬의 지방 마을에서 자신의 두 딸을 칼로 찔러 사망에 이르게 한 여성이다. 그녀는 재판에서 자신이 전 남편을 얼마나 질투했는지 설명했다. 그들은 2003년에 이혼했고 그는 새 짝을 만났지만 그녀는 그러지 못했다. 그녀는 자신의 전 남편에게 상처를 주고 싶었고 이 일이 그의 행복을 산산조각 낼 방법이라고 생각했다.[328]

닐은 레카가 정신 질환을 앓고 있는지 아닌지 결정해야만 했다. 전 세계 모든 정신과 의사들의 책상 위에 놓여 있으며 정신과 의사들이 모든 '정신 질환'을 분류하기 위해 참고하는 책인 『DSM-IV』(정신 장애의 진단 및 통계 편람, 4판)[134]에 따르면, 그녀는 어떤 유효한 범주에도 들어맞지 않았다. 그녀가 남편과 헤어졌을 때 약간의 우울감을 느꼈을지라도, 평가 시간(범죄 발생일)에 그녀는 우울, 분노, 정신병, 오래된 성격 장애의 징후를 조금도 보이지 않았다. 실제로 『DSM-IV』에 등재된 297개의 장애 중 어떤 것의 징후도 보이지 않았다. 따라서, 닐에 따르면, 또 정신과 의사가 사람을 개념화하는 방식에 따르면, **그녀는 정신 질환을 앓고 있지 않았다.** 『DSM-IV』는 두 가지 대단히 중요한 범주 중 하나로만 사람을 표현할 수 있다. 정신 이상이거나 정상이거나.

따라서 암묵적으로, 그녀가 자신의 두 딸을 살해했음에도 불구하고 DSM 범주 중 어느 곳에도 들어맞지 않는다면 정상이어야만 했다. 나는 당신이 여기서 상식에 모순되는 무엇과 우리가 현재의 정신 의학에 이의를 제기해야 하는 이유를 볼 수 있을 거라 확신한다.

물론, 어떤 사람들은 그녀가 정신 이상이 아니라고 결정해야 하는 이유가 만약 닐이 그녀가 정신 이상이라고 진단하면 그로 인해 레카는 '한정 책임 능력(diminished responsibility)'에 호소할 수 있는 근거를 얻게 되고 따라서 이 범죄는 살인이라기보다는 치사로 기소되기 때문이라고 주장할지도 모른다. 마침내, 법정은 닐의 전문가적 견해를 받아들여서 그녀에게 살인죄를 선고하고 징역 33년의 판결을 내렸다(따라서 그녀는 72살이 되는 2040년이 될 때까지 가석방될 수 없을 것이다.). 나는 이것이 끔찍한 범죄에 적절한 형벌이라는 데 동의한다.

그러나 나는 일반적인 진단 체계가 이 여성을 정상으로 범주화한다면 이 사례가 『DSM-IV』의 한계, 따라서 정신 의학의 한계를 보여 준다고 정말로 생각한다. 판결은 법원과 궁극적으로는 판사의 일이다. 진단은 의사, 이 경우에는 정신과 의사의 일이다. 이 둘은 엄격히 분리되어야만 한다. 레카가 기존의 정신 의학 범주에 맞지 않았다는 것은 닐의 잘못이 아니다. 그것은 정신 의학 그 자체의 잘못이다.

내 견해에서 (그리고 위험을 무릅쓰건대, 상식적인 관점에서) 자신의 딸을 살해할 의도로 칼로 찌를 수 있는 사람은 — 정의상 — 정신적으로 정상이 아니다. 정의상 그들은 최소한 범죄 당시에 공감이 부족했다. 레카가 이전에 정상적인 공감 능력을 보여 준 적이 있을지라도 그녀가 아이들을 찌를 의도로, 부엌칼을 움켜쥐고 계단을 올라가던 **바**

로 그 순간에 또 그녀가 딸들에게 칼을 쑤셔 박던 **바로 그 순간에** 그녀는 공감 능력을 상실했음에 틀림없다. 그녀의 공감은 분명 거기에 있지 않고 어딘가로 사라져 버렸다. 내게 분명한 결론은 의학적이고 정신 과학적인 분류 체계에 '공감 장애'라고 불리는 범주가 절실히 필요하다는 것이다. 레카는 이 범주에 자연스럽게 들어맞았을 것이다. 비록 그녀가 성격 장애로 진단을 내리는 데 필요한 조건인 장기간의 공감의 손상을 보이지는 않았지만 적어도 그녀가 일시적으로 공감 장애 상태에 있었음은 틀림없다. 문제는, 그러나, 공감 장애의 범주가 『DSM-IV』에 존재하지 않으며, 내가 아는 한 그러한 범주가 출간 예정인 다음 판(『DSM-V』)에서 신설될 계획도 없다는 것이다. 『DSM』의 각 판본들은 필요한 범주를 새로 도입하고 더 이상 필요하지 않은 오래된 범주를 빼 왔다.[lxix]

내가 닐에게 "그래서 그녀는 어땠나요?"라고 묻자, 그는 "그녀는 보통 사람이에요, 꽤 정상입니다."라고 대답했다. "하지만, 확실히" 나는 주장했다. "그녀가 자신의 아이를 칼로 찔렀다는 사실은 틀림없이 그녀에게 공감 능력이 부족했다는 것을 의미하지 않나요?" 그가 대답했다. "꼭 그렇지는 않아요, 정신 의학에서는 한 사람의 정신 상태를 그들의 행동을 통해 판단할 수 없기 때문이죠." 여기서 다시 한번, 나는 정중하게 이의를 제기해야만 했다. 내 생각으로는, **정의상**, 이면의 마음을 드러내 주는 행동들이 있다. 무고한 어린이를 냉혹하게 살해한 행위도 그중 하나다. 나는 마치 그녀의 마음이 그 행동에서 뻔히 들여다보였다는 듯이, 어떤 행동이 일단 실행되고 나면 그 행위자를 인터뷰하거나 평가할 필요가 없다고 주장하는 게 아니다. 법은 최소한 범죄 행위(*actus reus*, 행위 그 자체)뿐만 아니라 범의(*mens rea*, 범죄를 저지를 의도) 역시 요구하기 때문이다. 거기에 확인해야만 하는 (하나의 악화 요인으로서의 스트레스나 경감 정황으로서의 정신병 같은) 부가적인 원인들이 있을지도 모른다. 그러나 내 주장은 공감의 결핍이 적어도 그녀의 행동에서는 명백히 드러나 보였다는 것이다. 이 예외가 '자동주의(automatism)'[lxx]를 법적으로 옹호하는 것일 수도 있다. 이 상태에서 사람은 아무런 의식 없이 행동하거나 몽유병 증세를 보인다. 그래서 그녀에게 의식이 있다고 가정한다면 그녀의 행동은 공감이 결여된 것이다.

이제 우리는 잔인한 행동과 형사 책임의 관계에 대한 질문을 탐구하기 시작했다. 이는 자연스럽게 관련 질문들로 이어진다. 범죄를 저질렀을 때 공감 제로인 사람들을 수감해야만 하는가? 이 질문은 여러 가지 다른 이슈들을 아우른다. 먼저 도덕적 이슈다. 만약 공감 제로가 실제로 신경학상 장애의 한 형태라면, 이런 사람이 범죄를 저질렀을 때 자신이 한 행동에 대해 어느 정도나 책임을 져야 하는가? 이 이슈는 자유 의지 문제와 뒤엉켜 있다. 공감 제로가 자신의 행동이 타인의 감정에 미칠 영향을 얼마간 '보지 못하게' 한다면, 분명 그들은 처벌보다는 동정을 받아야 마땅하다.

내 견해는 때로 범죄는 너무나 나쁜 행동(예를 들어, 살인)이기 때문에 세 가지 이유로 투옥이 반드시 필요하다는 것이다. 이 사람들이 범죄를 반복할 위험으로부터 사회를 보호하기 위해, 사회가 그 범죄를 승인하지 않는다는 경고를 전달하기 위해, 그리고 희생자(혹은 희생자의 가족들)에게 정의감을 회복시켜 주기 위해. 나는 투옥에 찬성하는 이 이유들이 모두 정당화될 수 있다고 생각한다. 그러나 나는 공감 제로로 인해 이보다 덜한 범죄를 저지른 사람들 역시 알고 있다. 나는 이들에게 감옥이 **올바른** 장소가 아니라고 주장한다.

게리 매키넌(Gary McKinnon)을 예로 들어 보자. 그는 북 런던에 있는 부모님 집의 자기 침실에서 펜타곤을 해킹한 영국 청년이다. 아스퍼거 증후군이 의심되어(사실로 판명되었다.) 우리 진료실에 내원했을 때, 그가 긍정적인 공감 제로이기 **때문에** 그 범죄를 저질렀다는 사실은 명백했다. 체계화에 대한 강렬한 욕구는 그가 컴퓨터를 높은 수준으로 이해할 수 있게 해 주었으며 펜타곤이 어떤 정보들을 컴퓨터 안에 보관하고 있는지, 또 그 정보가 사실인지 아닌지 알아내야만 한다고 집착하게 만들었다. 그가 자신의 범죄를 숨기려고 시도하지 않았다는 사실(그는 자신이 침투한 각 컴퓨터에 자신이 방문했다고 말하는 쪽지를 남겼다.)은 그가 자신이 무언가 잘못된 일을 하고 있다고 생각하지 않았다는 의미이며 또한 그의 사회적인 순진성을 무심코 드러낸다. 동시에, 그의 긍정적인 공감 제로 상태는 범죄 당시에 그가 정부가 자신의 행동을 어떻게 여길지 혹은 자신에게 사회적으로 어떤 결과가 벌어질 수 있을지 상상할 수 없었다는 의미다.

그를 면담하면서 나는 처벌의 위험이 충분한 억지력을 갖고 있어서 범죄 재발의 위험은 없다고 느꼈으며 그의 행동에 아무런 악의가 없었다는 점 역시 명백하다고 판단했다. 그는 다른 사람을 해치지도 재산상의 손실을 입히지도 않았다. 감옥에 가게 될 가능성은 그를 겁먹게 만들어서 이 사회적으로 고립된 사람을 수감 생활에 대한 병적인 수준의 걱정과 우울로 괴롭혔다. 내 견해는 그가 사회에 어떠한 해

악도 제기하지 않는다는 것이었고, 하나의 사회로서 우리가 그를 처벌하지 않고 그에게 연민과 이해를 보이며 도움을 제공하여, 신경학상 아스퍼거 증후군 상태에 있는 사람을 존엄하게 치료해야 한다는 것이었다. 나아가 사회가 게리 같은 사람들에게 직업, 아마도 사회의 이익을 위해 놀라운 컴퓨터 기술을 사용하는 직업, 예를 들면 펜타곤이나 다른 기관들이 자신들의 보안 시스템을 향상시키도록 돕는 일을 제공한다면 더 좋은 결과를 얻을 수 있을 것이다.

내가 관여했던 다른 사례 역시 아스퍼거 증후군이 의심되는 한 남자로 그는 처음 보는 여성을 직장에서부터 집까지 쫓아가서 부적절한 신체 접촉을 한 이유로 런던의 교도소에 수감돼 있는 상태였다. 그는 42살이었는데 그때까지 여자 친구를 사귀어 본 적이 한 번도 없었으며 어머니와 함께 살고 있었다. 그는 자신이 한 행동이 왜 부적절한 것인지 이해하지 못했다. 그는 희생자의 감정(공포)이 어땠을지 짐작조차 하지 못했다. 게리처럼 그도 감옥에서 지독히 괴로워하고 있었다. 단지 그의 감각이 과민해서뿐만 아니라(일반인들에게도 감옥의 소음은 귀청이 터질듯이 요란하다.) 사회적인 요구(감방을 공격적인 이방인과 공유해야 하고 구내 식당에서 감옥 사정에 정통한 수감자들 무리가 던진 언어 공격에 잘 대처해야 하는 것) 때문에도 그는 괴로웠다. 내 생각에 그를 감옥에 가두는 것은 신체장애가 있는 사람을 휠체어에 붙들어 맨 채 수영장에 떨어뜨린 후 그가 잘 대처하길 기대하는 것과 같았다. 그가 다시 범죄를 저지를 위험(그는 자신이 한 행동이 왜 나쁜 것인지 전혀 이해하지 못했다.)이 있기는 했지만 그럼에도 감옥은 그에게 부적절한 환경이었다. 문명화된, 인정 많은 사회에서 우리는 이러한 사람들이 우정과 동료애, 사람의 안전을 위협하지 않는 그 외 다른 형태의 위안을 발견하도록 도와야만 한다. 나는 전통적인 감옥에 대한 대안으로써 이러한 작고 조용하며, 인정 있지만 안전한 공동체를 발달시키려는 노력에 깊은 인상을 받았다.

악의 평범성

이제 인간의 잔인성이라는 주제로 돌아가자. '악'이라는 단어를 '공감의 침식'이라는 말로 대체하는 것이 인간의 잔인성을 정말로 설명해 주는가? 우리가 전혀 과학적인 설명이 아니라고 결정한 악에 대한 종교적인 개념을 제쳐 놓는다면, 가장 잘 알려진 대안은 정치 이론가인 한나 아렌트(Hannah Arendt)가 '악의 평범성'의 측면에서 분석한 내용이다.[329] 아렌트는 "유태인 문제의 최종적인 해결법(Endlosung der Judenfrage)"의 최고위 설계자들 중 한 명인 아돌프 아이히만(Adolf Eichmann)의 예루살렘 법정 소송 사건의 참관인이었다.[330] 재판이 진행되는 동안 아렌트는 이 남자가 미치지도, 우리 중 누구와 다르지도 않다는 사실을 분명하게 알게 되었다. 그는 굉장히 **평범한** 사람이었다. 이러한 의미에서 그녀는 '악의 평범성'이라는 어구를 만들었다.

악의 평범성이라는 발상은 서로 합쳐져서 악한 행동으로 귀결될 수 있는 **일상적인** 요인들에도 적용된다. 이 개념은 솔로몬 아시(Solomon Asch)가 수행한 사회 심리학 연구들에서 나왔다. 여기서 그는 '동조(conformity)'가 어떻게 일어날 수 있는지 실증했다. 예를 들어 사람들은 다른 모든 사람들이 한쪽 선이 더 길다고 단언하기 때문에 자신의 눈에는 그 증거가 정반대로 보일지라도 다른 사람들과 동일한 의견을 낼 수 있다.[331] 같은 맥락에서, 스탠리 밀그램이 수행한 한 실험은 '권위에 복종(obedience to authority)'하여 **평범한** 사람들이 다른 사람들에게 상대를 죽일 수 있는 수준까지 기꺼이 전기 충격을 가할 수 있다는 사실을 보여 주었다.[332] 필립 짐바르도의 스탠퍼드 대학교 감옥 실험 역시 같은 맥락이다. 이 실험에서 학생들은 교도관 혹은 죄수의 역할을 임의로 배당받았다. 그러자 교도관 역할을 맡은 사람들이 곧 잔인하게 행동하기 시작했다.[333]

덧붙여, '악의 평범성'이라는 어구는 수만 명의 **평범한** 독일인들이 홀로코스트[lxxi]에 공모했다는 사실과 관계있다. 그들 중 상당수는 전쟁 범죄로 기소되지 않을 수 있었다. 그들이 단지 명령에 따라 그저 자신의 일을 했을 뿐이거나 혹은 진행 과정상의 아주 작은 부분에만 책임이 있었기 때문이다. 아이히만과 그의 동료 관료들은 자신들 계획의 세부 사항들, 예를 들면 유태인들을 캠프로 수송하는 열차의 시각표를 짜는 작업 같은 세세한 사항들에 몰두하게 되었다. 그들은 기계적으로 무비판적으로 명령에 따랐다. 심리학자인 크리스토퍼 브라우닝(Christopher Browning)의 저서 『아주 평범한 사람들(Ordinary Men)』은 제2차 세계 대전에서 약 4만 명의 폴란드 유태인들을 살해한 나치의 학살 집행단인, 101예비 경찰 대대의 활동을 설명하기 위해 짐바르도의 스탠퍼드 대학교 감옥 실험을 활용했다. 그들은 단지 명령을 따랐을 뿐이었다.[334]

그 연쇄 과정을 단순화시킨 아래 예를 고려해 보자.

A "나는 단지 내 지자체에 거주하는 유태인의 목록을 갖고 있을 뿐이야. 나는 유태인들을 모으지 않았어. 그저 요청을 받았을 때 이 목록을 넘겨줬을 뿐이야."

B "나는 이 주소로 가서 그 사람들을 체포하고 기차역으로 데리고 가라고 들었어. 그게 내가 한 일의 전부야."

C "내 일은 기차의 문을 여는 것이야. 그게 다야."

D "내 일은 재소자들을 열차로 안내하는 것이었어."

E "내 일은 문을 닫는 것이었어. 이 열차가 어디로 향하는지나 왜 이런 일이 벌어지는지는 묻지 않았어."

F "내 일은 단지 열차를 운전한 것뿐이야."

(연쇄 과정상의 이 모든 작은 연결고리들을 통해 결국 다음과 같은 결과로 이어질 수 있다.)

Z "내 일은 단지 독가스가 방출되는 샤워기를 트는 것뿐이었어."

이 사람들 중 누구도 이 엄청난 범죄의 설계나 실행에 있어 전반적인 책임을 가진 사람은 없다. 그들은 오직 전체의 작은 한 부분만을 담당했을 뿐이다. 아렌트의 용어는 개별적으로는 큰일을 벌일 수 없는, 이 작은 각각의 단계들이 함께 모여 어떻게 끔찍한 결과를 불러올 수 있는지를 어느 정도 보여 준다. 각 단계는 지극히 사소한 작업이라 처벌을 받을 수가 없다. 비슷하게, A, B, C에서 Z까지의 사람들 중 누구도 공감 제로일 수 있다. 그들은 공모죄를 범했을 수 있지만, 다만 더 큰 일련의 과정들에서 자신의 작은 역할만을 수행했을 뿐이며 가족이나 사랑하는 사람이 있는 집으로 돌아가서는 상대방에게 공감을 표현했을지도 모른다. 낮에는 재소자들을 쏘고 밤에는 집으로 돌아가 아내에게 키스하고 어린 자식의 침대맡에서 동화를 읽어 주는 나치 친위대는 이 모순을 상징하는 것처럼 보인다. 개개인마다 공모의 이유는 다를 수 있다. 어떤 사람들은 단지 직장을 구한 게 기뻤고 명령을 따르지 않으면 직업을 잃어버릴까 두려웠던 것인지도 모른다. 또 어떤 사람들은 특정한 방식으로 무국적자들을 다룰 권리를 준, 소중하게 품은 국가주의적인 믿음을 가지고 있었을지도 모른다. 이 커다란 일련의 사건들에 기여한 개인적인 이유가 무엇이든지 간에 그것들은 평범한 이유들이었을 수 있다.

악의 평범성 개념은 도전받아 왔다. 데이비드 체자리니(David Cesarini)는 한나 아렌트가 재판의 초반부에만 머물렀다고 주장한다. 이때 아이히만은 가능한 한 평범해 보이길 원했다.[335] 실제로, 그녀가 더 오래 머물렀다면, 그가 단순히 맹목적으로 명령을 따른 게 아니라 학살에 어떻게 창조성을 발휘했는지 보았을 것이다. 이런 의미에서, 아이히만의 행동은 사회력(social force)의 측면에서뿐만 아니라 개인적인 요인의 측면(그의 감소된 공감)에서도 설명이 필요하다. 잔인함이 낮은 (정서적인) 공감의 결과라는 개념에 반대하는 이유 중 한 가지는 이 주장이 행동에서 개인의 책임이나 자유 의지(작용 주체, agency)를 제거한다는 것이다(악의 평범성 주장 역시 동일하다는 데 주목하라. 여기서 개인의 책임은 명령을 내린 더 높은 위치에 있는 사람에게 연쇄 과정을 통해 전해진다.). 나는 자유 의지와 개인의 책임이라는 개념이 우리가 아이들에게 선행을 하는 법과 선해지는 법을 가르칠 때 유지해야 하는 중요한 개념이라고 생각한다. 그것은 우리 자신의 선택과 행동을 이끄는 유용한 개념이다. 그러나 자유 의지라는 개념은 단지 유용한 휴리스틱(heuristic)[lxxii]에 지나지 않을 수 있으며, 과학적으로 정확히 이해하기 어려워 보인다. 가장 적절한 결론은, 작용 주체나 개인의 책임이 얼마나 작용하든지 간에, 정서적인 공감의 감소가 개인의 의사 결정을 바꾸게 되리라는 것이다.

이제 잔인한 행동은 공감 회로가 제대로 작동하지 않기 때문에 일어난다는 이 책의 주된 주장을 명확히 하기 위해 이야기의 가닥들을 한데 모으기에 적절한 순간이 왔다. 나는 여러 지점에서 다양한 요인들이 공감 회로의 기능에 영향을 주고 그 기능을 위태롭게 할 수 있기 때문에 공감 회로를 '최종 공통 경로'라고 불렀다. 그림 11은 이 중심

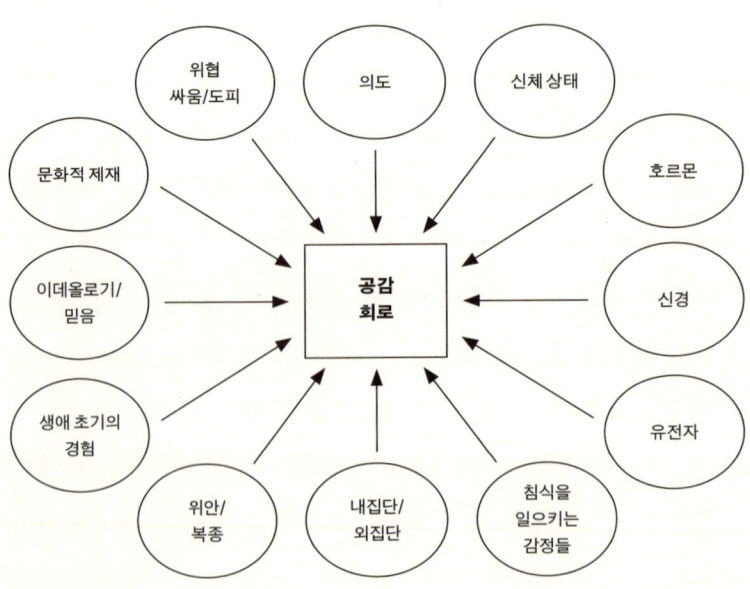

그림 11 공감 회로

역할을 분명하게 보여 준다.

이제 잠시 공감 회로에 영향을 미칠 수 있는 열두 가지 요인들을 살펴보며 그림 11의 원을 따라 걸어 보자. 맨 위쪽에는 의도가 놓여 있다. 어떤 철학자들은 의도가 잔인한 행동을 설명하는 데 핵심 요소라고 주장한다. 나는 이 견해에 동의하지만 이 모델은 공감 회로가 정상적으로 기능하고 있다면 (타인에게 상처를 주려는) 의도가 행동으로 구현될 수 없다는 점을 강조한다. 우리의 공감이 의도가 실행되는 걸 막을 것이기 때문이다. 자신의 개를 상처 입힐 의도가 있는 사람에 대해 생각해 보자. 개를 때리기 위해 움직일 때, 그의 공감 회로가 효과를 발하기 시작하여 그를 멈추게 할 것이다. 의도는 다른 방식으로도 작용할 수 있다. 여기에는 자신의 공감을 작동하지 못하게 하는 것도 포함된다. 환자를 도우려는 의도가 상대를 절개해야만 한다는 것을 의미하는 외과 의사에 대해 생각해 보자. 그녀는 자신의 공감을 감소시켜야만 이 일을 할 수 있다. 이 예시에서 의도는 공감을 감소시키는 역할도 할 수 있다.

의도에서 반 시계 방향으로 돌면 다음 순서는 위협이다. 위협을 받는다고 느낄 때, 공감을 느끼기란 어렵다. 이러한 사실은 불안정 애착의 개인사 혹은 학대의 개인사 때문에 쉽게 위협감을 느낄 수 있는 B유형(경계선 성격 장애)인 사람들에서 공감이 어떻게 작동을 멈추게 되는지 설명해 줄 수 있다. 위협은 사람의 스트레스 지수를 높이며, 이것이 공감 능력을 방해하는 것처럼 보인다. 그 다음은 문화적 제재 같은 사회적인 요인들이다. 당신의 문화가 자신의 고용인이나 말을 때리는 걸 허용하거나 마법사로 의심되는 사람을 화형시키는 것을 허용한다면,

이 역시 당신의 공감을 침식할 수 있다. 이는 우리에게 문화적 제재가 사회의 일반적인 공감 수준을 높이는 데 중요한 역할을 할 수 있음을 다시 한번 알려 준다. 다음번 차례는 믿음이나 정치적 목표 같은 이데올로기적인 요인들이다. 만약 당신이 자본주의가 모든 악의 원천이라고 믿고 있다면, 당신은 기꺼이 붐비는 지하철에 폭탄을 설치할 수 있을지도 모른다. 당신의 테러의 무고한 희생양이 될 사람들에 대한 공감을 정지시킨 채 말이다. 또 다른 사회적 요인은 생애 초기의 경험이다. 앞에서 우리는 생애 초기의 안정된 애착 관계가 공감의 성장을 어떻게 촉진시킬 수 있는지, 또 불안정한 애착 관계가 타인을 신뢰하기 어렵게 만들거나 위협감을 느끼게 하여 공감을 어떻게 침식할 수 있는지와 관련해서 이 문제를 논의했었다.

그 다음 요인은 위안과 복종이다. 두 작용력 모두 짐바르도와 밀그램의 고전적인 사회 심리학 실험과 관련해서 논의한 바 있다. 여기서 우리의 공감은 우리가 속한 기관의 문화, 혹은 타인이 가하는 압력 때문에 감소할 수 있다. 이것과 비슷한 중요성을 가지는 사회적 요인은 내집단/외집단 정체성이다. 사회성 영장류로서 우리는 생존 전략의 하나로 집단에 대해 충성심을 보인다. 집단의 보호를 받을 때보다 혼자 있을 때 더 약해지기 때문이다. 이것은 우리가 자기 집단의 이익을 다른 집단의 이익보다 우선시하게 만들며, 타 집단의 구성원들보다 자기 집단의 구성원들에게 더 많은 연민을 느끼게 만드는 효과를 낼 수 있다. 이러한 맥락에서 공감은 관계 특이적인 것이다. 즉 동일한 사람도 자신의 친족들에게는 공감적일 수 있는 반면 '적'에 대해서는 공감을 느끼지 않을 수 있다. 그 옆에 심리적 요인들은 분노, 증오와 질투 혹은 복수처럼 공감을 침식하는 감정들이다. 이 감정들은 개인의 공감 수준을 감소시키고 공격 행동을 하게 만드는 힘을 가지고 있다.

원의 나머지 부분을 완성시키는 것은 생물학적 요인들이다. 우리가 폭넓게 논의했던, 유전자, 호르몬과 신경 상의 조건들이 여기에 속한다. 마지막에 놓인 생물학적인 요인은 신체 상태다. 피로와 굶주림 혹은 만취 상태는 모두 공감을 침식할 수 있다.

사회적, 심리적, 생물학적 요인들로 이루어진 이 원의 중심에는 공감 회로가 놓여 있다. 이는 우리에게 공감이 복잡한 것이며 그 기능이 최소한 열두 가지 요인들의 영향을 받을 수 있다는 것을 말해 준다.

우리는 공감이 결여된 행동들이 장기적인 결과를 가져올 수 있다는 점에 유념해야만 한다. 1542년에 마르틴 루터(Martin Luther)는 『유태인에 맞서(Against the Jews)』라는 제목의 (기독교가 유태인들을 공격하길 촉구하는) 소책자를 썼다. 여기서 그는 유대교 회당을 불태우고 유태인의 집을 파괴하는 것을 옹호했다. **400년**이 지난 후 젊은 아돌프 히틀러는 자서전 『나의 투쟁(mein kampf)』에서 자신의 나치 인종주의적 견해에 정당성을 부여하기 위해 마르틴 루터를 인용했으며, 나아가 9살의 토마스 뷔겐탈이 있었던 곳 같은 강제 수용소들을 만들어 가스실에서 600만 명의 유태인들을 살해했다. 이러한 사실은 공감이 결여된 작은 행동들을 간과할 때 얼마나 위험한 결과가 생길 수 있는지 보여 준다. 내 사촌인 사샤(그의 코믹 캐릭터인 보랏은 스스로 유태인 배척자인 척하면서 동시대의 반유대주의(anti-Semitism)를 폭로했다.)는 케임브리지의 역사가 이언 커쇼(Ian Kershaw)의 냉담한 어구를 인용한다. "아우슈비츠로 가는 길은 무심하게 포장되었다."[lxxiii]

테이프를 빨리 감아 오늘날의 인간의 잔인함으로 되돌아가 보자. 만약 당신이 대부분의 사람들에게 '악'의 가장 분명한 예를 물어보면, 사람들은 아마도 테러리스트를 지적할 것이다. 그는 자신의 정치적인 의도를 성공시키기 위해 무고한 시민들을 '냉정하게' 살해할 수 있는 사람이다. 내 이론이 맞다면, 우리는 테러리스트들이 공감 제로라고 말할 수 있어야 할 것 같다. 실제로 그럴까?

26살의 미국인 인질, 닉 버그(Nick Berg)는 비디오 속에서 자신을 아부 무사브 알자르카위(Abu Musab al-Zarqawi)라 칭하는 한 남성에 의해 참수당했다. 자르카위는 이라크에 있는 오사마 빈라덴(Osama bin Laden)의 측근 중 한 사람이다. 비디오 속의 남자들은 참수가 바그다드 서쪽에 있는 아부그라이브 교도소에서 미국인들에 의해 자행된 고문에 대한 보복이라고 말했다.[337] 우리는 자신들의 영토가 점유당했다고 생각하기 때문에 누군가를 살해한 테러리스트가 사이코패스와는 매우 다른 이유로 행동하고 있다고 말할 수 있다. 그렇다면 같은 행동(살인)이 공감 회로의 작동이 동일하게 멈춰서 나타난 것이라고 판단할 수 있을까?

우리에게는 가자와 예루살렘의 경계선을 건너다 무고한 10대들로 가득 찬 카페를 날려 버린 자살 폭탄 테러범을 비난하는 경향이 있을지도 모른다. 그러나 만약 동일한 논리를 적용한다면, 아프리카 민족 회의(African National Congress)[lxxiv]의 무장 조직이었던 움콘토 웨 시즈웨(Umkhonto we Sizwe)[lxxv]의 지도자였던 넬슨 만델라 역시 비난해야만 할 것이다. 그는 누구도 다치지 않길 바랐지만 무고한 사람들이 폭발에 휘말릴 수 있음을 내내 인지하면서, 정부 건물들로 군의 폭격 위치를 조정하는 작업들을 했다. 동일하게, 우리는 메나헴 베긴(Menachem Begin)이 하가나(Haganah)[lxxvi]의 전투 분파였던 이르군(Irgun)의 지도자로 있을 때인 1946년 7월 22일, 시온주의자[lxxvii]로서 유태인의 고국을 건설하기 위해 영국에게 팔레스타인을 떠날 것을 종용하려는 시도에서 예루살렘에 있는 킹 데이비드 호텔을 폭파시켰던 일을 비난해야 할 것이다. 이 일로 91명의 사람들이 사망했으며 46명의 사람들이 다쳤다. 후에 만델라가 남아프리카 공화국의 대통령이 되고 노벨 평화상을 수상한 것처럼, 베긴도 이스라엘의 총리가 되고 이집트 대통령인 안와르 사다트(Anwar Sadat)와 노벨 평화상을 공동 수상했다.

테러리스트의 공감이 결여된 행동의 대상은 그들의 신념(예를 들어, 자유와 정체성이 위협받는다는 신념)으로 인해 흔히 엄선된다. 그래서 그 행동은 공감 부족의 직접적인 결과는 아니다. 신념 그리고/또는 실제 정치적인 전후 사정이 이 행동을 추진시킬 수 있다. 그럼에도 불구하고, 우리는 행위의 순간 그 테러리스트의 공감이 멈춰 버린다는 점을 인지해야만 한다. 2001년 9월 11일, 비행기 한 대가 쌍둥이 빌딩(Twin Towers)을 향해 날아가고 있을 때, (신념으로 움직인) 한 사람은 더 이상 희생자들의 복지와 감정에 대해 마음을 쓰지 않았다. 토니 블레어는 이라크 침략을 지시하며 "역사가 우리를 용서할 것"이라고 말한 것으로 유명하다.[338] 그러나 우리는 한 행동을 그 즉각적인 결과를 무시하면서 먼 미래의 결과로만 판단할 수는 없다. 그 행동은 그 자체로 결과가 수단을 정당화하든 아니든 상관없이 공감이 결여된 것일 수 있다.

물론, 폭력에도 정도가 있다. 살인은 가장 극단적인 경우일 것이며 누군가에게 돌을 던지는 것은 이보다 다소 약한 경우일 수 있다. 이러한 사실은 부정적인 공감 제로에도 정도가 있는가라는 질문을 제기한다. 특정 유형의 언어적 학대는 특정 유형의 신체적인 학대만큼 상처를 주지는 않는다. 누군가에게 고함을 치거나, 굴욕감을 주거나 불쾌하게 만드는 행위는 상대를 기분 상하게 하고 겁을 주거나 분노케 할 수 있다. 그러나 강간이나 신체적인 공격, 혹은 고문은 이 모든 것들을 할 수 있을 **뿐 아니라** 상대를 상처 입히거나 엄청난 충격을 주며 심지어는 죽일 수까지 있다. 사회적인 결례를 저지르는 것이 강도짓을 하는 것만큼 나쁘다고 누구도 말하지 않을 것이다. 그러나 우리가 정말로 공감이 부족한 정도를 일렬로 배열할 수 있을까? 공감 지수는 한 사람이 가진 공감 정도를 정량화하려고 시도한 하나의 방법이지만 그것이 낮은 공감의 여러 형태들을 구분하는지 아닌지는 아직 입증된 바 없다. 동일하게, 공감 회로의 신경 활성 수준에서, 가볍지만 그럼에도 불구하고 사려 깊지 못한 비공감적인 행동들(예를 들면, 다음 사람을 위해 화장실 변기물을 내리는 데 신경 쓰지 않는 것 같은)을 저지른 사람들의 뇌와 더 심각한 비공감적인 행동들(노상강도 같은)을 저지른 사람들의 뇌를 비교하는 작업은 흥미로울 것이다. 나는 이 모든 사람들의 뇌 속 공감 회로의 활성이 불충분한 정도가, 더 심각한 행위를 한 경우에서 다소 가벼운 사례들에 비해 상대적으로 훨씬 더 클 것이라고 예측한다. 하지만 두 경우 모두 일반인들의 평균 수준을 밑돌 것이라고 예상한다.

나는 인간 본성에 대해 더 심층적인 질문을 제기하고 싶다. 우리는 모두 살인을 저지를 수 있는가? 내가 이 책에서 발달시킨 이론에 따르면, 타인을 공격하거나 살인을 저지를 수 있는 사람은 오직 공감이 낮은 사람들(즉, 공감이 일시적으로나 영구적으로 작동하지 않는 사람들)뿐이다. '사전에 계획된' 살인이든 계획되지 않은 살인이든, 나는 이러한 행위들이 유전자 때문이든, 생애 초기의 경험 때문이든 아니면 현재 상태 때문이든 공감의 작동 정지를 필요로 한다고 제안한다. 이는 대부분의 사람들이 자신이 가진 평균 혹은 평균 이상의 공감 수준 때문에 이 같은 잔인한 행위들을 할 수 없다는 의미다('현재의 상태'에는 예를 들면, 감정의 폭발로 저지른 살인('격정 범죄(crime of passion)'), 자신을 방어하기 위해 저지른 살인이나 사랑하는 사람을 보호하기 위해 '분노에 눈이 먼' 상태에서 저지른 살인 등이 포함될 수 있다. 마찬가지로, 여기에는 일시적인 정신 질환을 앓는 동안 저지른 범죄도 포함될 수 있다.). 원인이 무엇이든, 동일한 공감 회로가 영향을 받는 게 틀림없다는 것이 이 이론에서 주장하는 바다.

컬럼비아 대학교의 법 정신 의학자 마이클 스톤(Michael Stone)은 살인죄로 감옥에 갇히게 되는 부정적인 공감 제로인 사람들의 사례를 구별하기 위해 악의 스물두 가지 범주를 공식화했다.[lxxviii] 이것은 살인/폭력 범죄의 유형들을 분류한 시도이지만 살인과 폭력의 원인(상황적인 원인들을 포함하여) 목록으로 더 많이 사용된다. 이 스물두 가지 범주들이 뇌 속의 스물두 가지 유의미한 차이들에 상응할 가능성은 낮다.

활성이 저하된 공감 회로

이 책의 숨은 핵심 질문으로 되돌아가자. 부정적인 공감 제로는 인간의 잔인함을 설명해 주는가? 이 질문에 답하기 위해, 우리는 잔인함의 실제 사례들을 조사하고 표면적인 차이에도 불구하고 이들이 모두 근저에 놓인 동일한 신경 공감 회로의 활성 저하로 나타날 수 있는지 질문할 필요가 있다. 아직 모든 자료들이 이 질문에 답할 만한 상태는 아니지만 우리가 주장하는 바는 정확히 그것이다. 1장에서 우리는 많은 유형의 '악한' 행동들을 조사했다. 우리는 그 행동의 본성이 무엇이든(공감이 결여된 행동이 신체적인 행동들(물리적 폭력, 살인, 고문, 강간, 집단 학살 등)인지 비신체적인 행동들(속임수, 조롱, 언어 학대 등)인지), 행위를 저지른 바로 그 시점에 공감 회로는 "작동을 중지한다."고 가정한다. 다른 상황 하에선 정상인 사람들에서는 이 체계가 일시적으로 작동을 멈춘 것일 수도 있다. 반면 B, P, N유형인 사람에서는 공감 체계가 영구적으로 정지한 것일지도 모른다.

이는 공감 회로가 어떻게 영원히 작동을 멈추게 되는가 혹은 적어도 장기적으로 작동하지 않을 수 있는가라는 의문을 제기한다. 3장에서 우리는 다양한 초기 환경적인 요인들이(예를 들어, 정서적 학대와 방임) 우리 '내면의 황금 단지' — 자아 존중감과 타인을 신뢰하는 능력 혹은 다른 사람들과 안정된 애착 관계를 형성하는 능력 — 를 고갈시키는 방식을 살펴보았다. 동일하게, 5장에서는 다양한 유전자들이, 아마도 공감 회로에 영향을 미침으로써, 어떻게 공감에 영향을 미칠 수 있는지 보았다. 이 유전적이고 환경적인 요인들 중 일부는 성호르몬 체계 같은 분자의 경로에도 영향을 미치며 뇌 발달에 영구적이고 **조직적인** 영향을 미치는 결과를 낳을 수 있다.

신경 과학에서 '조직적인' 영향이라는 개념은 발달 심리학에서 '결정적인'이나 '민감한' 시기라는 개념과 같은 것이다.[lxxix] 우리는 임신 중 (테스토스테론을 비롯한) 성호르몬이 발달 중인 뇌에 회복 불가능한 영향을 미친다는 사실을 알고 있다. 태아의 테스토스테론 수치가 높을수록, 뇌는 체계화를 강화하고 공감을 약화하는 방향으로 점점 남성화된다.[290,341] 이제 '악한' 행동들로 되돌아가자. 이들은 모두 공감 회로에 영향을 주는 생애 초기의 환경적 요인들(정서적인 결핍) 혹은 생물학적 요인들(유전자, 호르몬, 신경 전달 물질 등)의 결과인가?

요제프 프리츨은 자기 딸인 엘리자베스를 반복적으로 강간했다. 그는 그녀를 24년간이나 감금했다. 오스트리아에서 열린 재판에서 그녀가 녹음한 10시간 분량의 비디오테이프 증거물을 경청한 후, 그는 "내가 엘리자베스에게 얼마나 잔인했는지 지금 처음 깨달았다."고 말했다. 그는 타인의 고통, 여기서는 자기 딸의 고통을 억지로 인정했을 때에만 그것을 이해할 수 있었기 때문에 분명 공감이 자연스럽게 이뤄지지 않는 사람이었다. 정신 의학자인 아델하이드 케스트너(Adelheid Kastner)는 재판에서 증거를 제시하고 몇 가지 선천적인 요인들을 들어, 프리츨은 "타고난 강간범"이라는 견해를 표명했다. 미래에는 일련의 유전자들 중 무엇이 이처럼 극단적으로 낮은 공감에 기여하는지 이해하기 위해 이러한 부정적인 공감 제로의 사례들을 유전적으로 검사하게 될지도 모른다. 캐스트너는 프리츨이 반복적으로 엄마에게 구타를 당했었기 때문에 그의 행동이 그의 어린 시절에 기

인한다는 사실을 증명했다.³⁴²

에릭 해리스(Eric Harris)와 딜런 클리볼드(Dylan Klebold)는 1999년 콜로라도에 있는 컬럼바인 고등학교에서 자신의 급우들과 선생들을 끔찍하게 살해했다. 그들이 집에서 제조한 폭탄은 조악하게 엮어져 있었지만 구내 식당에서 600명의 사람들을 살해할 의도로 만들어진 것이었다. 부정적인 공감 제로 이론과 일치되게도, 클리볼드는 우울하며 자살 충동을 느끼는 성격이었고(그를 B유형이라고 생각할 수 있는 특성) 반면 해리스는 심리학자인 로버트 헤어(Robert Hare)가 진단했듯이, 고전적인 사이코패스(P유형)였다. 해리스는 일기에 이렇게 썼다.

> 미국은 자유의 땅이 아닌가? 내가 자유롭다면, 어째서 나는 지독한 멍청이가 차 앞좌석에 놔두고 간 물건을 뺏어서는 안 되는 거지? 지겨운 금요일 밤에 인적이 드문 외진 곳이나 탁 트인 땅에 주차한 빌어먹을 밴의 앞좌석에서 말이야. 자연 선택이다. 바보 같은 놈들은 다 총으로 쏘아야 해.³⁴³

슬프게도, 공감 제로에 대한 이런 예들은 한도 끝도 없다. 우리가 각 개별 사례마다 이 이론을 시험할 수는 없지만, 이러한 범죄를 저지른 사람들의 초기 발달이나 심리 프로파일은, 항상은 아닐지라도, 자주 이 같은 위험 요인들을 포함한다.

변화 가능성

내 다음 질문은 공감이 어린 시절이나 사춘기 때 사라진 후, 나중에 다시 발달할 수 있는가에 대한 것이다. 멜리사 토도로빅(Melissa Todorovic)은 살인자를 뒤에서 "조종"한 죄로 토론토 감옥에 갇혀 있다.[344] 15살 때 그녀는 17살인 자신의 남자 친구(DB라고 알려졌으며, 경도의 학습 장애를 앓고 있었음)를 설득하여 스테파니 렝겔(Stefanie Rengel)을 칼로 찌르게 했다. 멜리사는 그녀를 만난 적도 없는데 그녀를 질투했다. 여러 달 동안 멜리사가 DB를 들볶으며 성관계를 맺지 않겠다고 협박한 끝에 결국 DB는 그녀의 요청을 수락했다. 그는 스테파니를 부모님의 집에서 꾀어낸 후, 여섯 번이나 칼로 찔렀다.[345] 그는 멜리사에게 자신이 한 일을 말했고 그녀는 스테파니의 집에 전화를 걸어 그녀가 정말로 죽었는지 확인했다. 그가 자신이 주문한 대로 했는지 확인한 후 그녀는 그와 섹스하는 데 동의했다. 스테파니는 죽었고 법원은 멜리사가 비록 실제 행동(*actus reus*)을 하지는 않았을지라도 범의(*mens rea*)가 있었다는 점에서 남자 친구와 마찬가지로 유죄라고 선고했다. 그녀는 음모죄로 간주됐다. 2년이 흐른 지금도 그녀는 여전히 양심의 가책을 느끼지 않는다. 그녀의 사례를 조사한 심리학자들과 정신과 의사들은 사춘기의 뇌는 25살이 될 때까지도 계속 발달할 수 있기 때문에 그녀가 단순히 공감 능력에 있어 극단적인 발달 지체를 겪고 있을 가능성도 기꺼이 고려해야만 한다고 주장했다.[346]

3장에서 본 것처럼, 이러한 품행 장애의 사례들은 P유형(정신병질적 성격 장애)을 강하게 예견한다. 이러한 사례들이 전부 다 P유형은 아니라는 사실은 이 같은 종류의 극단적인 범죄를 저지른 사람들 중 일부가 충분한 자기 통제력과 감정 조절력, 또 훨씬 공감적인 방식으로 자신의 경로를 변화시키려는 도덕적인 인식을 마침내 정말로 발달시켰다는 것을 의미한다. 나는 그런 사람들이 드물 것이라고 의심한다.

그러면 징역형의 쟁점은 뭘까? 이는 과학적인 증거를 무시하고 대신 희생자 가족의 감정에 초점을 맞춘 것일 수 있다. 토론토에서 어느 금요일 밤 우리는 저녁 식탁에 둘러앉아 멜리사 토도로빅의 사례에 대해 토론했다. 사회는 어떻게 반응해야만 하는가? 그 자리에서 모든 의견들이 등장했는데, 린은 아주 극단적인 견해를 제시했다. "만약 그녀에게서 삶을 송두리째 빼앗아 버리면, 그녀는 자신의 삶에 대한 권리를 잃어버릴 거예요. 종신형이 바로 그런 경우죠. 결코 그녀를 석방해선 안 돼요. 평생 감옥에서 썩게 합시다!"

이와 대비되는 극단적인 견해는 아비의 것이다. 사악한 범죄를 저지른 사람일지라도 자신의 '실수'를 깨닫고 거기서 배울 기회를 얻어야만 한다고 말이다. "피터 수트클리프(Peter Sutcliffe, 요크셔의 살인광으로 21명의 여성들을 공격했고 그중 13명의 여성을 살인했다. 그중 상당수가 매춘업에 종사하는 여성이었다.)[lxxx]는 거의 30년간 감옥에 있었어요. 그에게 몇 년 동안 자유를 누릴 수 있게 허락해 줘야 해요. 그는 충분한 대가를 치렀어요."

확실히 내 견해는 의견들의 스펙트럼에서 이쪽 끝에 더 가깝다. 나는 콜 니드레(Kol Nidre)[lxxxi]의 밤에 케임브리지에서 베스 샬롬 유대교 회당에 앉아 있던 일을 기억한다. 무신론 철학자인 내 친구 피터 립턴(Peter Lipton)이 '속죄'를 주제로 설교를 하고 있었다. "만약 내가 다른 사람을 본질적으로 나쁘게 대우한다면, 우리는 그 혹은 그녀의 인간성을 파괴하고 있는 것입니다. 만약 우리가 모든 사람들의 내면에 다소라도 선한 부분이 있다는 견해를 갖고 있다면 그 부분이 겨우 전체의 0.1퍼센트에 지나지 않는 것일지라도 그들의 선한 부분에 초점을 맞춰서 인간답게 대우해야 합니다. 그들의 선한 부분을 인정하고 돌보며 보상함으로써 우리는 그것이 성장하도록 할 수 있습니다. 마치 사막에 핀 작은 꽃처럼요."

나는 이런 태도가 누구도 ― 우리가 아무리 나쁘다고 묘사할지라도 ― 100퍼센트 나쁘거나 인간적인 접근에 응하지 못하는 상대로 대우하지 말아야 한다는 것을 의미하기 때문에 도발적인 발상일 수 있다고 생각한다. 문제는 우리가 이 개념을 논리적인 결론에 이르게 할 수 있느냐다. 명백하게 '악한' 사람들이(아마도 히틀러가 여기에 속한다고 할 수 있을 것이다.) 자신의 죄를 뉘우치고 처벌을 받는다면 우리는 그들을 갱생시키려는 의도를 가지고 그들의 선한 자질에 초점을 맞추려고 노력해야 할까? 내 견해는 그래야만 된다는 것이다. ― 그들의 범죄가 얼마나 악한 것이든, 가해자를 사물처럼 대해 비인간화시키는 범죄를 되풀이하지 않고 그들에게 공감을 나타내는 것이 우리가 수립할 수 있는 유일한 방식이다. 그들을 비인간화시키는 것은 우리를 우리가 처벌하는 사람들보다 더 나을 것이 없게 만든다.

내가 이 글을 쓸 때, 로니 리 가드너(Ronnie Lee Gardener, 유죄 선고를 받은 살인자)가 유타 주에서 총살형에 처해졌다. 다른 사람들 말에 따르면, 그는 자신의 죄를 인정하고, 그 스스로가 경험했으며, 자신의 범죄에 기여했던 학대와 방임을 다른 젊은이들이 겪지 못하도록 도

우려고 노력하면서 여생을 보냈다고 한다. 그러나 나이가 들면서 나타난 그의 이 명백한 변화에도 불구하고 유타 주의 법관들은 그를 사형에 처해야만 한다고 생각했다. 미국인이 아닌 내게 흥미로운 점은 현대의 미국에서도 비무장 상태로 의자에 묶인 죄수를 쏘는 사형 집행 업무에 자원할 경찰관 5명을 발견할 수 있다는 사실이다. 훨씬 더 놀라운 점은 의사가 로니의 심장 위에 집행자의 표적 역할을 할 원반을 올려놓았다는 사실이다. 이 의사는 자신이 의사로서의 업무를 수행하고 있다고 생각했을까? 로니에게 사형을 선고한 판사나 방아쇠를 당긴 집행인들에서 공감은 어디에 있었는가? 그의 죽음에 사촌이 눈물을 흘렸기에 그는 사랑받았던 사람으로 여겨진다.

보다시피, 나는 사형에 반대한다. 단지 야만적이라서가 아니라(역설적이게도 사형은 처벌을 추구하는 개인만큼이나 그 국가도 비공감적으로 만든다.), 그것이 내면에 있는 변화나 발전의 가능성을 폐쇄해 버리기 때문이다. 우리는 (감정 인식 같은) 공감의 요소들이 학습될 수 있다는 증거를 이미 갖고 있다.[322,347,348] 이 방법들은 무엇을 시도할 수 있느냐라는 측면에서 수박 겉핥기만 하고 있다. 우리는 감정 인식 이외의 공감의 다른 측면들도 가르치고 학습될 수 있을 가능성에 대해 열린 마음을 가질 필요가 있다. 상담과 다른 심리 치료들, 예를 들면 역할 놀이 같은 치료들은 공감을 북돋우려는 목적을 가지고 있다. 이 방법들이 그 역할을 제대로 하고 있는지 보여 주는 체계적인 연구를 수행하는 것은 가치 있는 일일 것이다. 또 이 심리적 방법들이 공감 곡선의 서로 다른 위치에 놓여 있는 사람들을 위해 작동하는 정도 역시 검사할 필요가 있다. 예를 들면, EQ가 평균보다 약간 아래인 누군가가 치료 후 공감 지수가 증가한다면, 그다지 놀랍지 않을 것이다. 공감 제로인 사람이 공감 능력을 획득하도록 도움을 받을 수 있는지, 만약 그렇다면, 공감이 '정상적인' 수준에 도달할 수도 있는지는 아직 규명해야 할 과제다.

초공감?

2장에서 우리는 공감이 정규 종형 곡선을 따라 어떻게 분포하는지 보았다. 지금까지 우리는 극단적인 공감 제로만을 고려했으며 공감의 다른 쪽 끝, 최상의 수준은 거의 건드리지 않았다. 그렇다면 이 사람들은 어떨까? 취리히의 신경 과학자인 타니아 싱어는 시칠리아에 있는 에리체의 아름다운 회의장에서 이 주제에 대해 발표했다. 그녀는 자신과 타인의 고통에 대한 반응을 조절하는 걸 배우며 성년기를 보낸 한 불교 수도승의 뇌를 정밀 촬영했다. 그는 장시간 불편한 자세로 앉아 있는 중에도 계속 평정을 유지할 수 있었다. 그는 명상을 통해 자신의 심장 박동을 조절하고 모든 살아 있는 동물이나 인간들에게 공감을 나타낼 수 있었다. 타니아는 수도승이 다른 사람들의 얼굴 표정을 볼 때, 그의 뇌가 공감 회로 부위에서 과다 활동 상태에 있는 것을 보여 주었다.

그녀의 대단히 흥미로웠던 강의가 끝날 무렵, 나는 그녀에게 우리가 정말로 그 수도승의 행동이 초공감으로 이뤄진다고 결론 내릴 수 있는지 질문했다. 그녀는 만약 그 수도승이 뇌 속 통증 기질의 자기상

(self-aspects)을 억누르고 있다면(뇌 주사 사진 결과는 이것이 사실임을 제시했다.), 공감 회로의 과다 활동은 그가 자신의 감정 상태를 제쳐놓고, 타인의 감정 상태에만 배타적으로 몰두할 수 있음을 내비치는 것이라 주장했다. 겉으로 보기에 이 사례는 거울 신경 세포계의 억제와 우수한 공감을 가장 잘 실증해 준다.

그러나 나는 이 해석에 설득당하지 않았다. 먼저, 만약 누군가가 자신의 통각(痛覺)을 억누를 수 있다면, 그것이 전쟁터나 경쟁적인 스포츠에서 유용한 기술일지라도, 그러한 억제가 초공감에 요구되는지는 분명치 않다. 둘째, 만약 당신이 타인의 고통에 대한 자신의 **적절한** 감정적 반응을 억누른다면, 그것을 얼마나 공감적이라고 할 수 있을까? 수도승이 무엇을 하든, 그것은 분명 비정상적인 것이며, 공감에 대한 내 정의에 부합하지 않는다. 만약 당신이 기쁨에서 고통까지, 일련의 감정 변화를 겪고 있다면, 또 불교 수도승이 당신의 감정이 변할 때마다, 마치 "나는 당신을 판단하지 않고 받아들이겠소."라고 말하듯, 조용히 당신에게 미소 짓는다면, 나는 기괴한 느낌을 받을 것이라고 생각한다. 적어도, 당신이 고통을 겪고 있다면, 그가 배려하고 있다는 것을 보여 주는 동정의 표현을 보고 느끼는 게 좋을 수 있다. 내 생각으로는 정상적인 공감 반응의 **격리**(detachment)는 그 수도승이 초공감자의 후보가 될 자격을 박탈한다.

몇몇 사람들이 초공감은 근처에 있는 다른 사람의 괴로움이나 심지어 전해 들은 말에도 계속 괴로운 상태에 놓이게 되기 때문에 불쾌한 상태일 수 있다고 나를 설득하려고 노력했다. 이렇게 많은 슬픔에 정서적으로 반응하는 일은 대응하기 힘들며 심지어 우울한 일일 수 있다. 거울 신경 세포계가 타인에 의해 표현되는 것과 비슷한 감정을 그 사람에게서 유발한다면 특히 그럴 것이다. 나는 초공감이 그 자체로 부적응적이라는 의견이 매우 흥미롭다고 생각한다. 그러나 이번에도 나는 회의적이다. 왜냐하면 만약 한 개인이 자신의 감정을 다른 사람의 감정과 분리할 수 없게 되는 지점까지 압도된다면, 그들이 어떤 의미에서 초공감을 가졌다고 말할 수 있는 것일까? 이러한 혼란 상태에서 그들은 공감을 하고 있다기보다는 단지 괴로워하고 있을 뿐이다.

내가 초공감이 아니라고 생각하는 바에 대해 토론하며 다소간의 시간을 보냈으니, 초공감이라고 생각하는 바에 대해 얘기하는 것이 마땅할 것이다. 2장의 한나를 기억하자. 그녀는 타인의 감정을 재빨리 파악하며 그들의 감정을 세심하고 매우 정확하게 말로 표현해 내는 심리 치료사다. 내게는 이런 사람이 레벨 6의 공감 기제에 해당하는 좋은 사례다. 초공감을 가진 사람의 두 번째 후보자는 데스몬드 투투(Desmond Tutu) 대주교다(그림 12). 아파르트헤이트 반대 투쟁에서 그가 수행한 놀라운 역할을 다룬 최근의 한 다큐멘터리에서, 그는 진실과 화해 공청회(Truth and Reconciliation Hearings)에서 사랑하는 사람들을 고문하거나 살해한 백인 경찰관과 교도관들에게 자신의 개인사를 얘기하는 흑인 희생자들의 말에 귀를 기울이며 앉아 있었다. 그때 투투는 소리 내어 울지 않으려고 자신의 손을 눈에 띄게 깨물어야만 했다. 그가 타인의 고통과 괴로움을 들으며 느낀 고통과 괴로움을 전달하려는 욕구는 그렇게나 강했다.[349] 그러나 인터뷰에서 그가 설명했듯이, 이 공청회는 그 자신의 감정이 아니라 희생자의 감정을 인정하기 위한 시간이었다. 공개적으로 눈물을 흘리는 것은 그 희생자의 감정에서 주의를 돌리고 자신의 감정에 관심의 초점을 맞추는 일일 수 있다. 이러한 이유로 그는 자신이 할 수 있는 최대한 깊은 슬픔을 억눌렀다.

백인 교도관들과 경찰관들에게도 용서를 경험할 수 있는 기회가 필요하다는 것을 인식할 수 있었던 건 일부분 그의 독실한 종교심이 원인이 되었다. 그것은 또한 공격자 역시 후회를 드러낼 기회와 존중을 누릴 자격이 있는 사람이라는 인식이었다. 그러나 그는 이러한 후회가 항상 가능한 것은 아니라는 점을 인정했다. 그는 법무 장관인 제임스 크루거(James Kruger)가 흑인 인권 운동가인 스티브 비코(Steve Biko)의 죽음을 어떻게 말했는지 회상했다. "그의 죽음은 아무런 감흥도 일으키지 않았다."[350] 투투는 내가 이 책에서 물었던 것처럼 다른 사람의 죽음에 아무것도 느끼지 못하는 이 남자에게 무슨 일이 일어난 것인지 물었다. 내가 아는 한, 한나 투투 같은 사람들의 뇌는 결

그림 12 남아프리카의 데스몬드 투투 대주교

코 단층 촬영할 수 없지만, 우리가 그에 대해 분명한 예측을 만들 수는 있다. 그들은 부정적인 공감 제로인 사람들에서 활동이 저하되는 바로 그 공감 회로에서 과다 활동이 나타날 것이다.

확실히 부정적인 공감 제로는 좋은 상태가 아니다. 반대편 극단인, 초공감에 대한 내 추측은 초공감은 전적으로 긍정적이지만 매우 이타주의적인 관점에서만 그럴지도 모른다는 것이다. 그러나 이타주의가 반드시 주 7일 하루 24시간 지속 가능한 삶의 방식일 필요는 없다. 타인에게만 집중하다 보면 자신의 필요를 무시할 위험이 있다. 반면 자신의 필요에만 지나치게 초점을 맞추는 것은 자기중심성을 초래할 수 있다. 이것은 그 자체로 사회적 지지(social support)[lxxxii]로부터 고립될 위험이 있다. 짐작컨대, 공감이 종형 곡선인 이유는(대다수의 사람들이 높기보다는 중간 정도의 공감 수준을 보여 줌) 적당한 공감 수준이 가장 적응적이기 때문인 것 같다. 지나친 타인 중심성은 그 사람이 타인을 약화시키거나 기분 상하게 할 것을 두려워해, 결코 자신의 야망을 추구하지 못하거나 경쟁적으로 행동하지 못한다는 것을 의미한다. 지나친 자기중심성은 다른 모든 것을 배제하고 자신의 야망을 추구한다는 이점을 가지며, 거기서 상당한 대가를 얻을 수 있을지도 모르지만(특히 비즈니스의 세계에서나 자원을 축적할 때), 이 '무자비한 나쁜 녀석'이 더욱 부유해지고 영향력이 세지는 과정에서, 더 많은 적을 만들게 될 수도 있다. 가장 많은 사람들이 속한 공감의 수준에서 이 균형을 유지하는 것은 그 개인에게 불리한 점 없이 공감의 이익을 전달하는 진화된 적응일 수 있다.

나는 내가 논리와 공감이 모두 각각 가치가 있다고 설득력 있게 주장했기를 희망한다. 때문에 이 책의 독자들이 여기서 공감이 논리보다 더 낫다는 결론을 얻었을까 봐 걱정된다. 긍정적인 공감 제로의 경우에서 우리는 논리의 가치(강력한 체계화)를 완전히 선명하게 본다. 문제 해결에 관한 한 많은 상황들이 논리와 공감을 둘 다 요구한다. 그들은 상호 배타적이다. 갈등이 발생한 곳이 집안이든, 일터든, 혹은 국제 관계에서든 갈등의 해결책으로써 논리와 공감의 조합은 크게 추천된다. 이 다소 명백한 주장은 그럼에도 불구하고 순전히 공감이 여러 상황들에서 무시되기 때문에 제기될 필요가 있다.

(1장에서) 나는 우리가 타인을 고유한 감정을 가진 한 명의 사람으로 대우하지 않고 사물 취급하기 시작할 때 공감이 감소한다고 정의했다. 그러나 이러한 질문도 타당하다. 우리 모두가 항상 서로에게 그렇게 하는 건 아니지 않나? 우리는 상대가 우리에게 무언가를 주기 때문에 우정을 즐긴다. 또 우리는 상대의 육체가 하나의 사물이기 때문에 성적인 관계를 즐긴다. 우리는 필요한 서비스를 제공하기 때문에 사람을 고용하며, 상대가 가진 아름다움 혹은 신체적인 우아함 때문에 누군가를 바라보길 즐길 수도 있다. 이 모든 것들은 하나의 사물로서의 사람의 면면들을 포함한다.

이 질문에 대한 내 대답은 만약 공감이 작동한다면 우리가 사람을 하나의 사물로서 대하고 있는 내내, 동시에 우리는 그들의 감정을 의식하거나 쉽게 느낀다는 것이다. 만약 그들의 감정 상태가 변화하면, 예를 들면 갑자기 기분이 상하는 식으로, 우리는 하던 일을 멈추고 무엇이 잘못되었으며 그들이 무엇을 필요로 하는지 확인할 것이다. 만약 우정이 순전히 그 관계로부터 무엇을 얻는가에만 기반한다면, 상대가 더 이상 그것을 제공할 수 없을 때 우리는 그 사람을 버릴 것이다. 그것은 피상적인 관계일 뿐만 아니라 비공감적인 관계이기도 하다. 나는 공감의 정의에 우리가 타인의 감정을 세심하게 살피지 않고 그를 물건 취급하는 단계가 공감 제로의 **시작점**이라는 단서를 달려고 한다. 이 단계는 종점이 아니라 시작점이다. 왜냐하면 사람들이 저지르는 범죄 목록에서 봐 온 것처럼 이러한 마음 상태가 우리가 점점 더 상처를 주는 방식으로 행동하는 것을 가능하게 만들기 때문이다.

충분히 활용하지 않은 자원, 공감

이 책을 쓴 동기 중 하나는 공감이 **세상에서 가장 가치 있는 자원 중 하나**라고 설득하기 위해서다. 공감의 침식은 크든 작든 공동체의 건강과 관련된 중요한 세계적인 쟁점이다. 가족은 더 이상 서로 대화할 수 없는 형제들 때문에, 서로를 끔찍하게 불신하는 부부 때문에, 서로의 의도를 오해하는 부모와 자식 때문에 해체될 수 있다. 공감이 없으면 우리는 관계가 붕괴될 위기에 처한다. 우리는 서로 상처를 주게 될 수 있고 갈등을 초래할 수도 있다. 공감이 있다면 우리는 갈등을 해결하고 공동체의 화합을 촉진시키며 타인의 고통을 사라지게 할 자원을 가진 것이다.

나는 우리가 공감을 당연한 것으로 받아들여서 어느 정도 그것을 간과하고 있다고 생각한다. 하나의 과학으로서 심리학은 실제로 한 세기 동안 공감을 무시했다. 독서와 작문력, 수학에 집중하는 교육자들 역시 대체로 공감을 무시했다. 우리는 어떤 어려움이 있어도, 공감이 모든 아이들에서 발달할 것이라고 가정한다. 그래서 공감을 육성하는 데 시간도 노력도 돈도 거의 투자하지 않는다. 정치가들은 공감에 대해 거의 언급하지 않는다. 그들이 누구보다 공감을 필요로 함에도 말이다. 이 책은 공감을 의제로 다시 다루며 제러미 리프킨(Jeremy Rifkin)의 역사적인 설명서인 『공감의 시대(The Empathic Civilization)』와 프란스 드발의 진화적인 설명서인 『공감의 시대(The Age of Empathy)』의 뒤를 따른다.[351,312] 그러나 최근까지 신경 과학자들은 공감이 무엇인지 거의 질문하지 않았다. 이 책을 읽으며 한 종으로서 우리 인간이 가진 강력한 자원이 무엇인지 깨달았기를 바란다. 우리의 손가락 맨 끝에서, 우리가 공감을 우선시한다면 좋을 텐데.

공감의 힘에 대한 얘기가 혹시라도 현실감이 부족해 보일 경우를 대비하여 두 나라 사이의 관계를 고려한 현실의 문제로 공감을 다뤄보자. 두 나라는 이스라엘과 팔레스타인으로, 둘은 20세기 내내 서로 맹렬히 싸워 왔으며, 이 싸움은 약해질 조짐이 없이 계속되고 있다. 각 공동체들이 서로의 관점을 보고 공감할 수 있으면 좋으련만.

초기의 시온주의자들 중 일부는 반유대주의의 물결을 피해 도망 온 유태인 난민들이었다. 그 가족들 중 상당수가 19세기 러시아의 집단 학살과 20세기 나치의 최종 해결(Final Solution, 유태인 대학살) 동안 박해를 받았다. 내 외할아버지인 마이클 그린블랫이 바로 그러한 초기 시온주의자 중 한 명이었다. 그는 6살 때 리투아니아 대학살에서 도망쳐 보트를 타고 1906년 몬트리올 시에 도착했다. 내가 외할아버지를 방문할 때마다 그는 이스라엘의 새 땅을 구축하기 위한 기금을 모금하느라 바빴다. 그는 예루살렘의 스코푸스산 위에 세계 최상급의 히브리 대학교를 세우는 흥미로운 프로젝트에 적극적이었다. 이스라엘은 세계 최상급의 병원과 오케스트라, 연구소를 가진 도시를 창조하며, 놀라운 성공을 즐기고 있었지만, 처음부터 그 나라는 무력 충돌의 비극적인 운명에 휩쓸리게 되었다. 놀랍게도 1948년 이스라엘이 세워진 지 딱 하루 뒤 이 나라는 아랍인 이웃들에게 침략당했다. 왜 이런 일이 일어났을까?

그것은 부분적으로는 많은 팔레스타인 주민들이 당연하게도 이스라엘 건국으로 인해 쫓겨났다고 느꼈기 때문이다. 이는 새 국가를 인가한 미국이 아마도 과소평가했던 결과였다. 최초의 원인이 무엇이었든 간에 그 결과 60년 동안 팔레스타인 폭격기들과 이스라엘의 탱크들은 보복 공격을 반복하면서 훨씬 더 많은 사람들을 고통스럽게 만들었다. 지금까지 양측의 많은 사람들이 오직 자신의 관점만을 보며 — 이런 의미에서 — 타인에 대한 공감을 잃어버리고 있다. 무력 해결이 효과가 없었다는 점은 분명하며 나는 **앞으로 유일한 방법은 공감을 통하는 것뿐이라고** 주장한다. 다행히도, 중동 사람들이 영구적이거나 지속적으로 공감을 잃어버린 것은 아니라는 증거가 있다. 나는 지난해 북 런던의 골더스 그린 마을에 있는 알리스 가든 유대교 회당에 앉아 있었다. 두 남자들이 연단 위로 올라왔다.

첫 번째 남자가 말했다. "저는 아흐마드고 팔레스타인 사람입니다. 제 아들은 아랍인 반란(intifada, 인티파다) 시 이스라엘인이 쏜 총에 사망했습니다. 저는 당신들 모두에게 샤밧 샬롬(shabbat shalom)[lxxxiii]을 기원해 주기 위해 여기 왔습니다."

그 후 다른 남자가 말했다. "저는 모이쉬고 이스라엘 사람입니다. 제 아들 역시 아랍인 반란 시 팔레스타인 10대가 던진 집에서 만든 화염병에 맞아 사망했습니다. 저는 당신들 모두에게 살람 알레이쿰 (Salaam Aleikem)[lxxxiv]을 기원해 주기 위해 여기 왔습니다."

나는 충격을 받았다. 여기 정치적 분열의 반대쪽 끝에서 온 두 아버지들이 깊은 슬픔으로 하나가 되어 이제 서로의 언어를 껴안고 있었다. 그들은 어떻게 만났을까? 모이쉬는 '이스라엘과 팔레스타인 사람들을 위한 부모 모임(Parents Circle for Israelis and Palestinians)'이라는 자선 단체를 통해, 철조망 너머의 사별을 당한 부모들에게 직접 전화를 걸어 공감을 표할 수 있는 기회를 얻었다.[lxxxv] 아흐마드는 전화벨이 울렸을 때 자신이 가자 지구에 있는 집에서 어떻게 지내고 있었는지 묘사했다. 용감하게 첫 걸음을 내딛은 건 모이쉬였다. 당시 예루살렘에서 그 같은 사람은 드물었다. 그 둘은 전화기에 대고 솔직하게 눈물을 흘렸다. 한 번 만난 적도 얘기한 적도 없는 다른 사회에서 온 사람들이었지만 둘 다 서로에게 자신은 상대방이 겪고 있는 일을 알고 있다고 말했다.

모이쉬는 아흐마드에게 말했다. "우리는 똑같아요. 우리는 둘 다 아들을 잃었어요. 당신의 고통은 나의 고통이에요." 아흐마드는 대답했다. "이 괴로움은 사랑하는 아들을 잃는 끔찍한 고통을 알게 된, 당신과 나 같은 아버지들이 더 많이 생기기 전에 끝나야만 합니다."

두 아버지들은 지금 공감의 필요성에 대한 의식을 높이고 이 자선 단체의 기금을 모으기 위해 전 세계 회교 사원과 유대교 회당을 돌고 있다. 물론, 이것은 아주 작은 한 걸음일 뿐이지만 공감의 각 방울들

이 모여 결국 평화의 꽃에 물을 공급할 것이다.[lxxxvi]

공감은 보편적인 용매다.[lxxxvii] 어떤 문제도 공감 속에 담그면 녹는다. 공감은 대인 문제들을 예상하고 해결할 수 있는 효과적인 방식이다. 그것이 결혼 갈등이든 국제 갈등이든, 직장에서의 문제든, 혹은 우정, 정치적인 교착 상태, 가족의 분쟁에 있어서의 어려움이든, 아니면 이웃과의 문제이든지 간에 상관없다. 나는 이 자원이 다른 대안들(총이나 법, 종교 같은)보다 문제를 해결하는 더 나은 방식이라고 이 책을 통해 설득했길 희망한다. 유지하는 데 수조 달러가 드는 군수 사업이나 순조롭게 운영하는 데 몇 백만 달러가 드는 교도소와 사법 체계와는 달리, 공감은 무료다. 그리고 종교와는 달리, 공감은 정의상 누구도 억입할 수 없다.

부록 1

공감 지수(EQ)[lxxxviii] 측정하기

공감 지수(EQ) 성인용

▶ **설문지 작성 방법**

아래는 서술 목록입니다. 각 항목을 매우 주의 깊게 읽고 그 내용에 동의하는 정도 혹은 동의하지 않는 정도를 응답란에 표시하여 평가하세요. 응답에는 맞거나 틀린 것이 없으며, 교묘한 질문도 없습니다.

		매우 동의함	약간 동의함	별로 동의하지 않음	전혀 동의하지 않음
1	나는 누군가 대화에 참여하고 싶어 하는 것을 쉽게 알아챌 수 있다.	☐	☐	☐	☐
2	나는 내가 쉽게 이해하는 것을 다른 사람이 첫 번에 이해하지 못할 때, 그 사람에게 설명하는 데 어려움을 느낀다.	☐	☐	☐	☐

		매우 동의함	약간 동의함	별로 동의하지 않음	전혀 동의하지 않음
3	나는 다른 사람을 돌보는 것을 정말로 좋아한다.	☐	☐	☐	☐
4	나는 사람들과 함께해야 하는 상황에서 무엇을 어떻게 해야 할지 잘 모르겠다.	☐	☐	☐	☐
5	사람들은 논의 시 내가 자기주장이 너무 지나치다고 종종 이야기한다.	☐	☐	☐	☐
6	나는 친구와 만날 때 약속 시간을 못 맞춰도 크게 걱정하지 않는다.	☐	☐	☐	☐
7	나는 친구 관계나 대인 관계가 너무 어려워서 그런 문제에 신경 쓰지 않으려고 한다.	☐	☐	☐	☐
8	나는 어떤 행동이 무례한지, 공손한지를 판단하기 힘들 때가 많다.	☐	☐	☐	☐
9	나는 대화할 때 상대방이 어떤 생각을 하는지에 주의하기보다는 내 생각에 더 집중할 때가 많다.	☐	☐	☐	☐
10	나는 어렸을 때, 벌레를 자르면 어떻게 될지 궁금해서 벌레를 자르는 것을 즐겼다.	☐	☐	☐	☐
11	나는 다른 사람이 한 말의 숨은 뜻을 쉽게 알아차릴 수 있다.	☐	☐	☐	☐
12	나는 어떤 일이 사람들을 몹시 화나게 만드는 이유를 이해하기 힘들다.	☐	☐	☐	☐
13	나는 다른 사람의 입장에서 보는 일이 쉽다.	☐	☐	☐	☐
14	나는 누군가가 어떻게 느낄지 잘 예측할 수 있다.	☐	☐	☐	☐
15	나는 여럿이 함께 있을 때 누군가가 어색해 하거나 불편해 하는 것을 빨리 알아차린다.	☐	☐	☐	☐

	매우 동의함	약간 동의함	별로 동의하지 않음	전혀 동의하지 않음
16 나는 사람들이 내가 하는 말을 듣고 공격 받았다고 느낄 때, 그건 그 사람의 문제지, 내 문제가 아니라고 생각한다.	☐	☐	☐	☐
17 나는 누가 자기 머리 모양이 어떤지 내게 물으면 그 모양이 마음에 들지 않더라도 사실대로 대답할 것이다.	☐	☐	☐	☐
18 나는 사람들이 논평하는 말을 왜 공격하는 것으로 받아들이는지 늘 이해할 수가 없다.	☐	☐	☐	☐
19 나는 사람들이 우는 모습을 봐도 별로 괴롭지 않다.	☐	☐	☐	☐
20 나는 상당히 무뚝뚝해서, 의도한 것은 아니지만 다른 사람들은 나를 건방지다고 생각한다.	☐	☐	☐	☐
21 나는 사람들과 어울리는 상황이 별로 혼란스럽지 않다.	☐	☐	☐	☐
22 사람들은 내가 자신들이 어떻게 느끼고 무엇을 생각하는지 잘 이해한다고 말한다.	☐	☐	☐	☐
23 나는 사람들과 이야기할 때 내 자신의 경험보다는 그 사람의 경험에 대해 이야기하는 편이다.	☐	☐	☐	☐
24 나는 동물들이 고통받는 모습을 보는 것이 괴롭다.	☐	☐	☐	☐
25 나는 다른 사람들의 감정에 영향을 받지 않고 결정을 내릴 수 있다.	☐	☐	☐	☐
26 나는 상대방이 내 말을 재미있어 하는지 지루해 하는지 쉽게 알 수 있다.	☐	☐	☐	☐
27 나는 뉴스 프로그램에서 사람들이 고통받는 모습을 볼 때 마음이 아프다.	☐	☐	☐	☐
28 친구들은 대개 내가 아주 잘 이해해 준다며 자신의 문제를 이야기한다.	☐	☐	☐	☐

	매우 동의함	약간 동의함	별로 동의하지 않음	전혀 동의하지 않음
29 다른 사람들이 말해 주지 않아도 내가 남의 일에 지나치게 간섭하고 있는 건 아닌지 잘 느낄 수 있다.	☐	☐	☐	☐
30 사람들은 때때로 내가 지나치다 싶을 정도로 다른 사람을 놀린다고 말한다.	☐	☐	☐	☐
31 사람들은 종종 내가 둔감하다고 이야기한다. 하지만 나는 항상 사람들이 왜 그렇게 말하는지 잘 모르겠다.	☐	☐	☐	☐
32 나는 어떤 집단에 새로운 사람이 들어오면, 그 집단에 어울리도록 노력하는 일은 그 사람의 몫이라고 생각한다.	☐	☐	☐	☐
33 나는 영화를 볼 때 대개의 경우 감정적으로 몰입하지 않는다.	☐	☐	☐	☐
34 나는 다른 사람이 어떻게 느끼는지를 재빨리 직관적으로 알 수 있다.	☐	☐	☐	☐
35 나는 다른 사람이 어떤 말을 하고 싶어 하는지 쉽게 알아챌 수 있다.	☐	☐	☐	☐
36 나는 다른 사람이 자신의 진짜 감정을 숨기고 있는지 쉽게 알아낸다.	☐	☐	☐	☐
37 나는 사회적 상황의 규칙을 의식적으로 파악하지 않는다.	☐	☐	☐	☐
38 나는 다른 사람이 무엇을 할지 잘 예측할 수 있다.	☐	☐	☐	☐
39 나는 친구의 문제에 대해 감정적으로 관여하는 경향이 있다.	☐	☐	☐	☐
40 나는 다른 사람의 관점에 동의하지는 않더라도 그런 관점이 있다는 것을 대개 인정할 수 있다.	☐	☐	☐	☐

저작권 SBC/SJW 1998년 2월

▶ **EQ 점수 매기는 법**

아래 각 문항들에서 '매우 동의함'에 응답했으면 2점, '약간 동의함'에 응답했으면 1점을 준다. 1, 3, 11, 13, 14, 15, 21, 22, 24, 26, 27, 28, 29, 34, 35, 36, 37, 38, 39, 40

아래 각 문항들에서 '전혀 동의하지 않음'에 응답했으면 2점, '별로 동의하지 않음'에 응답했으면 1점을 준다. 2, 4, 5, 6, 7, 8, 9, 10, 12, 16, 17, 18, 19, 20, 23, 25, 30, 31, 32, 33

각 점수를 더해 총점을 산출하여 EQ 점수를 구한다.

▶ **EQ 점수 해석법**

- 0~32점 공감 지수 낮음. (아스퍼거 증후군이나 고기능 자폐증이 있는 사람은 대부분 20점 정도임.)
- 33~52점 평균 공감 지수. (대부분 여성은 47점 정도, 남성은 42점 정도)
- 53~63점 공감 지수 평균 이상.
- 64~80점 공감 지수 매우 높음.
- 80점 최고점.

이 부록에 수록된 검사들과 관련된 규준(norm), 타당도, 신뢰도와 그 외 통계 관련 문제들과 관련된 세부 사항들은 앞서 인용한 과학 학술지에 실린 논문 원본에 기재돼 있음(뒤이은 공감 지수 아동용 또한 마찬가지임).

공감 지수(EQ) 아동용

각 항목에 대해 적절한 응답을 표기하세요.

		매우 동의함	약간 동의함	별로 동의하지 않음	전혀 동의하지 않음
1	내 아이는 다른 사람을 돌보길 좋아한다.	☐	☐	☐	☐
2	내 아이는 종종 어떤 일이 사람들을 몹시 화나게 만드는 이유를 이해하지 못한다.	☐	☐	☐	☐
3	내 아이는 영화 속 등장인물이 죽어도 울거나 속상해 하지 않을 것이다.	☐	☐	☐	☐
4	내 아이는 사람들이 농담하고 있다는 것을 금방 알아챈다.	☐	☐	☐	☐
5	내 아이는 벌레의 몸을 자르거나 곤충의 다리를 잡아 빼는 것을 좋아한다.	☐	☐	☐	☐
6	내 아이는 형제나 친구들에게서 그들이 좋아하는 것을 훔친 적이 있다.	☐	☐	☐	☐
7	내 아이는 친구 관계를 맺는 데 곤란을 겪고 있다.	☐	☐	☐	☐
8	다른 아이들과 놀 때, 내 아이는 자발적으로 번갈아 장난감을 공유하려 한다.	☐	☐	☐	☐
9	내 아이는 그로 인해 사람들이 기분 상해 할지라도 자기 의견을 직설적으로 말할 수 있다.	☐	☐	☐	☐
10	내 아이는 애완동물을 돌보길 좋아한다.	☐	☐	☐	☐
11	내 아이는 종종 자신도 모르게 무례하거나 버릇없이 행동한다.	☐	☐	☐	☐

	매우 동의함	약간 동의함	별로 동의하지 않음	전혀 동의하지 않음
12 내 아이는 신체적인 괴롭힘을 당하고 있다.	☐	☐	☐	☐
13 학교에서 내 아이는 자신이 이해한 것을 쉽게 다른 사람에게 명확하게 설명할 수 있다.	☐	☐	☐	☐
14 내 아이에게는 여러 친한 친구들과 한 명 이상의 매우 가까운 친구들이 있다.	☐	☐	☐	☐
15 내 아이는 다른 사람의 의견이 자신의 의견과 다를 때에도 그들의 의견을 경청한다.	☐	☐	☐	☐
16 내 아이는 다른 사람들이 속상해 할 때 관심을 보인다.	☐	☐	☐	☐
17 내 아이는 자기 생각에 너무 사로잡힌 나머지 다른 사람들이 지루해 하는 것을 알아채지 못한다.	☐	☐	☐	☐
18 내 아이는 다른 아이들이 한 행동에 대해 그 애들을 비난한다.	☐	☐	☐	☐
19 내 아이는 동물들이 고통받는 모습을 보고 괴로워한다.	☐	☐	☐	☐
20 내 아이는 다른 사람이 자신을 짜증나게 하면 때로 그들을 밀치거나 꼬집는다.	☐	☐	☐	☐
21 내 아이는 누군가 대화에 참여하고 싶어 하는 것을 쉽게 알아챌 수 있다.	☐	☐	☐	☐
22 내 아이는 자신이 원하는 것을 협상하는 데 뛰어나다.	☐	☐	☐	☐
23 내 아이는 파티에 초대하지 않은 아이가 어떻게 느낄지 걱정한다.	☐	☐	☐	☐
24 내 아이는 다른 사람들이 울거나 괴로워하는 모습을 보고 속상해 한다.	☐	☐	☐	☐

부록 1 공감 지수 측정하기

	매우 동의함	약간 동의함	별로 동의하지 않음	전혀 동의하지 않음
25 내 아이는 새로운 아이가 학급에 적응하도록 도와주고 싶어 한다.	☐	☐	☐	☐
26 내 아이는 욕을 듣거나 놀림을 당하고 있다.	☐	☐	☐	☐
27 내 아이는 자신이 원하는 것을 얻기 위해 물리적으로 공격하는 경향이 있다.	☐	☐	☐	☐

▶ **내 아이의 EQ 점수 매기는 법**

아래 각 문항들에서 '매우 동의함'에 응답했으면 2점, '약간 동의함'에 응답했으면 1점을 준다. 1, 4, 8, 10, 13, 14, 15, 16, 19, 21, 22, 23, 24, 25.

아래 각 문항들에서 '전혀 동의하지 않음'에 응답했으면 2점, '별로 동의하지 않음'에 응답했으면 1점을 준다. 2, 3, 5, 6, 7, 9, 11, 12, 17, 18, 20, 26, 27.

각 점수를 더해 총점을 산출하여 EQ 점수를 구한다.

▶ **EQ 점수 해석법**

- 0~24점 공감 지수 낮음. (아스퍼거 증후군이나 고기능 자폐증이 있는 아이들은 대부분 14점 정도임.)
- 25~44점 평균 공감 지수. (대부분 여자아이들은 40점 정도, 남자아이들은 34점 정도)
- 45~49점 공감 지수 평균 이상.
- 50~54점 공감 지수 매우 높음.
- 54점 최고점.

부록 2

부정적인 공감 제로 찾아내기

경계선 성격 장애를 가진 사람을 알아내는 법

경계선 성격 장애가 의심되는 사람을 조사하는 정신 의학자나 임상 심리 학자들은 정신 건강 상태를 진단하는 방법의 규칙서인 『DSM-Ⅳ』(정신 장애의 진단 및 통계 편람, 4판)[lxxxix]에 의지한다. 아래 열거된 증상들 8개 중 최소한 5개 이상의 증상을 보일 때 경계선 성격 장애로 분류한다.

1. **격렬하고 불안정한 대인 관계**
- 집착적인 의존에서 회피로, 지나친 친절에서 부당한 요구로, 사람을 모든 면에서 좋게 보는 데서(이상화) 완전히 나쁘게 보는 것(평가 절하)으로의 변동.
- 완벽한 부양자를 끝없이 물색함.
- 마음이 통하는 관계(소울 메이트)가 되고 싶지만 가까워지는 것을 아직 두려

위하며, 자신의 정체성을 잃어버릴 것이라는 생각에 관계를 끝냄.
- 관계에서 관심을 끌기 위해 상대를 조종하려는(예를 들어, 건강 염려증이 되거나 부적절하게 유혹하거나, 자살 시도를 함) 성향이 큼.

2. 충동성
- 약물이나 알코올의 자기 파괴적인 남용.
- 성적인 문란, 도둑질, 과소비.
- 과식이나 극단적인 다이어트.

3. 극단적인 기분 전환
- 우울해 하다가 분노하고 곧 크게 기뻐하며 열정적이 됨. 각 기분 상태는 오직 몇 시간 동안만 지속됨.

4. 분노를 통제할 수 없음
- 격노하여 싸움을 시작함.
- 가족들이랑 다툴 때 사람을 향해 물건을 집어던짐.
- 칼로 상대를 위협함. 보통 사소한 일이 원인이 됨.
- 가장 가까운 관계에 있는 사람들, 예를 들면 아이나 부모, 치료자나 동반자들에게 분노가 향함.

5. 자살 위협이나 자해
- "나 괴로워. 제발 도와줘!"라고 말하는 방식으로 자살 위협이나 자해를 저지르며, 사람들은 자살 위협이 관심을 끌려는 행동이라는 것을 깨닫고 결국 무시하게 됨.

6. 정체성 혼란
- 자신의 이미지, 경력, 가치, 친구 심지어는 성적 취향에 대해서까지 확신하지 못함.
- 자신이 정체성을 날조하고 있으며 그 사실을 들킬 것이라고 느낌.
- 자신에게 정체성과 사고하는 법을 말해 주는 종교 지도자들의 쉬운 먹잇감이 됨.

7. 극단적인 공허감
- 외로움 혹은 지루함.
- 기분 전환.
- 공허감에서 탈출하기 위한 약물의 남용.

8. 버림받는 것에 대한 극단적인 공포
- 다른 사람들에게 매달림.
- 혼자 남는 것을 끔찍이 두려워함.

반사회적 성격 장애를 가진 사람을 알아내는 법

15살 이후부터 타인의 권리를 무시하고 훼손하는 행동 양식을 전반적, 지속적으로 보일 때 아래 열거된 증상들 중 최소한 3개 이상의 증상에 해당할 경우 반사회적 성격 장애로 진단한다.

1. 합법적인 사회 규범을 따르지 않음
- 범죄 행동을 저지르는 등의 행위를 포함함.

2. 기만성

- 반복적인 거짓말.
- 가명을 사용함.
- 자신의 이익이나 쾌락을 위해 다른 사람을 속임.

3. 충동적이거나 미리 계획을 세우지 않고 행동함

4. 신체적인 싸움이나 공격을 저지르는 등 쉽게 흥분하고 공격적임[xc]

5. 자신이나 타인의 안전을 무모하게 무시함

6. 시종일관 무책임함

- 일정한 직업을 꾸준히 유지하지 못함.
- 재정적 책임을 반복적으로 다하지 못함.

7. 양심의 가책을 느끼지 않음

- 다른 사람에게 상처를 입히거나 학대하거나 물건을 훔치는 것에 대해 아무렇지도 않게 느낌.
- 타인을 상처 입히고 학대하며 그 사람의 물건을 훔친 행위를 합리화함.

품행 장애가 있는 청소년을 알아내는 법

이 진단을 내리려면 대상이 지난 12개월 동안 아래 행동들 중 3개 이상을 보이면서, 다른 사람의 기본권이나 사회적 규범을 반복적이고 지속적으로 침해해야만 한다.

1. 사람과 동물에 대한 공격
- 다른 사람을 괴롭히고 위협하거나 겁을 줌.
- 신체적인 싸움을 검.
- 심각한 상해를 입힐 수 있는 무기를 사용함(예를 들어, 방망이, 벽돌, 깨진 병, 칼, 총).
- 사람이나 동물에게 신체적으로 잔인함.
- 피해자의 면전에서 물건을 훔침(예를 들어, 노상강도, 날치기, 무장 강도).
- 성행위를 강요함.

2. 재산 파괴
- 심각한 손해를 입히려는 의도로 계획적으로 방화에 가담함.
- 고의적으로 타인의 재산을 파괴함.

3. 사기나 절도
- 다른 사람의 집, 건물이나 자동차에 침입함.
- 물건이나 이득을 얻으려고 혹은 책임을 회피하기 위해 거짓말을 함(즉, 다른 사람을 '속임').
- 물건을 훔침(예를 들어, 들치기(가게 물건을 훔침), 위조죄).

4. 심각한 규칙 위반
- 13세 이전에 부모가 금지함에도 불구하고 밤늦게까지 집 밖에 있음.

- 밤중에 집에서 가출함.
- 13세 이전에 학교를 무단결석함.

나르시시스트를 알아내는 법

부정적인 공감 제로 N유형인 사람들은 아래 증상들 중 5개 이상을 보인다.

- 자신의 중요성을 과대평가함.
- 성공과 권력, 아름다움이나 이상적인 사랑에 대한 환상에 집착함.
- 자신은 '특별'하다고 믿으며 신분이 높은 사람들과 어울려야만 한다고 생각함.
- 지나친 찬양을 필요로 함.
- 특권 의식.
- 타인을 이용하고 착취함.
- 공감이 완전히 결핍돼 있음.
- 다른 사람들을 시기하거나 다른 사람들이 자신을 질투하고 있다고 믿음.
- 오만한 태도.

주(註)

i 잔인함은 공감의 침식으로 생겨나지만 공감의 침식이 일어났다고 해서 다 잔인해지지는 않는다는 뜻. — 옮긴이 주

ii The Transporters(2008), DVD, 체인징 미디어 디벨롭먼트 유한 책임 회사, www.thetransporters.com — 저자 주

「마인드 리딩」은 감정과 표정 인식을 배우도록 도와주는 소프트웨어 프로그램이다. 「더 트랜스포터」는 자폐증 아이들이 감정 인식을 배우도록 돕는 애니메이션 DVD로 정면에 사람 얼굴이 달린 여러 대의 기차가 등장하여 다양한 상황과 감정에 맞는 말을 하고 표정을 짓는다. — 옮긴이 주

iii 뇌의 이상 상태를 검사하기 위한 진단 방법의 하나. CT(컴퓨터 단층 촬영)도 이 중 하나다. — 옮긴이 주

iv 영화감독. — 옮긴이 주

v 여기 사용된 이름은 가명이다. 나는 실명을 사용해도 된다는 동의를 얻고 싶었지만 그녀를 찾을 수가 없었다. — 저자 주

vi 그 교수는 이같이 비인간적인 상황에서 자료가 수집되었다는 사실을 유감스러워했지만 배울 것이 매우 많다는 점에서 이 자료들은 40여 년 뒤에도 강의에서 사용해도 될 만큼 매우 가치 있는 것이라고 생각했다. 개인적으로 나는 이러한 자료

의 사용에 거부감을 느낀다. 의학 교육을 위한 것일지라도 목적이 그 수단을 정당화할 수는 없다고 생각하기 때문이다. 비윤리적인 과학은 비윤리적인 과학일 뿐이다. — 저자 주

vii 뷔겐탈은 자라서 유니세프 설립을 돕는 일을 했다. 현재 그는 헤이그에서 판사로 재직하며 40년 이상 인권 분야에서 일하고 있다. — 저자 주

viii 개인으로서의 인간이 어떤 실천에 있어 나타내는 자유롭고 자주적인 능동성을 뜻함. — 옮긴이 주

ix 역설적으로 들린다. 그렇지 않은가? 더 구체적인 예를 들어 보자. 만약 목표를 수행하는 동안 당신이 마음이 상한 아이를 향해 "지금 너랑 얘기할 수가 없어. 회사에 늦었다고."라고 말한다면, 바로 그 순간 당신은 공감하기를 멈춘 것이다. — 저자 주

x 에스더의 남편은 큰 칼을 휘두르는 어린 반란군들에게 난도질당해 사망했다. 그날 밤 56명의 사람들이 사망했으며 더 많은 사람들이 부상을 입었다. — 저자 주

xi 현재 러트거스 대학교의 교수인 내 동료 앨런 레슬리(Alan Leslie)는 1980년대에 내가 그와 함께 런던에서 일하고 있을 때 매혹적인 이론을 개발했다. 상위 표상(metarepresentation)이라 불리는 이 이론은 자신의 (일차적인) 세상에 대한 표상과 다른 누군가의 세상에 대한 표상을 둘 다 포함하기 때문에 이 "이심성(double-mindedness)"을 위한 좋은 기제를 제공한다. — 저자 주

xii 잠시 시시콜콜 따져 보자(제일 좋아하는 파티 게임이다.). 누군가 옷가방을 들고 분투하는 모습을 본다고 가정하자. 당신은 공감의 고통을 경험하지만 외면한다. 나는 공감적인 반응에 영향을 주는 것은 공감의 본질적인 부분이 아닌 (인식과 반응을 넘어서는) 제3의 단계라고 생각한다. 타인의 고통을 완화시키고 싶은 욕구는 공감의 일부분일 수 있다. 그러나 당신이 실제로 어떤 반응을 보이느냐 아니냐는 전혀 다른 문제다. (당신에게 도울 수단이 있는가? 당신은 도울 수 있을 만큼 충분히 물리적으로 가까운가? 당신은 지금 하고 있는 일을 멈출 수 있는 상황인가? 당신은 다른 누군가가 대신 도와줄 것이라고 믿는가?)

그래서 만약 당신이 적절한 감정을 경험한다면(예를 들어, "나는 당신의 곤경을 측은히 여기며 당신을 도울 수 있길 희망한다."), 당신이 공감했다고 말하기에 충분하다. 그러나 당신이 오직 적절한 감정을 절반만 경험했다면("나는 당신의 곤경을 측은히 여기지만 당신에게 무슨 일이 일어났는지에 실제로는 관심이 없다.") 공감으로 간주하기에 부족하다. 공감의 감정적인 반응 상태는 완전히 진행된 상태, 최대치여야만 한다. 미온적인 공감은 실제로는 전혀 공감이 아니다. — 저자 주

xiii 불빛의 밝기를 조절하는 스위치. — 옮긴이 주

xiv 널리 사용되고 있는 대인 관계 반응성 척도(interpersonal reactivity index, IRI)가 공감의 주된 측정 도구로도 쓰이고 있다.[10] 이 척도는 정규 분포를 만들지만 단순한 공감 이상의 것을 측정한다. 예를 들면, 여기에는 얼마나 쉽게 공상에 잠기는지에 대한 질문이 포함된다. 흥미롭지만 이 질문은 공감과 직접적인 관련이 없다. — 저자 주

xv 나는 공감의 종형 곡선을 일곱 가지 수준으로 구분했다. 그러나 이 구분은 다소 임의적인 것이다. 지금까지 우리의 모든 연구는 그것이 실제로 하나의 연속체, 이음새가 없는 범위라는 점을 제시하기 때문이다. 그럼에도 불구하고 이 일곱 가지 수준들은 정량적인 접근 방식을 취한 경우 눈에 덜 띄는 차이들을, 공감의 종형 곡선을 따라 나타나는 몇 가지 질적인 차이들을 눈에 띄기 쉽게 만들어 주기 때문에 유용한 구성이다. — 저자 주

xvi 바버라 오클리(Barbara Oakley)는 병적인 이타주의에 대한 흥미로운 책을 편집했다. 이 상태일 때 사람들은 타인의 감정에 너무 영향을 받아서 거기에 압도된다. 나는 레벨 6(슈퍼-공감, 초공감)의 사람들이 그들이 공감하는 양 때문에 필연적으로 괴로움을 겪게 된다고 생각하지 않는다. 그러나 일부 사람들에서 이러한 일이 벌어지기도 한다. 레벨 6에 있는 사람들은 그 자체로 더 많은 연구가 필요하다.[18] — 저자 주

xvii 정서의 음과 양을 의미. 즉, 긍정적인 감정이 양의 정서, 부정적인 감정이 음의 정서라고 할 수 있음. — 옮긴이 주

xviii 다마지오는 우리가 도달하고 싶은 목표를 생각하자마자 우리 몸속에 마치 그 생각이 현실화된 듯한 상태가 유발된다고 주장한다. 그는 이것을 신체적 표지라 부른다. 다마지오는 우리가 특정 행동이 어떤 결과를 초래할지 무의식적으로 그려 본다는 주장을 증명했다. 가령 위험한 일을 저지르기도 전에 우리는 벌써 손에 땀이 나거나 가슴이 두근거린다. — 옮긴이 주

xix 마이크 롬바르도는 등쪽안쪽앞이마겉질의 이 두 가지 기능들이 완전히 동일한 부분에서 이뤄지는 것은 아니라고 정확하게 지적한다. 정서가의 부호화는 뇌 속의 약간 더 뒤쪽에서, 반면 자기 인식 기능은 좀 더 뇌 앞쪽에서 일어난다. — 저자 주

xx 그가 공감 능력을 잃어버린 것인지 아니면 자기 조절(self-regulation) 능력을 잃어버린 것인지에 대해서는 논쟁의 여지가 있다. 내가 보기에 이 둘은 서로 많이 뒤엉켜 있다. 이 부위에 손상을 입은 환자들은 적절한 사회 행동을 수행하기 위해 자신

의 감정을 사용하는 데 어려움을 겪는다. 이러한 과정은 타인의 감정에 정서적으로 적절하게 반응하는 데 중요한 것 중 하나이다.[31-33] — 저자 주

xxi 나중에 이루어진 CT 촬영 결과는 피니어스가 뇌의 왼쪽 부위 이외에도 손상을 입었다는 사실을 보여 줬다. 그의 사례는 공감 회로 부분에 손상을 입은 경우와 일치한다. 그러나 이 역사적인 사례에서 그가 공감의 상실로 인해서만 고통을 받았는지 아니면 다른 능력(계획 짜기 같은)의 상실로도 고통을 받았는지는 알아내기 어렵다. — 저자 주

xxii 다른 사람이 어떻게 생각하고 느끼는지를 상대방 입장에서 이해하고 생각할 수 있는 능력. 마음 이론이 잘 발달되어 있는 사람은 공감 능력이 우수한 반면, 마음 이론에 결함이 있는 사람은 타인의 입장을 이해하기보다는 자신의 시각에서 상황을 이해함으로써 호혜적인 사회적 상호 작용을 하는 데 어려움을 겪는다. — 옮긴이 주

xxiii 일부 사람들은 '미러 터치 공감각(mirror-touch synesthesia)'을 소유하고 있다. 이 상태일 때 그들은 단지 타인의 신체에 접촉이 일어나는 모습만 봐도 그들이 접촉을 당한 것처럼 의식적으로 느낀다. 이 사람들의 공감 능력은 강화되어 있다.[66] — 저자 주

xxiv 소위 P45 전기 생리적 반응이라고 불린다. — 저자 주

xxv 뇌전증 환자들에서 단일 신경 세포(single neuron)들을 조사한 결과, 최근 이 환자들에서 거울 신경 세포가 실제로 인간의 뇌에 존재한다는 사실이 관찰되었다.[73] — 저자 주

xxvi 대부분의 과학자들은 편도체가 적어도 2개의 주요 부분으로 이루어져 있다는 데 동의한다. 바닥가쪽(기저외측, basolateral, BLA) 부위와 중심핵(central nuclei, CeN)이 그것이다. 편도체의 중심핵은 조건 자극(conditioned stimulus)에 대한 반응을 프로그래밍하는 반면, 바닥가쪽 부위는 정서적인 분위기를 조건 자극과 결합시키는 데 주로 관여한다. 조지프 르두와 케임브리지의 신경 과학자 배리 에버리트(Barry Everitt), 그들의 동료들은 동물 실험을 통해 이 사실을 입증했다.[81,82] — 저자 주

xxvii 나 역시 밴드에서 연주를 한다는 얘기를 듣고 조는 즉흥 연주를 제안했다. 나는 함께 공감의 뇌 속 기반을 연구하고 있는 비쉬마를 집으로 초대했다. 비쉬마는 타블라라 불리는 인도의 드럼을 연주한다. 조는 리듬 기타를 연주한다. 다행히도 아믹달로이즈의 드러머인 조의 동료 신경 과학자 다니엘라 실러(Daniela Schiller)

가 모국인 이스라엘에서 돌아와 있었다. 그녀는 자기 드럼 스틱을 가져왔다. 나는 내 베이스 기타를 꺼냈다. 우리는 함께 음악을 연주하며 매우 즐거운 시간을 보냈다. — 저자 주

xxviii 뒤띠겉질(posterior cingulate cortex, 혹은 쐐기앞소엽(설전부, precuneus))과 앞관자엽(전측두엽, anterior temporal lobe)도 타인의 믿음을 이해하는 데 관여한다고 주장된다. 그래서 우리는 공감 회로가 아마도 최종적으로 10곳 이상의 부위들을 포함하게 될 것이라는 점을 명심해야만 한다.[19,20,52,87,88] — 저자 주

xxix 참조[42,44,47-49,51-65,71-74] — 저자 주

xxx 참조[20-22,24-27,52,87,89-92] — 저자 주

xxxi Harari, H., Shamay-Tsoory, S., Ravid, M., Levkovitz, Y. (2010). 「경계선 성격 장애에서 인지적인 공감과 정서적인 공감 사이의 이중 분리(Double dissociation between cognitive and affective empathy in borderline personality disorder)」. *Psychiatry Research*, 175, 277-279. — 저자 주

xxxii 1939년 나치 치하의 독일에서 가족들과 함께 도망쳐야 했을 때 그는 겨우 11살이었다. — 저자 주

xxxiii 세로토닌은 5-HT라고 불리는 신경 전달 물질이며, 그 수용체는 5-HT$_{2A}$다. B유형은 약물 d 펜플루라민 혹은 d,l 펜플루라민에 대한 반응 정도가 감소돼 있다. 이 약물은 대개 세로토닌의 방출을 유발한다. 과학자들은 (부검 시) 자살한 사람의 뇌를 조사하고 세로토닌 수용체 결합 부위가 앞이마겉질에 더 많은 반면 세로토닌을 사용하는 신경의 시냅스 앞부분(소위 세로토닌 작동성 신경 종말(serotinergic nerve terminal))에는 더 적다는 점을 발견했다. 세로토닌 시스템이 B유형에서 비정상적으로 나타나는 유일한 신경 전달 물질은 아니다. 도파민, 노르에피네프린, 아세틸콜린, 모노아민 산화 효소와 HPA 혹은 갑상샘 자극 호르몬 분비 호르몬의 활성 역시 모두 비정상적으로 나타난다. — 저자 주

xxxiv 영어에는 이보다 다소 약한 의미의 단어가 있다. 바로 동사 "gloat"이다.[133] — 저자 주

xxxv 쓸모없는 놈이란 뜻의 욕. — 옮긴이 주

xxxvi 행실 장애, 행동 장애라고도 함. — 옮긴이 주

xxxvii 허비 클렉클리는 1937년 오거스타에 있는 조지아 의과 대학의 정신 의학 교수가 되었다. 우연히도 이 해에 내 외할아버지의 형제인 로버트 그린블랫(Robert Greenblatt)이 그곳의 내분비학 교수가 되었다. — 저자 주

xxxviii 심리학자 폴 바비악(Paul Babiak)과 로버트 헤어는 저서 『직장으로 간 사이코패스(Snakes in Suits)』에서 직장에서 관찰된 사이코패스의 사례를 분석하여 "남다른 지능과 위장술로 사람들을 조종해 자신이 속한 조직과 사회를 위기로 몰아넣는 '화이트칼라 사이코패스'를 '양복을 입은 뱀'에 비유했다. — 옮긴이 주

xxxix 여담으로 말하자면, 누군가가 한 실험을 비윤리적이라고 판단할 수 있는지 생각해 보는 일은 흥미롭다. 1장에서 나는 사람이 꽁꽁 언 물을 얼마나 오래 견딜 수 있는지 시험한 나치의 실험을 분명히 비난했다. 그러나 여기서 나는 할로와 힌들이 수행한 원숭이 실험들을 기꺼이 정당화하는 것 같다. 나는 내가 이 문제에 관해서 인간 연구와 동물 연구에 대해 이중 잣대를 가지고 있는 건 아닌지 의심한다. 몇몇 사람들은 동물 실험의 윤리에 대해 훨씬 더 엄격한 시각을 갖고 있다는 점을 나는 안다. — 저자 주

xl 사회 복지가 매우 발달한 나라인 덴마크에 처음 방문했을 때를 나는 기억한다. 거기서는 기차의 객실 하나가 밝은색의 부드러운 장난감들로 채워져 어린아이들을 위한 특별한 놀이 공간으로 확보되어 있었다. 이 특별한 공간에서 부모들은 아이들을 지켜볼 수 있었고 아이들은 행복을 느낄 수 있었다. 내 나라, 영국의 기차에는 이러한 시설이 없다. 이 공간을 만들려면 기차 회사는 수익이 발생하는 좌석을 포기해야 하기 때문이다. 주변 환경이 아동 우호적으로 변하는 모습을 볼 때마다, 그것이 십중팔구 볼비의 이론 덕분에 이루어졌을 것이라는 사실을 계속 명심할 필요가 있다. — 저자 주

xli 사이막해마 시스템(septo-hippocampal system)은 사이막(중격, septum)과 편도체, 해마, 뇌활(뇌궁, fornix)을 한 회로로 연결한다. 이 시스템은 행동 억제 회로라고도 여겨지며 이 회로의 이상은 불안 장애(anxiety disorder)와 관련 있다. — 저자 주

xlii 로버트 헤어가 고안해 낸 설문이다. 이 결과는 특히 "냉담한(callous)"과 "정서 결여 대인 관계(unemotional interpersonal)" 소척도에서 나타난다. — 저자 주

xliii 타인의 도발이나 공격, 좌절에 의해 취하는 반응 행동. — 옮긴이 주

xliv 사물, 공간, 특권 등 목적 달성을 위한 수단으로써 취하는 공격 행동. 계산된 목적을 위하여 타인의 특별한 도발이나 흥분이 없어도 일어남. — 옮긴이 주

xlv 바람직하지 못한 반응을 처벌과 연합하여 소거시키는 조건 형성의 한 형태. 알코올 중독, 흡연 및 성 문제들을 치료하기 위해서 행동 치료에 사용돼 왔다. — 옮긴이 주

xlvi 신경 세포의 말단은 주로 나뭇가지 모양의 연결 가지를 발달시킨다. 이 과정을 수지상 분기라 하는데 아동기와 청소년기까지 계속되는 이러한 과정을 통해서 한 개의 뉴런(신경 세포)이 주변에 있는 수천 개의 다른 뉴런과 연결을 맺고 정보를 받아들이게 된다. — 옮긴이 주

xlvii 자폐증에 관한 거울 신경 가설은 이 체계의 이례적인 기능이 자폐증에서 항상 관찰되는 것은 아니기 때문에 여전히 논쟁의 영역이다.[216,217] — 저자 주

xlviii 배쪽안쪽앞이마겉질에 결합되어 있는 도파민과 세로토닌 역시 자폐인에서는 감소되어 있다. 당 대사와 그 부위 뇌의 혈류 역시 마찬가지다.[226-229] Monk, C., Scott, P., Wiggins, J., Weng, S., Carrasco, M., Risi, S., and Lord, C. (2009).「자폐 스펙트럼 장애에서 내인성 기능적 연결성의 이상(Abnormalities of intrinsic functional connectivity in autism spectrum disorders)」. *Neuroimage*, 47, 764-772. — 저자 주

xlix 이 연구는 기반이 되는 동일한 신경 기제가 자신과 타인의 마음에 대해 생각할 때 두 경우 모두에서 어려움을 불러일으킨다는 생각으로 이어졌다. 마이크 롬바르도는 이 발상을 시험한 후 자신과 타인에 대해 생각하는 동안 자폐인들에서 오른관자마루이음부/뒤위관자고랑의 활성이 저하되어 있는 것을 발견했다. 따라서 오른관자마루이음부/뒤위관자고랑은 자신과 타인에 대한 마음맹을 설명할 수 있는 공통된 신경 기제인 것 같다.[237] — 저자 주

l Dziobek, I., Rogers, K., Fleck, S., Bahnemann, M., Heekeren, H., Wolf, O., and Convit, A. (2008).「아스퍼거 증후군인 성인들에서 다면적인 공감 척도(MET)를 사용하여 측정한 인지적 공감과 정서적 공감의 분리(Dissociation of cognitive and emotional empathy in adults with asperger syndrome using the multifaceted empathy test(MET))」. *Journal of Autism and Developmental Disorders*, 38, 466-473. — 저자 주

li 자폐증에는 다섯 가지 유형이 있으며 이들을 통칭하여 자폐 스펙트럼 장애라고 부른다. 고전적 자폐증, 아스퍼거 증후군, 비특이직 진만직 발달 장애, 레트 증후군, 아동기 붕괴성 장애가 그것으로 과거에는 의학계에서 고전적 자폐증만 자폐증으로 보았다. — 옮긴이 주

lii 전반적으로는 정상인보다 지적 능력이 떨어지나 특정 분야에 대해서만은 비범한 능력을 보이는 현상. — 옮긴이 주

liii Schwenck, C., Mergenthaler, J., Keller, K., Zech, J., Salehi, S., Taurines, R.,

Romanos, M., Schecklmann, W., Schneider, W., Warnke, A., and Freitag, C. M. (2011). 「자폐 아동과 품행 장애 아동에서의 공감: 집단 특이적인 약력과 발달적인 측면들(Empathy in children with autism and conduct disorder: group-specific profiles and developmental aspects)」. *Journal of Child Psychology and Psychiatry*, doi:10.1111/j/1469-7610.2011.02499.x. — 저자 주

liv 신경 세포(뉴런)들 상호 간 또는 뉴런과 다른 세포 사이의 접합 부위. — 옮긴이 주

lv CNR1은 여러 신경 전달 물질들(도파민과 가바(GABA) 같은)에 영향을 미친다. — 저자 주

lvi 태아의 테스토스테론에 대한 연구는 나와 내 박사 과정 학생 2명이 함께 작성했던 한 학술 논문의 주제로 제목은 「마음속 태아기의 테스토스테론(Prenatal Testosteron in Mind)」이다.[298,299] — 저자 주

lvii 이 유전자들 중 일부는 테스토스테론이나 에스트로젠의 합성에 관여하며 일부는 이 호르몬들의 수송에 관여한다. 그 외 유전자들은 이 호르몬들의 수용체에 관여한다. — 저자 주

lviii 호르몬 역할을 하는 펩티드(2개 이상의 아미노산이 결합된 화합물. 단백질)로 대부분의 호르몬들이 펩티드 호르몬에 속한다. — 옮긴이 주

lix 염기 서열을 분석하여 유전자 구성(유전자형)에서의 차이를 결정하는 과정. — 옮긴이 주

lx 이 유전자는 울프라민(wolframin)이라는 단백질을 만드는 데 관여한다. 이 단백질은 몸 전체의 많은 시스템에 필요하다. 이 유전자에 생긴 변이는 우울증과 관련된다. — 저자 주

lxi NTRK1은 발달 중인 뇌에서 신경의 생존을 보장하는 뉴로트로핀(neurotrophin)의 수용체들 중 하나를 부호화한다. NTRK1은 감각 신경이 분화할 때에도 역할을 수행한다. — 저자 주

lxii GABRB3는 안젤만 증후군(angelman syndrome)이라고 불리는 자폐 스펙트럼 장애 중 한 증후군에서 돌연변이를 일으키며 신경 전달 물질인 GABA의 수송에 영향을 미친다. GABA의 수치는 신경 활성의 억제에 영향을 미친다. — 저자 주

lxiii 막 단백질의 일종. 뉴런들 사이에서 시냅스의 형성과 유지를 조정하는 시냅스 후 막 위에 위치한 세포 접착성 단백질이다. — 옮긴이 주

lxiv 동물의 각 기관이 알맞게 발달할 수 있게 조절하는 유전자. — 옮긴이 주

lxv 더 최근에 쥐에서 시행된 연구는 칼슘 채널 유전자들이 공포에 대한 사회적 학습

과 관련된다는 것을 보여 주었다.[309] — 저자 주

lxvi 자기 자극이라고 알려진 반복적인 행동. 손을 펄럭인다든가 박수를 친다던가 앞뒤로 흔드는 것 같은 반복적인 행동으로, 자폐 아동들의 특징 중 하나다. 자신을 달래기 위해 하는 특유의 반복적인 행동을 말한다. — 옮긴이 주

lxvii 예전 남아프리카 공화국의 인종 차별 정책. — 옮긴이 주

lxviii 색정 망상증은 '드클레랑보 신드롬(de Clerambault's syndrome)'으로도 알려져 있다. — 저자 주

lxix 후자의 유명한 사례로 『DSM-II』에서 정신 질환이었던 동성애가 미국 정신 의학회 회의에서 동성애자의 권리 시위가 벌어진 이후, 1973년에 『DSM-III』에서는 삭제된 것을 들 수 있다. 다른 성적 취향을 가진 사람들은 "아픈 게" 아니며 치료받을 필요가 분명히 없다고 인정받은 것이다. — 저자 주

lxx 철학에서 자동주의는 동물과 인간이 물리적-기계적 법칙에 지배되는 기계와 같이 자동성을 가진다는 주장을 의미한다. 신체는 하나의 기계로서 작동하고 마음은 그 과정이 전적으로 뇌 활동에 의존하고 있어 조절될 수 없는 신체의 한 부속물이라는 이론이다. 심리학에서는 정신 운동 뇌전증, 히스테리 상태, 몽유병에서 볼 수 있는 행동과 같이 의식적으로 조절되지 않는 기계적이며 반복적인 목적 없는 행동을 의미한다. — 옮긴이 주

lxxi 1930년대~1940년대 나치에 의한 유태인 대학살. — 옮긴이 주

lxxii 의사 결정 과정의 단순화된 지침. 문제를 해결하거나 불확실한 사항에 대해 판단을 내릴 필요가 있지만 명확한 실마리가 없을 경우에 사용하는 편의적, 발견적인 방법이다. — 옮긴이 주

lxxiii 이언 커쇼가 쓴 원 문장은 "아우슈비츠로 가는 길은 증오로 건설되었지만 무관심으로 포장되었다."[336]이다. — 저자 주

lxxiv 남아프리카 공화국의 흑인 해방 조직. — 옮긴이 주

lxxv '민족의 창'이라는 뜻. 군사 조직으로 무장 투쟁을 담당했다. — 옮긴이 주

lxxvi 팔레스타인이 유태인 지하 민병 조직으로 1948년 이스라엘 국군으로 개편되었다. — 옮긴이 주

lxxvii 시오니즘을 옹호하는 사람들. 시오니즘은 유태인들의 국가 건설을 위한 민족주의 운동을 말한다. — 옮긴이 주

lxxviii 스톤의 스물두 가지 살인자 유형 목록

    1. 정당방위로 인한 살인

2. 질투로 가득 찬 연인

3. 살인범의 자발적인 공범자들

4. 질투에 눈이 멀어 사랑하는 사람을 살해한 자

5. 마약 중독

6. 격하고 급한 성격의 살인자

7. N유형

8. 주체할 수 없는 분노가 폭발한 살인자들

9. 사이코패스적인 기질이 강한 질투심이 강한 연인

10. 목격자를 포함하여 방해가 되는 사람을 살해

11. 10번과 같지만 P유형

12. 궁지에 몰린 P유형

13. 미성숙한 인격으로 인한 살인

14. P유형 계획 살인자

15. P유형 다중 살인자

16. 다수의 끔찍한 범죄를 저지르는 P유형

17. 변태 성욕을 가진 연쇄 살인자와 고문 살인자들, 증거 인멸을 위해 살인을 저지른 강간범들

18. 고문 살인자들

19. 그 외 P유형

20. P유형 고문 살인자

21. 극도의 고문을 즐기는 P유형

22. P유형, 고문이 주요 동기가 되는 연쇄 살인범들

우리는 1에서 8번 범주에 있는 사람들이 공감 상태가 일시적으로 극단적으로 변동한 결과 얼마나 폭력적이 될 수 있는지 볼 수 있다. 14~22범주에 속한 사람들은 공감이 영구적으로 결핍된 결과에 해당한다. 9~13범주에 속한 사람들은 그 둘 사이의 어딘가에 위치한다. 이와 같은 구분이 정확하다면, 이러한 폭력 범죄자들에서 공감 회로의 결핍 정도를 두세 가지 범주로 묶어 예측하는 것이 더 생산적일 수 있다. 이 예측은 훨씬 실현 가능(뇌 주사 연구는 현실적으로 비용 때문에 22개의 집단들을 모두 비교할 수가 없다. 그러나 3개 집단은 비교할 수 있다.)하며 심리학적으로 또 신경학적으로 더 유의미해질 가능성이 크다. 이들은 공감 기제 0~2레벨에 부합할 것이다(2장 참조). — 저자 주

lxxix 심리학에는 결정적 혹은 민감한 시기에 대해 잘 입증된, 세 가지 고전적인 사례들이 있다. 첫째, 동물 행동학자인 콘라트 로렌츠(Konrad Lorenz)는 갓 태어난 새끼 새들이 어떻게 알에서 깨자마자 맨 처음 본 물체를 각인하고 따라다니는지, 또 이러한 종류의 유대가 얼마나 비가역적인 것인지를 실례를 들어 보여 주었다. 둘째, 시각 신경학자 콜린 블랙모어(Colin Blakemore)는 새끼 고양이에게서 생후 첫 한 주 동안 시각 자극을 제거하면 시각 경로 발달(뇌 속의 감각 수용 영역을 포함하여)의 결정적인 시기에 받은 방해로 인해 회복 불가능한 겉질 시각 상실(피질맹, cortical blindness) 상태가 된다는 사실을 실증했다. 셋째로, 많은 연구들이 생후 5~10년 동안 언어를 접하지 못한 아이들은 언어를 유창하게 배울 가능성이 적다는 것을 보여 주었다.[339,340] — 저자 주

lxxx 피터 수트클리프는 1981년 유죄 판결을 받았다. 그는 어린 시절에 주로 혼자 지냈으며, 자신이 일했던 무덤에서, 또 신에게서 여성들을 죽이라고 말하는 소리를 들은 것으로 정신 분열증 진단을 받았다. 정신병 진단에도 불구하고 그는 일반 감옥(파크허스트)에 수감되었다. 여기서 그는 동료 죄수에게 깨진 커피 병으로 얼굴을 찔리는 공격을 당했다. 이 사건 이후, 수트클리프는 정신 보건법(Mental Health Act)에 따라 브로드무어 특수 병원(정신 장애가 있는 흉악범들을 수용, 치료하는 곳)으로 이송되었다. 그는 거기서도 최소한 두 번 공격을 받았다. 2009년 2월 17일자 《데일리 텔레그래프(*Daily Telegraph*)》에 따르면, 수트클리프는 "브로드무어를 떠나는 것이 적절하다."고 보고되었다. — 저자 주

lxxxi 유대교에서 속죄일 전야의 예배 초에 부르는 기도문. 실행하지 못했던 하나님에 대한 맹세는 모두 취소되도록 그리고 율법을 위배한 일도 모두 용서해 주시도록 기원한다. — 옮긴이 주

lxxxii 대인 관계를 통해 개인의 정서나 행동에 유리한 결과를 갖도록 주어지는 정보 조언과 구체적인 원조들을 포괄하는 개념이다. 일반적으로 타인으로부터 얻어지는 여러 가지 형태의 원조는 그 사람의 건강 유지·증진에 중대한 역할을 한다. — 옮긴이 주

lxxxiii 유태인들이 안식일 날 나누는 인사로 '평안한 안식일이 되길!'이라는 뜻이다. — 옮긴이 주

lxxxiv 샤밧 샬롬과 같은 뜻을 지닌 아랍 인사어. — 옮긴이 주

lxxxv 이스라엘과 팔레스타인 양쪽의 가족들에 관한 이러한 종류의 사례들을 보려면 www.parentscircle.org를 참조하라. 이 예시에 등장한 사람들의 이름은 가명 처리

한 것이다. — 저자 주
lxxxvi 핸인핸 기관(The Hand in Hand)의 교육 모델은 상호 이해를 높이는 데 기여하기 위해 이스라엘의 아랍인과 유태인 아이들을 혼합 학교에 함께 보내고 있다. www.handinhand12.org — 저자 주
lxxxvii 철학자인 대니얼 데닛(Daniel Dennett)은 닿는 모든 물체를 부식시키기 때문에 너무 위험해서 용기 안에 보관조차 할 수 없는 물질인, '보편적 산성 물질(universal acid)'이라는 발상을 제시했다.[352] (그는 다윈주의의 발상은 제지할 수 없으며 어떤 분야에도 침투할 수 있는 것이라고 말했다.) 나는 공감을 보편적인 산성 물질과 반대되는 개념인 보편적인 용매로 생각한다. 화학에서 용액은 녹을 수 있는 무언가(용질)를 용액을 만들 수 있는 어떤 것(용매) 안에 넣을 때, 안정된 평형 상태를 생산하며 만들어진다. 명백한 예로 차 속의 설탕을 들 수 있다. — 저자 주
lxxxviii Chapman, E., Baron-Cohen, S., Auyeung, B., Knickmeyer, R., Taylor, K., and Hackett, G. (2006). 「태아의 테스토스테론과 공감: 공감 지수와 "눈을 통해 마음 읽기" 검사에서 얻은 증거(Foetal testosterone and empathy: Evidence from the Empathy Quotient(EQ) and the "Reading the Mind in the Eyes" test)」, *Social Neuroscience* 1, 135-148.를 참조. — 저자 주
lxxxix 『DSM-IV』는 1994년에 출간되었으며, 2000년에 4판의 내용을 다소 변경한 『DSM-IV-TR』이 만들어져 현재까지 사용 중이다. 『DSM-V』는 2013년에 나올 예정이라고 한다. — 옮긴이 주
xc 반응적 공격성(reactive aggression)을 극단적으로 나타내는 것은 사이코패스나 반사회적 성격 장애와는 다르다. 여기에는 '간헐적 폭발 장애(intermittent explosive disorder)'나 '충동적인 공격 장애(impulsive aggressive disorder)'라는 인상적인 이름을 가진 다른 정신 질환 상태가 해당된다. 이 장애는 반응적 공격성을 약화시키는 정상적인 조절 체계들에 대한 통제가 빈약하기 때문에 나타나는 것으로 여겨진다. 이 장애를 가진 사람들은 사이코패스들의 특징들 중 오직 한 가지 증상(분노의 폭발)만을 보이기 때문에 사이코패스와는 다르다. — 저자 주

참고 문헌

1. Baron-Cohen, S., Golan, O., Wheelwright, S., and Hill, J. J. *Mindreading: The interactive guide to emotions.* Jessica Kingsley, London, 2004.
2. Sapolsky, R. M. *The trouble with testosterone and other essays on the human predicament.* Scribner's, New York, 1997.
3. Bogod, D. The Nazi hypothermia experiments: Forbidden data? *Anaesthesia* **59**, 1155-1156 (2004).
4. Buergenthal, T. *A lucky child: A memoir of surviving Auschwitz as young boy.* Profile, London, 2009.
5. Buber, M. *I and thou*, 2nd ed. Scribner's, New York, 1958.
6. *The Guardian*, April 28, 2008.
7. Whose justice? *BBC Newsnight*, January 28, 2009.
8. Simonyan, A., and Arzumanyan, M. *Soviet Armenian encyclopedia.* National Academy of Sciences of Armenia, Yerevan, Armenia, 1981.
9. Taylor, D. Age 1-90: The victims of hidden war against women. *The Guardian*, December 5, 2008.
10. Davis, M. H. *Empathy: A social psychological approach.* Westview Press, Boulder, CO,

1994.

11. Leslie, A. Pretence and representation: The origins of "theory of mind." *Psychological Review* **94**, 412-426 (1987).

12. Baron-Cohen, S., and Wheelwright, S. The Empathy Quotient(EQ): An investigation of adults with Asperger Syndrome or high-functioning autism, and normal sex differences. *Journal of Autism and Developmental Disorders* **34**, 163-175 (2004).

13. Billington, J., Baron-Cohen, S., and Wheelwright, S. Cognitive style predicts entry into physical sciences and humanities: Questionnaire and performance tests of empathy and systemizing. *Learning and Individual Differences* **17**, 260-268 (2007).

14. Goldenfeld, N., Baron-Cohen, S., and Wheelwright, S. Empathizing and systemimng in males, females, and autism. *Clinical Neuropsychiatry* **2**, 338-345 (2005).

15. Auyeung, B., Baron-Cohen, S., Wheelwright, S., Samarawickrema, N., Atkinson, M., and Satcher, M. The children's Empathy Quotient(EQ-C) and Systemizing Quotient(SQ-C): Sex differences in typical development and in autism spectrum conditions. *Journal of Autism and Developmental Disorders* **39**, 1509-1521 (2009).

16. Holliday-Willey, L. *Pretending te be normal*. Jessica Kingsley, London, 1999.

17. Baron-Cohen, S., *The essential difference: Men, women, and the extreme male brain*. London, Penguin, 2003.

18. Oakley, B., ed. *Pathological altruism*. Oxford University Press, Oxford, UK, 2011.

19. Frith, U., and Frith, C. Development and neurophysiology of mentalizing. *Philosophical Transactions of the Royal Society* **358**, 459-473 (2003).

20. Amodio, D. M., and Frith, C. D. Meeting of minds: The medial frontal cortex and social cognition. *Nature Reviews Neuroscience* **7**, 268-277 (2006).

21. Mitchell, J. P., Macrae, C. N., and Banaji, M. R. Dissociable medial prefrontal contributions to judgments of similar and dissimilar others. *Neuron* **50**, 655-663 (2006).

22. Ochsner, K. N., Beer, J. S., Robertson, E. R., Cooper, J. C., Gabrieli, J. D., Kihsltrom, J. F., and D'Esposito, M. The neural correlates of direct and reflected self-knowledge. *Neuroimage* **28**, 797-814 (2005).

23. Coricelli, G., and Nagel, R. Neural correlates of depth of strategic reasoning in medial prefrontal cortex. *Proceedings of the National Academy of Sciences of the USA* **106**, 9163-9168 (2009).

24. Ochsner, K. N., Knierim, K., Ludlow, D. H., Hanelin, J., Ramachandran, T., Glover, G., and Mackey, S. C. Reflecting upon feelings: An fMRI study of neural systems supporting the attribution of emotion to self and other. *Journal of Cognitive Neuroscience* **16**, 1746-1772 (2004).
25. Lombardo, M. V., Chakrabarti, B., Bullmore, E. T., Wheelwright, S. J., Sadek, S. A., Suckling, J., and Baron-Cohen, S. Shared neural circuits for mentalizing about the self and others. *Journal of Cognitive Neuroscience* **22**, 1623-1635 (2010).
26. Jenkins, A. C., Macrae, C. N., and Mitchell, J. P. Repetition suppression of ventromedial prefrontal activity during judgments of self and others. *Proceedings of the National Academy of Sciences of the USA* **105**, 4507-4512 (2008).
27. Moran, J. M., Macrae, C. N., Heatherton, T. F., Wyland, C. L., and Kelley, W. M. Neuroanatomical evidence for distinct cognitive and affective components of self. *Journal of Cognitive Neuroscience* **18**, 1586-1594 (2006).
28. Damasio, A. *Descartes' error*. Putnam, New York, 1994.
29. Sharot, T., Riccardi, A. M., Raio, C. M., and Phelps, E. A. Neural mechanisms mediating optimism bias. *Nature* **450**, 102-105 (2007).
30. Mayberg, H. S., Lozano, A. M., Voon, V., McNeely, H. E., Seminowicz, D., Hamani, C., Schwalb, J. M., and Kennedy, S. H. Deep brain stimulation for treatment-resistant depression. *Neuron* **45**, 651-660 (2005).
31. Beer, J. S., Heerey, E. A., Keltner, D., Scabini, D., and Knight, R. T. The regulatory function of self-conscious emotion: Insights from patients with orbitofrontal damage. *Journal of Personality and Social psychology* **85**, 594-604 (2003).
32. Beer, J. S, John, O. P., Scabini, D., and Knight, R. T. Orbitofrontal cortex and social behavior: Integrating self-monitoring and emotion-cognition interactions. *Journal of Cognitive Neuroscience* **18**, 871-879 (2006).
33. Shamay-Tsoory, S. G., Aharon-Peretz, J., and Perry, D. Two systems for empathy: A double dissociation between emotional and cognitive empathy in inferior frontal gyrus versus ventromedial prefrontal lesions. *Brain* **132**, 617-627 (2009).
34. Damasio, H., Grabowski, T., Frank, R., Galaburda, A. M., and Damasio, A. R. The return of Phineas Gage: Clues about the brain from the skull of a famous patient. *Science* **264**, 1102-1105 (1994).
35. Macmillan, M. Restoring phineas Gage: A 150th retrospective. *Journal of the History of*

the Neurosciences **9**, 46-66 (2000).

36. Baron-Cohen, S., Ring, H., Moriarty, J., Shmitz, P., Costa, D., and Ell, P. Recognition of mental state terms: A clinical study of autism, and a functional neuroimaging study of normal adults. *British Journal of Psychiatry* **165**, 640-649 (1994).

37. Stone, V., Baron-Cohen, S., and Knight, K. Frontal lobe contributions to theory of mind. *Journal of Cognitive Neuroscience* **10**, 640-656 (1998).

38. Lamm, C., Nusbaum, H. C., Meltzoff, A. N., and Decety, J. What are you feeling? Using functional magnetic resonance imaging to assess the modulation of sensory and affective responses during empathy for pain. *PLoS One* **2**, e1292 (2007).

39. Kumar, P., Waiter, G., Ahearn, T., Milders, M., Reid, I., and Steele, J. D. Frontal operculum temporal difference signals and social motor response learning. *Human Brain Mapping* **30**, 1421-1430 (2008).

40. Calder, A. J., Lawrence, A. D., and Young, A. W. Neuropsychology of fear and loathing. *Nature Reviews Neuroscience* **2**, 352-363 (2001).

41. Chakrabarti, B., Bullmore, E. T., and Baron-Cohen, S. Empathizing with basic emotions: Common and discrete neural substrates. *Social Neuroscience* **1**, 364-384 (2006).

42. Hutchison, W. D., Davis, K. D., Lozano, A. M., Tasker, R. R., and Dostrovsky, J. O. Pain-related neurons in the human cingulate cortex. *Nature Neuroscience* **2**, 403-405 (1999).

43. Craig, A. D. How do you feel-now? The anterior insula and human awareness. *Nature Reviews Neuroscience* **10**, 59-70 (2009).

44. Singer, T., Seymour, B., O'Doherty, J., Kaube, H., Dolan, R. J., and Frith, C. D. Empathy for pain involves the affective but not sensory components of pain. *Science* **303**, 1157-1167 (2004).

45. Jackson, P. L., Meltzoff, A. N., and Decety, J. How do we perceive the pain of others? A window into the neural processes involved in empathy. *Neuroimage* **24**, 771-779 (2005).

46. Lamm, C., Batson, C. D., and Decety, J. The neural substrate of human empathy: Effects of perspective-taking and cognitive appraisal. *Journal of Cognitive Neuroscience* **19**, 42-58 (2007).

47. Wicker, B., Keysers, C., Plailly, J., Royet, J. P., Gallese, V., and Rizzolatti, G. Both

of us disgusted in my insula: The common neural basis of seeing and feeling disgust. *Neuron* **40**, 655-664 (2003).

48. Singer, T., Seymour, B., O'Doherty, J. P., Stephan, K. E., Dolan, R. J., and Frith, C. D. Empathic neural responses are modulated by the perceived fairness of others. *Nature* **439**, 466-469 (2006).

49. Carr. L. M., Iacoboni, M., Dubeau, M. -C., Mazziotta, J., and Lenzi, G. Neural mechanisms of empathy in humans: A relay from neural systems for imitation to limbic areas. *Proceedings of the Nation Academy of sciences of the the USA* **100**, 5497-5502 (2003).

50. Jabbi, M., Swart, M., and Keysers, C. Empathy for positive and negative emotions in the gustatory cortex. *Neuroimage* **34**, 1744-1753 (2007).

51. Morrison. I., Lloyd, D., di Pellegrino, G., and Roberts, N, Vicarious response to pain in the anterior cingulate cortex: Is empathy a multisensory issue? *Cognitive, Affective, and Behavioral Neuroscience* **4**, 270-278 (2004).

52. Saxe, R., and Kanwisher, N. People thinking about thinking people: Tne role of the temporo-parietal junction in "theory of mind." *Neuroimage* **19**, 1835-1842 (2003).

53. Blanke, O., and Arzy, S. The out-of-body experience: Disturbed self-processing at the temporo-parietal junction. *Neuroscientist* **11**, 16-24 (2005).

54. Arzy, S., Seeck, M., Ortigue, S., Spinelli, L., and Blanke, O. Induction of an illusory shadow person. *Nature* **443**, 287 (2006).

55. Scholtz, J., Triantafyllou, C., Whitfield-Gabrieli, S., Brown, E. N., and Saxe, R. Distinct regions of right temporo-parietal junction are selective for theory of mind and exogenous attention. *PLOS One* **4**, e4869 (2009).

56. Decety, J. and Lamm, C. The role of the right temporoparietal junction in social interaction; How low-level computational processes contribute to meta-cognition. *Neuroscientist* **13**, 580-593 (2007).

57. Perrett, D. I., Penton-Voak, I. S., Little, A. C., Tiddeman, B. P., Burt, D. M., Schmidt, N., Oxley, R., Kinloch. N., and Barrett, L. Facial attractiveness judgements reflect learning of parental age characteristics. *Proceedings of the Royal Society of London, Series B*, **269**, 873-880 (2002).

58. Campbell, R., Heywood, C., Cowry, A., Regard, M., and Landis, T. Sensitivity to eye gaze in prosopagnosic patients and monkeys with superior temporal sulcus ablation.

Neuropsychologia **28**, 1123-1142 (1990).

59. Baron-Cohen, S., Jollifie, T., Mortimore, C., and Robertson, M. Another advanced test of theory of mind: Evidence from very high functioning adults with autism or Asperger Syndrome. *Journal of Child Psychology and Psychiatry* **38**, 813-822 (1997).

60. Grossman, E. D., and Blake, R. Brain activity evoked by inverted and imagined biological motion. *Vision Research* **41**, 1475-1482 (2001).

61. Keysers, C., Kaas, J. H., and Gazzola, V. Somatosensation in social perception. *Nature Reviews Neuroscience* **11**, 417-428 (2010).

62. Keysers, C., Wicker, B., Gazzola, V., Anton, J. L., Fogassi, L., and Gallese, V. A touching sight: SII/PV activation during the observation and experience of touch. *Neuron* **42**, 335-346 (2004).

63. Blakemore, S. J., Bristow, D., Bird, G., Frith, C., and Ward, J. Somatosensory activations during the observation of touch and a case of vision-touch synaesthesia. *Brain* **128**, 1571-1583 (2005).

64. Ebisch, S. J., Perrucci, M. G., Ferretti, A., Del Gratta, C., Romani, G. L., and Gallese, V. The sense of touch: Embodied simulation in a visuotactile mirroring mechanism for observed animate or inanimate touch. *Journal of Cognitive Neuroscience* **20**, 1611-1623 (2008).

65. Ishida, H., Nakajima, K., Inase, M., and Murata, A. Shared mapping of own and others' bodies in visuotactile bimodal area of monkey parietal cortex. *Journal of Cognitive Neuroscience* **22**, 83-96 (2010).

66. Banissy, M. J., and Ward, J., Mirror-touch synesthesia is linked with empathy. *Nature Neuroscience* **10**, 815-816 (2007).

67. Bufalari, I., Aprile, T., Avenanti, A., Di Russo, F., and Aglioti, S. M. Empathy for pain and touch in the human somatosensory cortex. *Cerebral Cortex* **17**, 2553-2561 (2007).

68. Adolphs, R., Damasio, H., Tranel, D., Cooper, G., and Damasio, A. R. A role for somatosensory cortices in the visual recognition of emotion as revealed by three-dimensional lesion mapping. *Journal of Neuroscience* **20**, 2683-2690 (2000).

69. Pitcher, D., Garrido, L., Walsh, V., and Duchaine, B. C. Transcranial magnetic stimulation disrupts the perception and embodiment of facial expressions. *Journal of Neuroscience* **28**, 8929-8933 (2008).

70. Cheng, Y., Lin, C. P., Liu, H. L., Hsu, Y. Y., Lim, K. E., Hung, D., and Decety, J.

Expertise modulates the perception of pain in others. *Current Biology* **17**, 1708-1713 (2007).

71. Rizzolatti, G., and Craighero, L. The mirror-neuron system. *Annual Review in Neuroscience* **27**, 169-192 (2004).
72. Dapretto, M., Davies, M. S., Pfeifer, J. H., Scott, A. A., Sigman, M., Bookheimer, S. Y., and Iacoboni, M. Understanding emotions in others: Mirror neuron dysfunction in children with autism spectrum disorders. *Nature Neuroscience* **9**, 28-30 (2006).
73. Mukamel, R., Ekstrom, A. D., Kaplan, J., Iacoboni, M., and Fried, I. Single-neuron responses in humans during execution and observation of actions. *Current Biology* **20**, 750-756 (2010).
74. Shepherd, S. V., Klein, J. T., Deaner, R. O., and Platt, M. L. Mirroring of attention by neurons in macaque parietal cortex. *Proceedings of the National Academy of Sciences of the USA* **106**, 9489-9494 (2009).
75. Chartrand, T. L., and Bargh, J. A. The chameleon effect: The perception-behavior link and social interaction. *Journal of Personality and Social Psychology* **76**, 893-910 (1999).
76. Zaki, J., Weber, J., Bolger, N., and Ochsner, K. The neural of bases of empathic accuracy. *Proceedings of the National Academy of Sciences of the USA* **106**, 11382-1387 (2009).
77. Schippers, M. B., Roebroeck, A., Renken, R., Nanetti, L., and Keysers, C. Mapping the information flow from one brain to another during gestural communication. *Proceedings of the National Academy of Sciences of the USA* **107**, 9388-9393 (2010).
78. Lee, K. H., and Siegle, G. J. Common and distinct brain networks underlying explicit emotional evaluation: A meta-analytic study. *Social, Cognitive, and Affective Neuroscience* **March 6** (2009), dot:10.1093/scan/nsp00l.
79. Wager, T. D., Davidson, M. L., Hughes, B. L., Lindquist, M. A., and Ochsner, K. N. Prefrontal-subcortical pathways mediating successful emotion regulation. *Neuron* **59**, 1037-1050 (2008).
80. LeDoux, J. E. *The emotional brain: The mysterious underpinnings of emotional life.* Weidenfeld and Nicolson, London, 1998.
81. Everitt, B. J., Cardinal, R. N., Parkinson, J. A., and Robbins, T. W. Appetitive behavior: Impact of amygdala-dependent mechanisms of emotional learning. *Annals of the New York Academy of Sciences* **985**, 233-250 (2003).

82. Johansen, J. P., Hamanaka, H., Monfils, M. H., Behnia, R., Deisseroth, K., Blair, H. T., and Ledoux, J. E. Optical activation of lateral amygdala pyramidal cells instructs associative fear learning. *Proceedings of the National Academy of Sciences of the USA* **107**, 12692-12697 (2010).

83. Baron-Cohen, S., Ring. H., Wheelwright, S., Bullmore, E. T., Brammer, M, J., Simmons, A., and Williams, S. Social intelligence in the normal and autistic brain: An fMRI study. *European Journal of Neuroscience* **11**, 1891-1898 (1999).

84. Adolphs, R., Tranel, D., Damasio, H., and Damasio, A. R. Fear and the human amygdala. *Journal of Neuroscience* **15**, 5879-5891 (1995).

85. Spezio, M. L., Huang, P. Y., Castelli, F., and Adolphs, R. Amygdala damage impairs eye contact during conversations with real people. *Journal of Neuroscience* **27**, 3994-3997 (2007).

86. Adolphs, R., Gosselin, F., Buchanan, T. W., Tranel, D., Schyns, P., and Damasio, A. R. A mechanism for impaired fear recognition after amygdala damage. *Nature* **433**, 68-72 (2005).

87. Fletcher, P. C., Happé, F., Frith, U., Baker, S. C., Dolan, R. J., Frackowiak, R. S. J., and Frith, C. D. Other minds in the brain: A functional imaging study of "theory of mind" in story comprehension. *Cognition* **57**, 109-128 (1995).

88. Saxe. R., and Powell, L. J. It's the thought that counts: Specific brain regions one component of theory of mind. *Psychoiogical Science* **17**, 692-699 (2006).

89. Gusnard, D. A., Akbudak, E., Shulman, G. L., and Raichle, M. E. Medial prefrontal Cortex and self-referential mental activity: Relation to a default mode of brain function. *Proceedings of the National Academy of Sciences of the USA* **98**, 4259-4264 (2001).

90. Johnson, S. C., Baxter, L. C., Wilder, L. S., Pipe, J. G., Heiserman, J. E., and Prigatano, G. P. Neural correlates of self-reflection. *Brain* **125**, 1808-1814 (2002).

91. Kelley, W. M., Macrae, C. N., Wyland, C. L., Caglar, S., Inati, S., and Heatherton, T. F. Finding the self? An event-related fMRl study. *Journal of Cognitive Neuroscience* **14**, 785-794 (2002).

92. Northoff, G., Heinzel, A., de Greck, M., Bermpohl, F., Dobrowolny, H., and Panksepp, J. Self-referential processing in our brain — a meta-analysis of imaging studies on the self. *Neuroimage* **31**, 440-457 (2006).

93. Kreisman, J. J., and Straus, H. *I hate you-don't leave me: Understanding the borderline personality*. Avon Books, New York, 1989.

94. Johnson, C., Tobin, D., and Enright, A. Prevalence and clinical characteristics of borderline patients in an eating-disordered population. *Journal of Clinical Psychiatry* **50**, 9-15 (1989).

95. Nace, E. P., Saxon. J. J. Jr., and Shore, N. A comparison of borderline and nonborderhne alcoholtc patients. *Archives of General Psychiatry* **40**, 54-56 (1983).

96. Inman, D. J., Bascue, L. O., and Skoloda, T. Identification of borderline personality disorders among substance abuse inpatients. *Journal of Substance Abase Treatment* **2**, 229-232 (1985).

97. Soloff, P. H., Lis, J. A., Kelly, T., Cornelius, J., and Ulrich, R. Risk factors for suicidal behavior in borderline personality disorder. *American Journal of Psychiatry* **151**, 1316-1323 (1994).

98. Zisook, S., Goff, A., Sledge, P., and Shuchter, S. R. Reported suicidal behavior and current suicidal ideation in a psychiatric outpatient clinic. *Annals of Clinical Psychiatry* **6**, 27-31 (1994).

99. Isomesta, E. T., Henriksson, M. M., Heikkinen, M. E., Aro, H. M., Marttunen, M. J., Kuoppasalmi, K. I., and Lonnqvist, J. K. Suicide among subjects with personality disorders. *American Journal of Psychiatry* **153**, 667-673 (1996).

100. Runeson, B. Mental disorder in youth suicide: DSM-III-R Axes I and II. *Acta Psychiatrica Scandinavica* **79**, 490-497 (1989).

101. Paris, J., and Zweig-Frank, H. A 27-year follow-up of patients with borderline personality disorder. *Comprehensive Psychiatry* **42**, 482-487 (2001).

102. Stone, M. H., Stone, D, K., and Hurt, S. W. Natural history of borderline patients treated by intensive hospitalization. *Psychiatric Clinics of North America* **10**, 185-206 (1987).

103, Rosten, N. *Marilyn, an untold story*. New American Library, New York, 1973.

104. Gunderson, J. G., Kerr, J., and Englund, D. W. The families of borderlines: A comparative study. *Archives of General Psychiatry* **37**, 27-33 (1980).

105. Frank, H., and Paris, J. Recollections of family experience in borderline patients. *Archives of General Psychiatry* **38**, 1031-1034 (1981).

106. Ogata, S. N., Silk, K. R., Goodrich, S., Lohr, N. E., Westen, D., and Hill, E. M.

Childhood sexual and physical abuse in adult patients with borderline personality disorder. *American Journal of Psychiatry* **147**, 1008-1013 (1990).

107. Paris, J., Zweig-Frank, H., and Guzder, J. Risk factors for borderline personality in male outpatients. *Journal of Nervous and Mental Disease* **182**, 375-380 (1994).

108. Zanarini, M. C. Childhood experiences associated with the development of borderline personality disorder. *Psychiatric Clinics of North America* **23**, 89-101 (2000).

109. Zweig-Frank, H., Paris, J., and Guzder, J. Psychological risk factors for dissociation and self-mutilation in female patients with borderline personality disorder. *Canadian Journal of Psychiatry* **39**, 259-264 (1994).

110. Yen, S., Zlotnick, C., and Costello, E. Affect regulation in women with borderline personality disorder traits. *Journal of Nervous and Mental Disease* **190**, 693-696 (2002).

111. Bandelow, B., Krause, J., Wedekind, D., Broocks, A., Hajak, G., and Ruther, E. Early traumatic life events, parental attitudes, family history, and birth risk factors in patients with borderline personality disorder and healthy controls. *Psychiatry Research* **134**, 169-179 (2005).

112. New, A. S., Triebwasser, J., and Charney, D. S. The case for shifting borderline personality disorder to Axis I. *Biological Psychiatry* **64**, 653-659 (2008).

113. Paris, J., Nowlis, D., and Brown, R. Developmental factors in the outcome of borderline personality disorder. *Comprehensive Psychiatry* **29**, 147-150 (1988).

114. Bryer, J. B., Nelson, B. A., Miller, J. B., and Krol, P. A. Childhood sexual and physical abuse as factors in adult psychiatric illness. *American Journal of Psychiatry* **144**, 1426-1430 (1987).

115. Soloff, P. H., Price, J. C., Meltzer, C. C., Fabio, A., Frank, G. K., and Kaye, W. H. 5HT2A receptor binding is increased in borderline personality disorder. *Biological Psychiatry* **62**, 580-587 (2007).

116. Snyder, S., and Pitts, W. M. Jr. Electroencephalography of DSM-III borderline personality disorder. *Acta Psychiatrica Scandinavica* **69**, 129-134 (1984).

117. Soloff, P. H., Kelly, T. M., Strotmeyer, S. J., Malone, K. M., and Mann, J. J. Impulsivity, gender, and response to fenfluramine challenge in borderline personality disorder. *Psychiatry Research* **119**, 11-24 (2003).

118. Siever, L. J., Buchsbaum, M. S., New, A. S., Spiegel-Cohen, J., Wei, T., Hazlett, E. A., Sevin, E., Nunn, M., and Mitropoulou, V. d,l-fenfluramine response in impulsive

personality disorder assessed with [18F] fluoro-deoxyglucose positron emission tomography. *Neuropsychopharmacology* **20**, 413-423 (1999).

119. Soloff, P. H., Meltzer, C. C., Greer, P, J., Constantine, D., and Kelly, M. A fenfluramine-activated FDG-PET study of borderline personality disorder. *Biological Psychiatry* **47**, 540-547 (2000).

120. Arango, V., Underwood, M. D., Gubbi, A. V., and Mann, J. J. Localized alterations in pre-and postsynaptic serotonin binding sites in the ventrolateral prefrontal cortex of suicide victims. *Brain Research* **688**, 121-133 (1995).

121. Stockmeier, C. A., Dilley, G. E., Shapiro, L. A., Overholser, J. C., Thompson, P. A., and Meltzer. H, Y. Serotonin receptors in suicide victims with major depression. *Neuropsychopharmacology* **16**, 162-173 (1997).

122. Juengling, F. D., Schmahl, C., Hesslinger, B., Ebert, D., Bremner, J. D., Gostomzyk, J., Bohus, M., and Lieb, K. Positron emission tomography in female patients with borderline personality disorder. *Journal of Psychiatric Research* **37**, 109-115 (2003).

123. Herpertz, S. C., Dietrich, T. M., Wenning, B., Krings, T., Erberich, S. G., Willmes, K., Tnron, A., and Sass, H. Evidence of abnormal amygdala functioning in borderline personality disorder: A functional MRI study. *Biological Psychiatry* **50**, 292-298 (2001).

124. Donegan, N. H., Sanislow, C. A., Blumberg, H. P., Fulbright, R. K., Lacadie, C., Skudlarski, P., Gore, J. C., Olson, I. R., McGlashan, T. H., and Wexler, B. E. Amygdala hyperreactivity in borderline personality disorder: Implications for emotional dysregulation. *Biological Psychiatry* **54**, 1284-1293 (2003).

125. King-Casas, B., Sharp, C., Lomax-Bream, L., Lohrenz, T., Fonagy, P., and Montague, P. R. The rupture and repair of cooperation in borderline personality disorder. *Science* **321**, 806-810 (2008).

126. Brambilla, P., Soloff, P. H., Sala, M., Nicoletti, M. A., Keshavan, M. S., and Soares, J. C. Anatomical MRI study of borderline personality disorder patients. *Psychiatry Research* **131**, 125-133 (2004).

127. Driessen, M., Herrmann, J., Stahl, K., Zwaan, M., Meier, S., Hill, A., Osterheider, M., and Peterson, D. Magnetic resonance imaging volumes of the hippocampus and the amygdala in women with borderline personality disorder and early of traumatization. *Archives of General Psychiatry* **57**, 1115-1122 (2000).

128. Rusch, N., van Elst, L. T., Ludaescher, P., Wilke, M., Huppertz, H. J., Thiel, T.,

Schrmahl, C., Bohus, M., Lieb, K., Hesslinger, B., Hennig, J., and Ebert, D. A. Voxel-based morphometric MRI study in female patients with borderline personality disorder. *Neuroimage* **20**, 358-392 (2003).

129. Tebartz van Elst, L., Hesslinger, B., Thiel, T., Geiger, E., Haegele, K., Lemieux, L., Lieb, K., Bohus, M., Henng, J., and Ebert, D. Frontolimbic brain abnormalities in patients with borderline personality disorder: A volumetric magnetic resonance imaging study. *Biological Psychiatry* **54**, 163-171 (2003).

130. Soloff, P. H., Fabio, A., Kelly, T. M., Malone, K. M., and Mann, J. J. High-lethality status in patients with borderline personality disorder. *Journal of Personality Disorders* **19**, 396-399 (2005).

131. Fertuck, E. A., Jekal, A., Song, I., Wyman, B., Morris, M. C., Wilson, S. T., Brodsky, B. S., and Stanley, B. Enhanced "Reading the Mind in the Eyes" in borderline personality disorder compared to healthy controls. *Psychological Medicine* **39**, 1979-1988 (2009).

132. Fertuck, E. A., Lenzenweger, M. F., Clarkin, J. F., Hoermann, S., and Stanley, B. Executive neurocognition, memory systems, and borderline personality disorder. *Clinical Psychology Review* **26**, 346-375 (2006).

133. Shamay-Tsoory, S. G., Tibi-Elhanany, Y., and Aharon-Peretz, J. The green-eyed monster and malicious joy: The neuroanatomical bases of envy and gloating (schadenfreude). *Brain* **130**, 1663-1678 (2007).

134. American Psychiatric Association, *DSM-IV: Diagnostic and Statistical Manual of Mental Diorders, 4th Edition*. American Psychiatric Association, Washington, DC, 1994.

135. Fazel, S., and Danesh, J. Serious mental disorder in 23,000 prisoners: A systematic review of 62 surveys. *Lancet* **359**, 545-550 (2002).

136. Hart, S. D., and Hare, R. D. Psychopathy and antisocial personality disorder. *Current Opinion in Psychiatry* **9**, 129-132 (1996).

137. Clerkley, H. M., *The mask of sanity: An attempt to clarify some issues about the so-called psychopathic personality*, rev. ed. Mosby Medical Library, St. Louis, 1982.

138. Babiak, P., and Hare, R. D. *Snakes in suit: When psychopaths go to work*. Regan Books, New York, 2007.

139. Christie, R, and Geis, F. L. *Studies in Machiavellianism*. Academic Press, New York,

1970.

140. Rutter, M. Psychosocial resilience and protective mechanisms. *American Journal of Orthopsychiatry* **57**, 316-331 (1987).

141. Bowlby, J. *Attachment*. Basic Books, New York, 1969.

142. Saltaris, C. Psychopathy in juvenile offenders: Can temperament and attachment be considered as robust developmental precursors? *Clinical Psychology Reviews* **22**, 729-752 (2002).

143. DeKlyen, M., Speltz, M. L., and Greenberg, M. T. Fathering and early onset conduct problems: Positive and negative parenting, father-son attachment, and the marital context. *Clinical Child Family Psychology Review* **1**, 3-21 (1998).

144. Harlow, H., and Zimmerman, R. Affectionless responses in the infant monkey. *Scientific American* **130**, 421-432 (1959).

145. Hinde, R. A., and Spencer-Booth, Y. Effects of brief separation from mother on rhesus monkeys. *Science* **173**, 111-118 (1971).

146. Bowlby, J. *Maternal care and mental health*. World Health Organization, Geneva, 1951.

147. Harris, P. *Children and emotions*. Blackwell, London, 1989.

148. Marshall, L. A., and Cooke, D. J. The childhood experiences of psychopaths: A retrospective study of familial and societal factors. *Journal of Personality Disorders* **13**, 211-225 (1999).

149. Fonagy, P. Attachment and borderline personality disorder. *Journal of the American Psychoanalytical Association* **48**, 1129-1146; discussion 1175-1187 (2000).

150. Baumrind, D. Rejoinder to Lewis' reinterpretation of parental firm control effects: Are authoritative families really harmonious? *Psychological Bulletin* **94**, 132-142 (1983).

151. Davis, M. H. Measuring individual differences in empathy: Evidence for a multidimensional approach. *Journal of Personality and Social Psychology* **44**, 113-126 (1983).

152. Blair, R. J. R. Responsiveness to distress cues in the child with psychopathic tendencies. *Personality and Individual Differences* **27**, 135-145 (1999).

153. Blair, R. J. R. Moral reasoning in the child with psychopathic tendencies. *Personality and Individual Differences* **22**, 731-739 (1997).

154. Blair, R. J. R., and Coles, M. Expression recognition and behavioral problems in early

adolescence. *Cognitive Development* **15**, 421-434 (2000).

155. Stevens, D., Charman, T., and Blair, R. J. Recognition of emotion in facial expressions and vocal tones in children with psychopathic tendencies. *Journal of Genetic Psychology* **162**, 201-211 (2001).

156. Lorenz, A. R., and Newman, J. P. Deficient response modulation and emotion processing in low-anxious Caucasian psychopathic offenders: Results from a lexical decision task. *Emotion* **2**, 91-104 (2002).

157. Williamson, S., Harpur, T. J., and Hare, R. D. Abnormal processing of affective words by psychopaths. *Psychophysiology* **28**, 260-273 (1991).

158. Dodge, K. A. Social-cognitive mechanisms in the development of conduct disorder and depression. *Annual Review of Psychology* **44**, 559-584 (1993).

159. Lee, M., and Prentice, N. M. Interrelations of empathy, cognition, and moral reasoning with dimensions of juvenile delinquency. *Journal of Abnormal Child Psychology* **16**, 127-139 (1988).

160. Smetana, J. G., and Braeges, J. L. The development of toddlers' moral and conventional judgments. *Merrill-Palmer Quarterly* **36**, 329-346 (1990).

161. Dunn, J., and Hughes, C. "I got some swords and you're dead!": Violent fantasy, antisocial behavior, friendship, and moral sensibility in young children. *Child Development* **72**, 491-505 (2001).

162. Gray, J. A. *The neuropsychology of anxiety: An enquiry into the functions of the septo-hippocampal system*. Clarendon Press, Oxford, UK, 1982.

163. Newman, J. P. Response perseveration in psychopaths. In *Psychopathy: Theory, research, and implications for society*, ed. D. J. Cooke, A. E. Forth, and R. D. Hare. Kluwer, Dordrecht, Netherlands, 1998, 81-104.

164. Newman, J. P., Patterson, C. M., and Kosson, D. S. Response perseveration in psychopaths. *Journal of Abnormal Psychology* **96**, 145-148 (1987).

165. Hoffman, M. L. Discipline and internalization. *Developmental Psychology* **30**, 26-28 (1994).

166. Verona, E., Patrick, C. J., and Joiner, T. E. Psychopathy, antisocial personality, and suicide risk. *Journal of Abnormal Psychology* **110**, 462-470 (2001).

167. Lykken, D. T. A study of anxiety in the sociopathic personality. *Journal of Abnormal and Social Psychology* **55**, 6-10 (1957).

168. Flor, H., Birbaumer, N., Hermann, C., Ziegler, S., and Patrick, C. J. Aversive Pavlovian conditioning in psychopaths: Peripheral and central correlates. *Psychophysiology* **39**, 505-518 (2002).

169. Levenston, G. K., Patrick, C. J., Bradley, M. M., and Lang, P. J. The psychopath as observer: Emotion and attention in picture processing. *Journal of Abnormal Psychology* **109**, 373-385 (2000).

170. Volkow, N. D., and Tancredi, L. Neural substrates of violent behaviour: A preliminary study with positron emission tomography. *British Journal of Psychiatry* **151**, 668-673 (1987).

171. Soderstrom, H., Hultin, L., Tullberg, M., Wikkelso, C., Ekholm, S., and Forsman, A. Reduced frontotemporal perfusion in psychopathic personality. *Psychiatry Research* **114**, 81-94 (2002).

172. Craig, M. C., Catani, M., Deeley, Q., Latham, R., Daly, E., Kanaan, R., Picchioni, M., McGuire, P. K., Fahy, T., and Murphy, D. G. Altered connections on the road to psychopathy. *Molecular Psychiatry* **14**, 946-953 (2009).

173. Raine, A., Yang, Y., Narr, K. L., and Toga, A. W. Sex differences in orbitofrontal gray matter as a partial explanation for sex differences in antisocial personality. *Molecular Psychiatry* (2009), doi:10.1038/ mp.2009.136.

174. Damasio, A. R., Tranel, D., and Damasio, H. Individuals with sociopathic behavior cause by frontal damage fail to respond autonomically to social stimuli. *Behavioral Brain Research* **41**, 81-94 (1990).

175. Damasio, A. R., Tranel, D., and Damasio, H. C. Somatic markers and the guidance of behavior: Theory and preliminary testing. In *Frontal lobe function and dysfunction*, ed. H. S. Levin, H. M. Eisenberg, and A. L. Benton. Oxford University Press, New York, 1991, 217-229.

176. Krajbich, I., Adolphs, R., Tranel, D., Denburg, N. L., and Camerer, C. F. Economic games quantify diminished sense of guilt in patients with damage to the prefrontal cortex. *Journal of Neuroscience* **29**, 2188-2192 (2009).

177. Koenigs, M., Young, L., Adolphs, R., Tranel, D., Cushman, F., Hauser, M., and Damasio, A. Damage to the prefrontal cortex increases utilitarian moral judgments. *Nature* **446**, 908-911 (2007).

178. Young, L., Bechara, A., Tranel, D., Damasio, H., Hauser, M., and Damasio, A.

Damage to ventromedial prefrontal cortex impairs judgment of harmful intent. *Neuron* **65**, 845-851 (2010).

179. Heims, H. C., Critchley, H. D., Dolan, R., Mathias, C. J., and Cipolotti, L. Social and motivational functioning is not critically dependent on feedback of autonomic responses: Neuropsychological evidence from patients with pure autonomic failure. *Neuropsychologia* **42**, 1979-1988 (2004).

180. Raine, A., Buchsbaum, M., and LaCasse, L. Brain abnormalities in murderers indicated by positron emission tomography. *Biological Psychiatry* **42**, 495-508 (1997).

181. Raine, A., Lencz, T., Bihrle, S., LaCasse, L., and Colletti, P. Reduced prefrontal gray matter volume and reduced autonomic activity in antisocial personality disorder. *Archives of General Psychiatry* **57**, 119-127; discussion 128-129 (2000).

182. Goyer, P. F., Andreason, P. J., Semple, W. E., Clayton, A. H., King, A. C., Compton-Toth, B. A., Schulz, S. C., and Cohen, R. M. Positron-emission tomography and personality disorders. *Neuropsychopharmacology* **10**, 21-28 (1994).

183. Buckholtz, J. W., Treadway, M. T., Cowan, R. L., Woodward, N. D., Benning, S. D., Li, R., Ansari, M. S., Baldwin, R. M., Schwartzman, A. N., Shelby, E. S., Smith, C. E., Cole, D., Kessler, R. M., and Zald, D. H. Mesolimbic dopamine reward system hypersensitivity in individuals with psychopathic traits. *Nature Neuroscience* **13**, 419-421 (2010).

184. Young, L., Camprodon, J. A., Hauser, M., Pascual-Leone, A., and Saxe, R. Disruption of the right temporoparietal junction with transcranial magnetic stimulation reduces the role of beliefs in moral judgments. *Proceedings of the National Academy of Sciences of the USA* **107**, 6753-6758 (2010).

185. Young, L., Cushman, F., Hauser, M., and Saxe, R. The neural basis of the interaction between theory of mind and moral judgment. *Proceedings of the National Academy of Sciences of the USA* **104**, 8235-8240 (2007).

186. Decety, J., Michalska, K. J., Akitsuki, Y., and Lahey, B. B. Atypical empathic responses in adolescents with aggressive conduct disorder: A functional MRI investigation. *Biological Psychology* **80**, 203-211 (2009).

187. Veit, R., Flor, H., Erb, M., Hermann, C., Lotze, M., Grodd, W., and Birbaumer, N. Brain circuits involved in emotional learning in antisocial behavior and social phobia in humans. *Neuroscience Letters* **328**, 233-236 (2002).

188. Bremner, J. D., Randall, P., Scott, T. M., Capelli, S., Delaney, R., McCarthy, G., and Charney, D. S. Deficits in short-term memory in adult survivors of childhood abuse. *Psychiatry Research* **59**, 97-107 (1995).

189. Panksepp, J. *Affective neuroscience: The foundations of human and animal emotions.* Oxford University Press, New York, 1998.

190. Jacobson, L., and Sapolsky, R. The role of the hippocampus in feedback regulation of the hypothalamic-pituitary-adrenocortical axis. *Endocrine Reviews* **12**, 118-134 (1991).

191. McEwen, B. S., Angulo, J., Cameron, H., Chao, H. M., Daniels, D., Gannon, M. N., Gould, E., Mendelson, S., Sakai, R., Spencer, R. et al., Paradoxical effects of adrenal steroids on the brain: Protection versus degeneration. *Biological Psychiatry* **31**, 177-199 (1992).

192. Vyas, A., Mitra, R., Shankaranarayana Rao, B. S., and Chattarji, S. Chronic stress induces contrasting patterns of dendritic remodeling in hippocampal and amygdaloid neurons. *Journal of Neuroscience* **22**, 6810-6818 (2002).

193. Drevets, W. C. Neuroimaging abnormalities in the amygdala in mood disorders. *Annals of the New York Academy of Sciences* **985**, 420-444 (2003).

194. Hettema, J. M., Neale, M. C., and Kendler, K. S. A review and mata-analysis of the genetic epidemiology of anxiety disorders. *American Journal of Psychiatry* **158**, 1568-1578 (2001).

195. Blair, R. J. R., Mitchell, D., and Blair, K. *The psychopath: Emotion and the brain.* Blackwell, Oxford, UK, 2005.

196. Stone, M. H. Normal narcissism: An etiological and ethological perspective. In *Disorders of narcissism: Diagnostic, clinical, and empirical implications*, ed. E. F. Ronningstram. American Psychiatric Press, Washington, DC, 1997, 7-28.

197. Cooper, A. M. Further developments in the clinical diagnosis of narcissistic personality disorder. In *Disorders of narcissism: Diagnostic, clinical, and empirical implications*, ed. E. F. Ronningstram. American Psychiatric Press, Washington, DC, 1997, 53-74.

198. Schlesinger, L. Pathological narcissism and serial homicide: Review and case study. *Current Psychology* **17**, 212-221 (1997).

199. Di Martino, A., Ross, K., Uddin, L. Q., Sklar, A. B., Castellanos, F. X., and Milham, M. P. Functional brain correlates of social and nonsocial processes in autism spectrum

disorders: An activation likelihood estimation meta-analysis. *Biological Psychiatry* **65**, 63-74 (2009).

200. Lombardo, M. V., Baron-Cohen, S., Belmonte, M. K., and Chakrabarti, B. Neural endophenotypes of social behavior in autism spectrum conditions. In *Handbook of Social Neuroscience*, ed. J. Decety and J. Cacioppo. Oxford University Press, Oxford, UK, in press.

201. Happé, F., Ehlers, S., Fletcher, P., Frith, U., Johansson, M., Gillberg, C., Dolan, R., Frackowiak, R., and Frith, C. "Theory of mind" in the brain: Evidence from a PET scan study of Asperger Syndrome. *Neuroreport* **8**, 197-201 (1996).

202. Wang, A. T., Lee, S. S., Sigman, M., and Dapretto, M. Neural basis of irony comprehension in children with autism: The role of prosody and context. *Brain* **129**, 932-943 (2006).

203. Wang, A. T., Lee S. S., Sigman, M., and Dapretto, M. Reading affect in the face and voice: Neural correlates of interpreting communicative intent in children and adolescents with autism spectrum disorders. *Archives of General Psychiatry* **64**, 698-708 (2007).

204. Baron-Cohen, S., and Hammer, J. Parents of children with Asperger Syndrome: What is the cognitive phenotype? *Journal of Cognitive Neuroscience* **9**, 548-554 (1997).

205. Baron-Cohen, S., Wheelwright, S., Hill, J., Raste, Y., and Plumb, I. The "Reading the Mind in the Eyes" test revised version: A study with normal adults, and adults with Asperger Syndrome or high-functioning autism. *Journal of Child Psychology and Psychiatry* **42**, 241-252 (2001).

206. Pelphrey, K. A., Morris, J. P., and McCarthy, G. Neural basis of eye gaze processing deficits in autism. *Brain* **128**, 1038-1048 (2005).

207. Herrington, J. D., Baron-Cohen, S., Wheelwright, S., Brammer, M., Singh, K. D., Bullmore, E. T., and Williams, S. C. R. The role of MT+/V5 during biological motion perception in Asperger Syndrome: An fMRI study. *Research in Autism Spectrum Disorders* **1**, 14-27 (2007).

208. Pierce, K., Muller, R.-A., Ambrose, J., Allen, G., and Courchesne, E. Face processing occurs outside the "fusiform face area" in autism: Evidence from functional MRI. *Brain* **124**, 2059-2073 (2001).

209. Wang, A. T., Dapretto, M., Hariri, A. R., Sigman, M., and Bookheimer, S.Y. Neural

correlates of facial affect processing in children and adolescents with autism spectrum disorder. *Journal of the American Academy of Child and Adolescent Psychiatry* **43**, 481-490 (2004).

210. Ashwin, C., Baron-Cohen, S., O'Riordan, M., Wheelwright, S., and Bullmore, E. T. Differential activation of the amygdala and the "social brain" during fearful face-processing in Asperger Syndrome. *Neuropsychologia* **45**, 2-14 (2007).

211. Corbett, B. A., Constantine, L. J., Hendren, R., Rocke, D., and Ozonoff, S. Examining executive functioning in children with autism spectrum disorder, attention deficit hyperactivity disorder, and typical development. *Psychiatry Research* **166**, 210-222 (2009).

212. Critchley, H. D., Daly, E. M., Bullmore, E. T., Williams, S. C. R., Van Amelsvoort, T., Robertson, D. M., Rowe, A., Phillips, M., McAlonan, G., Howlin, P., and Murphy, D. G. The functional neuroanatomy of social behaviour: Changes in cerebral blood flow when people with autistic disorder process facial expressions. *Brain* **123**, 2203-2212 (2000).

213. Dalton, K. M., Nacewicz, B. M., Johnstone, T., Schaefer, H. S., Gernsbacher, M. A., Goldsmith, H. H., Alexander, A. L., and Davidson, R. J. Gaze fixation and the neural circuitry of face processing in autism. *Nature Neuroscience* **10**, 1-8 (2005).

214. Grezes, J., Wicker, B., Berthoz, S., and de Gelder, B. A failure to grasp the affective meaning of actions in autism spectrum disorder subjects. *Neuropsychologia* **47**, 1816-1825 (2009).

215. Pelphrey, K. A., Morris, J. P., McCarthy, G., and Labar, K. S. Perception of dynamic changes in facial affect and identity in autism. *Social, Cognitive, and Affective Neuroscience* **2**, 140-149 (2007).

216. Dinstein, I., Thomas, C., Humphreys, K., Minshew, N., Behrmann, M., and Heeger, D. J. Normal movement selectivity in autism. *Neuron* **66**, 461-469 (2010).

217. Southgate, V., and Hamilton, A. F. Unbroken mirrors: Challenging a theory of autism. *Trends in Cognitive Sciences* **12**, 225-229 (2008).

218. Abell, F., Happé, F., and Frith, U. Do triangles play tricks? Attribution of mental states to animated shapes in normal and abnormal development. *Cognitive Development* **15**, 1-16 (2000).

219. Castelli, F., Frith, C., Happé, F., and Frith, U. Autism, Asperger Syndrome, and brain

mechanisms for the attribution of mental states to animated shapes. *Brain* **125**, 1839-1849 (2002).

220. Kana, R. K., Keller, T. A., Cherkassky, V. L., Minshew, N. J., and Just, M. A. Atypical frontal-posterior synchronization of theory of mind regions in autism during mental state attribution. *Social Neuroscience* **4**, 135-152 (2009).

221. Hill, E., Berthoz, S., and Frith, U. Brief report: Cognitive processing of own emotions in individuals with autistic spectrum disorder and in their relatives. *Journal of Autism and Developmental Disorders* **34**, 229-235 (2004).

222. Lombardo, M. V., and Baron-Cohen, S. Unraveling the paradox of the autistic self. *Wiley Interdisciplinary Reviews: Cognitive Science* **1**, 393-403 (2010).

223. Lombardo, M. V., Barnes, J. L., Wheelwright, S., and Baron-Cohen, S. Self-referential cognition and empathy in autism. *PLoS* **2**, e883 (2007).

224. Williams, D. M., and Happé, F. What did I say? Versus what did I think? Attributing false beliefs to self amongst children with and without autism. *Journal of Autism And Developmental Disorders* **39**, 865-873 (2009).

225. Silani, G., Bird, G., Brindley, R., Singer, T., Frith, C., and Frith, U. Levels of emotional awareness and autism: An fMRI study. *Social Neuroscience* **3**, 97-112 (2008).

226. Ernst, M., Zametkin, A. J., Matochik, J. A., Pascualvaca, D., and Cohen, R. M. Low medial prefrontal dopaminergic activity in autistic children. *Lancet* **350**, 638 (1997).

227. Murphy, D. G., Daly, E., Schmitz, N., Toal, F., Murphy, K., Curran, S., Erlandsson, K., Eersels, J., Kerwin, R., Ell, P., and Travis, M. Cortical serotonin 5-HT2A receptor binding and social communication in adults with Asperger's Syndrome: An in vivo SPECT study. *American Journal of Psychiatry* **163**, 934-936 (2006).

228. Haznedar, M. M., Buchsbaum, M. S., Wei, T. C., Hof, P. R., Cartwright, C., Bienstock, C. A., and Hollander, E. Limbic circuitry in patients with autism spectrum disorders studied with positron emission tomography and magnetic resonance imaging. *American Journal of Psychiatry* **157**, 1994-2001 (2000).

229. Ohnishi, T., Matsuda, H., Hashimoto, T., Kunihiro, T., Nishikawa, M., Uema, T., and Sasaki, M. Abnormal regional cerebral blood flow in childhood autism. *Brain* **123**, 1838-1844 (2000).

230. Kennedy, D., and Courchesne, E. The intrinsic functional organization of the brain is altered in autism. *Neuroimage* **39**, 1877-1885 (2008).

231. Kennedy, D. P., Redcay, E., and Courchesne, E. Failing to deactivate: Resting functional abnormalities in autism. *Proceedings of the National Academy of Sciences of the USA* **103**, 8275-8280 (2006).

232. Lombardo, M. V., Chakrabarti, B., Bullmore, E. T., Sadek, S. A., Pasco, G., Wheelwright, S. J., Suckling, J., and Baron-Cohen, S. Atypical neural self-representation in autism. *Brain* **133**, 611-624 (2010).

233. Minio-Paluello, I., Baron-Cohen, S., Avenanti, A., Walsh, V., and Aglioti, S. M. Absence of embodied empathy during pain observation in Asperger Syndrome. *Biological Psychiatry* **65**, 55-62 (2009).

234. Tomlin, D., Kayali, M. A., King-Casas, B., Anen, C., Camerer, C. E., Quartz, S. R., and Montague, P. R. Agent-specific responses in the cingulate cortex during economic exchanges. *Science* **312**, 1047-1050 (2006).

235. Frith, C. D., and Frith, U. The self and its reputation in autism. *Neuron* **57**, 331-332 (2008).

236. Chiu, P. H., Kayali, M. A., Kishida, K. T., Tomlin, D., Klinger, L. G., Klinger, M. R., and Montague, P. R. Self responses along cingulate cortex reveal quantitative neural phenotype for high-functioning autism. *Neuron* **57**, 463-473 (2008).

237. Lombardo, M. V., Chakrabarti, B., Bullmore, E. T., Consortium, M. A., and Baron-Cohen, S. Atypical neural mechanisms for mentalizing about self and other in autism. *Archives of General Psychiatry* (under review).

238. Baron-Cohen, S., Ashwin, E., Ashwin, C., Tavassoli, T., and Chakrabarti, B. Talent in autism: Hyper-systemizing, hyper-attention to detail, and sensory hypersensitivity. *Philosophical Transactions of the Royal Society of London B. Biological Sciences* **364**, 1377-1383 (2009).

239. Baron-Cohen, S. The hyper-systemizing, assortative mating theory of autism. *Progress in Neuropsychopharmcology and Biological Psychiatry* **30**, 865-872 (2006).

240. Tammet, D. *Born on a blue day*. Hodder and Stoughton, London, 2006.

241. Baron-Cohen, S., Bor, D., Billington, J., Asher, J., Wheelwright, S., and Ashwin, C. Savant memory in a man with color-number synaesthesia and Asperger Syndrome. *Journal of Consciousness Studies* **14**, 237-251 (2007).

242. Perini, L. Lisa Perini. www.lisaperini.it/.

243. Ockelford, A. *In the key of genius: The extraordinary life of Derek Paravicini*. Arrow

Books, London, 2007.

244. Myers, P., Baron-Cohen, S., and Wheelwright, S. *An exact mind*. Jessica Kingsley, London, 2004.

245. Baron-Cohen, S., Richler, J., Bisarya, D., Gurunathan, N., and Wheelwright, S. The Systemising Quotient(SQ): An investigation of adults with Asperger Syndrome or high-functioning autism and normal sex differences. *Philosophical Transactions of the Royal Society* **358**, 361-374 (2003).

246. Wheelwright, S., Baron-Cohen, S., Goldenfeld, N., Delaney, J., Fine, D., Smith, R., Weil, L., and Wakabayashi, A. Predicting Autism Spectrum Quotient(AQ) from the Systemizing Quotient-Revised(SQ-R) and Empathy Quotient(EQ). *Brain Research* **1079**, 47-56 (2006).

247. Lawson, J., Baron-Cohen, S., and Wheelwright, S. Empathising and systemising in adults with and without Asperger Syndrome. *Journal of Autism and Developmental Disorders* **34**, 301-310 (2004).

248. Baron-Cohen, S. *Autism and Asperger Syndrome*. Oxford University Press, Oxford, UK, 2008.

249. Fitzgerald, M., and O'Brien, B. *Genius genes: How Asperger talents changed the world*. Autism Asperger Publishing, Shawnee Mission, KS, 2007.

250. Kanner, L. Autistic disturbance of affective contact. *Nervous Child* **2**, 217-250 (1943).

251. Blastland, M. *Joe: The only boy in the world*. Profile, London, 2006.

252. Lash, M., and Piven, J. Social cognition and the broad autism phenotype: Identifying genetically meaningful phenotypes. *Journal of Child Psychology and Psychiatry* **48**, 105-112 (2007).

253. Baron-Cohen, S., Ring, H., Chitnis, X., Wheelwright, S., Gregory, L., Williams, S., Brammer, M., and Bullmore, E. fMRI of parents of children with Asperger Syndrome: A pilot study. *Brain Cognition* **61**, 122-130 (2006).

254. Wootton, J. M., Frick, P. J., Shelton, K. K., and Silverthorn, P. Ineffective parenting and childhood conduct problems: The moderating role of callous-unemotional traits. *Journal of Consulting and Clinical Psychology* **65**, 301-308 (1997).

255. Cicchetti, D., Cummings, E. M., Greenberg, M. T., and Marvin, R. S. An organization perspective on attachment beyond infancy. In *Attachment in the Preschool Years*, ed. M. Greenberg, D. Cicchetti, and M. Cummings. University of Chicago

Press, Chicago, 1990, 3-50.

256. Davis, M. H., Luce, C., and Kraus, S. J., The heritability of characteristics associated with dispositional empathy. *Journal of Personality and Social Psychology* **62**, 369-391 (1994).

257. Loehlin, J. C., and Nichols, R. C. *Heredity, environment, and personality.* University of Texas Press, Austin, 1976.

258. Matthews, K. A., Batson, C. D., Horn, J., and Rosenman, R. H. "Principles in his nature which interest him in the fortune of others...": The heritability of empathic concern for others. *Journal of Personality and Social Psychology* **49**, 237-247 (1981).

259. Hughes, C., Jaffee, S. R., Happé, F., Taylor, A., Caspi, A., and Moffitt, T. E. Origins of individual differences in theory of mind: From nature to nurture? *Child Development* **76**, 356-370 (2005).

260. Ronald, A., Happé, F., Price, T. S., Baron-Cohen, S., and Plomin, R. Phenotypic and genetic overlap between autistic traits at the extremes of the general population. *Journal of American Academy of Child and Adolescent Psychiatry* **45**, 1206-1214 (2006).

261. Zahn-Waxler, C., Radke-Yarrow, M., Wagner, E., and Chapman, M. Development of concern for others. *Developmental Psychology* **28**, 126-136 (1992).

262. Knafo, A., Zahn-Waxler, C., Van Hulle, C., Robinson, J. L., and Rhee, S. H. The developmental origins of a disposition toward empathy: Genetic and environmental contributions. *Emotion* **8**, 737-752 (2008).

263. Szatmari, P., Georgiades, S., Duku, E., Zwaigenbaum, L., Goldberg, J., and Bennett, T. Alexithymia in parents of children with autism spectrum disorder. *Journal of Autism and Developmental Disorders* **38**, 1859-1865 (2008).

264. Blonigen, D. M., Carlson, S. R., Krueger, R. F., and Patrick, C. J. A twin study of self-reported psychopathic personality traits. *Personality and Individual Differences* **35**, 179-197 (2003).

265. Viding, E., Blair, R. J., Moffitt, T. E., and Plomin, R. Evidence for substantial genetic risk for psychopathy in 7-year-olds. *Journal of Child Psychology and Psychiatry* **46**, 592-597 (2005).

266. Rhee, S. H., and Waldman, I. D. Genetic and environmental influences on antisocial behavior: A meta-analysis of twin and adoption studies. *Psychological Bulletin* **128**, 490-529 (2002).

267. Zanarini, M. C., Williams, A. A., Lewis, R. E., Reich, R. B., Vera, S. C., Marino, M. F., Levin, A., Yong, L., and Frankenburg, F. R. Reported pathological childhood experiences associated with the development of borderline personality disorder. *American Journal of Psychiatry* **154**, 1101-1106 (1997).

268. Links, P. S., Steiner, M., Offord, D. R., and Eppel, A. Characteristics of borderline personality disorder. A Canadian study. *Canadian Journal of Psychiatry* **33**, 336-340 (1988).

269. Soloff, P. H., and Millward, J. W. Developmental histories of borderline patients. *Comprehensive Psychiatry* **24**, 574-588 (1983).

270. Zanarini, M. C., Gunderson, J. G., Marino, M. E., Schwartz, E. O., and Frankenburg, F. R. Childhood experiences of borderline patients. *Comprehensive Psychiatry* **30**, 18-25 (1989).

271. Gunderson, J. G., and Englund, D. W. Characterizing the families of borderlines: A review of the literature. *Psychiatric Clinics of North America* **4**, 159-168 (1981).

272. Zweig-Frank, H., and Paris, J. Parents' emotional neglect and overprotection according to the recollections of patients with borderline personality disorder. *American Journal of Psychiatry* **148**, 648-651 (1991).

273. Trull, T. J., Sher, K. J., Minks-Brown, C., Durbin, J., and Burr, R. Borderline personality disorder and substance use disorders: A review and integration. *Clinical Psycholog Review* **20**, 235-253 (2000).

274. Loranger, A. W., Oldham, J. M., and Tulis, E. H. Familial transmission of DSM-III borderline personality disorder. *Archives of General Psychiatry* **39**, 795-799 (1982).

275. Torgersen, S. Genetics of patients with borderline personality disorder. *Psychiatric Clinics of North America* **23**, 1-9 (2000).

276. Adolphs, R., Spezio, M. L., Parlier, M., and Piven, J. Distinct face-processing strategies in parents of autistic children. *Current Biology* **18**, 1090-1093 (2008).

277. Dorris, L., Espie, C. A. E., Knott, F., and Salt, J. Mindreading difficulties in the siblings of people with Asperger's Syndrome: Evidence for a genetic influence in the abnormal development of a specific cognitive domain. *Journal of Child Psychology and Psychiatry* **45**, 412-418 (2004).

278. Losh, M., Adolphs, R., Poe, M. D., Couture, S., Penn, D., Baranek, G. T., and Piven, J. Neuropsychological profile of autism and the broad autism phenotype. *Archives of*

General Psychiatry **66**, 518-526 (2009).

279. Hoekstra, R., Bartels, M., Hudziak, J., Van Beijsterveldt, T., and Boomsma, D. Genetic and environmental covariation between autistic traits and behavioral problems. *Twin Research and Human Genetics* **10**, 853-860 (2007).

280. Bailey, A., Le Couteur, A., Gottesman, I., Bolton, P., Simmonoff, E., Yuzda, E., and Rutter, M. Autism as a strongly genetic disorder: Evidence from a British twin study. *Psychological Medicine* **25**, 63-77 (1995).

281. Folstein, S., and Rutter, M. Infantile autism: A genetic study of 21 twin pairs. *Journal of Child Psychology and Psychiatry* **18**, 297-321 (1977).

282. Bell, C., Abrams, J., and Nutt, D. Tryptophan depletion and its implications for psychiatry. *British Journal of Psychiatry* **178**, 399-405 (2001).

283. Caspi, A., and Silva, P. A. Temperamental qualities at age three predict personality traits in young adulthood: Longitudinal evidence from a birth cohort. *Child Development* **66**, 486-498 (1995).

284. Caspi, A., McClay, J., Moffitt, T. E., Mill, J., Martin, J., Craig, I. W., Taylor, A., and Poulton, R. Role of genotype in the cycle of violence in maltreated children. *Science* **297**, 851-854 (2002).

285. Buckholtz, J. W., and Meyer-Lindenberg, A. MAOA and the neurogenetic architecture of human aggression. *Trends in Neurosciences* **31**, 120-129 (2008).

286. Meyer-Lindenberg, A., Buckholtz, J. W., Kolachana, B., and Mariri, A. R., Pezawas, L., Blasi, G., Wabnitz, A., Honea, R., Verchinski, B., Callicott, J. H., Egan, M., Mattay, V., and Weinberger, D. R. Neural mechanisms of genetic risk for impulsivity and violence in humans. *Proceedings of the National Academy of Sciences of the USA* **103**, 6269-6274 (2006).

287. Hariri, A. R., Drabant, E. M., Munoz, K. E., Kolachana, B. S., Mattay, V. S., Egan, M. F., and Weinberger, D. R. A susceptibility gene for affective disorders and the response of the human amygdala. *Archives of General Psychiatry* **62**, 146-152 (2005).

288. Hariri, A. R., Mattay, V. S., Tessitore, A., Kolachana, B., Fera, E., Goldman, D, Egan, M., and Weinberger, D. R. Serotonin transporter genetic variation and the response of the human amygdala. *Science* **297**, 400-403 (2002).

289. Takahashi, H., Takano, H., Kodaka, E., Arakawa, R., Yamada, M., Otsuka, T., Hirano, Y., Kikyo, H., Okubo, Y., Kato, M., Obata, T., Ito, H., and Suhara, T.

Contribution of dopamine D1 and D2 receptors to amygdala activity in human. *Journal of Neuroscience* **30**, 3043-3047 (2010).

290. Takahashi, H., Yahata, N., Koeda, M., Takano, A., Asai, K., Suhara, T., and Okubo, Y. Effects of dopaminergic and serotonergic manipulation on emotional processing: A pharmacological fMRI study. *Neuroimage* **27**, 991-1001 (2005).

291. Kempton, M. J., Haldane, M., Jogia, J., Christodoulou, T., Powell, J., Collier, D., Williams, S. C., and Frangou, S. The effects of gender and COMT Val158Met polymorphism on fearful facial affect recognition: A fMRI study. *International Journal of Neuropsychopharmacology* **12**, 371-381 (2009).

292. Meyer-Lindenberg, A., Kolachana, B., Gold, B., Olsh, A., Nicodemus, K. K., Mattay, V., Dean, M., and Weinberger, D. R. Genetic variants in AVPR1A linked to autism predict amygdala activation and personality traits in healthy humans. *Molecular Psychiatry* **14**, 968-975 (2009).

293. Kawagoe, R., Takikawa, Y., and Hikosaka, O. Expectation of reward modulates cognitive signals in the basal ganglia. *Nature Neuroscience* **1**, 411-416 (1998).

294. Schultz, R., Gauthier, I., Klin, A., Fulbright, R. K., Anderson, A., Volkmar, F., Skudlarski, P., Lacadie, C., Cohen, D., and Gore, J. C. Abnormal ventral temporal cortical activity among individuals with autism and Asperger Syndrome during face discrimination among individuals with autism and Asperger Syndrome. *Archives of General Psychiatry* **57**, 331-340 (2000).

295. Chakrabarti, B., Kent, L, Suckling, J., Bullmore, E. T., and Baron-Cohen, S. Variations in the human cannabinoid receptor(CNR1) gene modulate striatal response to happy faces. *European Journal of Neuroscience* **23**, 1944-1948 (2006).

296. Domschke, K., Dannlowski, U., Ohrmann, P., Lawford, B., Bauer, J., Kugel, H., Heindel, W., Young, R., Morris, P., Arolt, V., Deckert, J., Suslow, T., and Baune, B. T. Cannabinoid receptor 1(CNR1) gene: Impact on antidepressant treatment response and emotion processing in major depression. *European Neuropsychopharmacology* **18**, 751-759 (2008).

297. Wakabayashi, A., Baron-Cohen, S., and Wheelwright, S. Individual and gender differences in empathizing and systemizing: Measurement of individual differences by the Empathy Quotient(EQ) and the Systemizing Quotient(SQ). *Shinrigaku Kenkyu* **77**, 271-277 (2006).

298. Baron-Cohen, S., Lutchmaya, S., and Knickmeyer, R. *Prenatal testosterone in mind: Amniotic fluid studies*. MIT/Bradford Books, Cambridge, MA, 2004.

299. Chapman, E., Baron-Cohen, S., Auyeung, B., Knickmeyer, R., Taylor, K, and Hackett, G. Foetal testosterone and empathy: Evidence from the Empathy Quotient(EQ) and the "Reading the Mind in the Eyes" test. *Social Neuroscience* **1**, 135-148 (2006).

300. Young, L J., and Wang, Z. The neurobiology of pair bonding. *Nature Neuroscience* **7**, 1048-1054 (2004).

301. Donaldson, Z. R., and Young, L. J. Oxytocin, vasopressin, and the neurogenetics of sociality. *Science* **322**, 900-904 (2008).

302. Winslow, J. T., and Insel, T. R. Neuroendocrine basis of social recogniation. *Current Opinions in Neurobiology* **14**, 248-253 (2004).

303. Domes, G., Heinrichs, M., Michel, A., Berger, C,. and Herpertz, S. C. Oxytocin improves "mind-reading" in humans. *Biological Psychiatry* **61**, 731-733 (2007).

304. Ebstein, R. P., Israel, S., Lerer, E., Uzefovsky, F., Shalev, I., Gritsenko, I., Riebold, M., Salomon, S., and Yirmiya, N. Arginine, vasopressin, and oxytocin modulate human social behavior. *Annals of the New York Academy of Sciences* **1167**, 87-102 (2009).

305. Zak, P. J., Stanton, A. A., and Ahmadi, S. Oxytocin increases generosity in humans. *PLoS One* **2**, e1128 (2007).

306. Kosfeld, M., Heinrichs, M., Zak, P. J., Fischbacher, U., and Fehr, E. Oxytocin increases trust in humans. *Nature* **435**, 673-676 (2005).

307. Levine, A., Zagoory-Sharon, O., Feldman, R., and Weller, A. Oxytocin during pregnancy and early postpartum: Individual patterns and maternal-fetal attachment. *Peptides* **28**, 1162-1169 (2007).

308. Chakrabarti, B., Dudbridge, F., Kent, L., Wheelwright, S., Hill-Cawthorne, G., Allison, C., Banerjee-Basu, S., and Baron-Cohen, S. Genes related to sex steroids, neural growth, and social-emotional behavior are associated with autistic traits, empathy, and Asperger Syndrome. *Autism Research* **2**, 157-177 (2009).

309. Jeon, D., Kim, S., Chetana, M., Jo, D., Ruley, H. E., Lin, S. Y., Rabah, D., Kinet, J. P., and Shin, H. S. Observational fear learning involves affective pain system and Cav1.2 Ca2+ channels in ACC. *Nature Neuroscience* **13**, 482-488 (2010).

310. Mednick, S. A., and Kandel, E. S. Congenital determinants of violence. *Bulletin of the*

American Academy of Psychiatry Law **16**, 101-109 (1988).

311. Raine, A. Annotation: The role of prefrontal deficits, low autonomic arousal, and early health factors in the development of antisocial and aggressive behavior in children. *Journal of Child Psychology and Psychiatry* **43**, 417-434 (2002).

312. de Waal, F. *The age of empathy: Nature's lessons for a kinder society*. Crown.

313. de Waal, F., Leimgruber, K., and Greenberg, A. R. Giving is self-rewarding for monkeys. *Proceedings of the National Academy of Sciences of the USA* **105**, 13685-13689 (2008).

314. Mineka, S., Davidson, M., cook, M., and Keir, R. Observational conditioning of snake fear in rhesus monkeys. *Journal of Abnormal Psychology* **93**, 355-372 (1984).

315. Harlow, H. F., Dodsworth, R. O., and Harlow, M. K. Total social isolation in monkeys. *Proceedings of the National Academy of Sciences of the USA* **54**, 90-97 (1965).

316. Rice, G. E., and Gainer, P. "Altruism" in the albino rat. *Journal of Comparative and Physiological psychology* **55**, 123-125 (1962).

317. Masserman, J. H., Wechkin, S., and Terris, W. 'Altruistic" behavior in rhesus monkeys. *American Journal of Psychiatry* **121**, 584-585 (1964).

318. *Daily Telegraph*, June 22, 2001.

319. Mitani, J., Watts, D., and Amsler, S. Lethal intergroup aggression leads to territorial expansion in wild chimpanzees. *Current Biology* **20**, R507-508 (2010).

320. Povinelli, D. J. Can animals empathize? *Scientific American Presents: Exploring Intelligence* **9**, 67, 72-75 (1998).

321. Golan, O., Baron-Cohen, S., Wheelwright, S., and Hill, J. J. Systemizing empathy: Teaching adults with Asperger Syndrome to recognize complex emotions using interactive multi-media. *Development and Psychopathology* **18**, 589-615 (2006).

322. Golan, O., Baron-Cohen, S., Ashwin, E., Granader, Y., McClintock, S., Day, K., and Leggett, V. Enhancing emotion recognition in children with autism spectrum conditions: An intervention using animated vehicles with real emotional faces. *Journal of Autism and Developmental Disorders* **40**, 269-279 (2010).

323. Hollander, E., Bartz, J., Chaplin, W., Phillips, A., Sumner, J., Soorya, L., Anagnostou, E., and Wasserman, S. Oxytocin increases retention of social cognition in autism. *Biological Psychiatry* **61**, 498-503 (2007).

324. Bateman, A., and Fonagy, P. *Mentalization-based treatment for borderline personality*

disorder: A practical guide. Oxford University Press, Oxford, UK, 2006.

325. Baron-Cohen, S., and Machlis, A. Intense negotiations will not necessarily work: Intense empathy will. *Jewish Chronicle*, June 4, 2009.

326. Treasure, J. L. Getting beneath the phenotype of anorexia nervosa: The search for viable endophenotypes and genotypes. *Canadian Journal of Psychiatry* **52**, 212-219 (2007).

327. Gillberg, C. The Emanuel Miller Lecture, 1991. Autism and autistic-like conditions: Subclasses among disorders of empathy. *Journal of Child Psychology and Psychiatry* **33**, 813-842 (1992).

328. *Daily Mail*, September 22, 2009, www.dailymail.co.uk/home/sitemaparchive/day_2009022.html.

329. Arendt, H. *Eichmann in Jerusalen: A report on the banality of evil.* Penguin, New York, 1963.

330. Haslam, S. A., and Reicher, S. D. Questioning the banality of evil. *The Psychologist* **21**, 16-19 (2008).

331. Asch, S. Opinions and social pressure. *Scientific American* **193**, 31-35 (1955).

332. Milgram, S. *Obedience to authority: An experimental view.* Harper and Row, New York, 1974.

333. Zimbardo, P. *The Lucifer effect: Understanding how good people turn evil.* Random House, New York, 2007.

334. Browning, C. R. *Ordinary men: Reserve Police Battalion 101 and the final solution in Poland.* Penguin, London, 2001.

335. Cesarini, D. *Eichmann: His life and crimes.* Heinemann, London, 2004.

336. Evans, R. *In Hitler's shadow.* Tauris, London, 1989.

337. *The Guardian*, May 12, 2004.

338. *The Guardian*, July 18, 2003.

339. Pinker, S. *The language instinct.* Penguin, London, 1994.

340. Pinker, S. *The blank state.* Allen Lane Science, London, 2002.

341. Auyeung, B., Baron-Cohen, S., Chapman, E., Knickmeyer, R., Taylor, K., and Hackett, G. Foetal testosterone and the Child Systemizing Quotient(SQ-C). *European Journal of Endocrinology* **155**, 123-130 (2006).

342. *Daily Telegraph*, March 19, 2009.

343. *Slate*, April 20, 2004.
344. CNN News, July 28, 2009.
345. *Globe and Mail*(Ontario), July 29, 2009.
346. Burnett, S., and Blakemore, S. J. The development of adolescent social cognition. *Annals of the New York Academy of Sciences* **1167**, 51-56 (2009).
347. Ashwin, C., Chapman, E., Colle, L., and Baron-Cohen, S. Impaired recognition of negative basic emotions in autism: A test of the amygdala theory. *Social Neuroscience* **1**, 349-363 (2006).
348. Owens, G., Granader, Y., Humphrey, A., and Baron-Cohen, S. LEGO® therapy and the social use of language programme: An evaluation of two social skills interventions for children with high-functioning autism and Asperger Syndrome. *Journal of Autism and Developmental Disorders* **38**, 1944-1957 (2008).
349. BBC Television, December 6, 2009.
350. *Time*, September 26, 1977.
351. Rifkin, J. *The empathic civilization*. Tarcher, New York, 2009.
352. Dennett, D. *Darwin's dangerous idea*. Simon and Schuster, New York, 1995.

찾아보기

ㄱ

가드너, 로니 리 211~212
가이스, 플로렌스 91
감각 경험 54
감각운동겉질 128
감정 인식 162, 164, 167, 212
감정 표현 불능증 127, 158
거식증 185~186
거울 신경 세포 55~56
거울 신경 세포계 55~56, 126, 166, 214~215
게이지, 피니어스 47, 104
격정 범죄 205
경계선 성격 장애 63~64, 70~72, 74~77, 79~81, 83~84, 113, 159, 185, 199
경계선 성격 장애와 트라우마 83
경계선 성격 장애와 학대 82
경계선 성격 장애의 비율 74
경계선 성격 장애의 특징 74~75, 82
경악 반사 102
고다드, 에르빈 78
고모트, 마리 11
고전적 자폐증 133, 145, 148, 182~184
골란, 오퍼 10
공감 9, 21, 56~59, 97, 101~102, 116, 120, 155, 165, 172, 175, 179, 183~184, 189~190, 199~200, 203, 209, 218~220, 223
공감 검사 37, 167
공감 결핍 62, 90, 102, 191
공감 기능 52, 66
공감 기제 40, 45, 139, 144, 215
공감 능력 9, 26~28, 30~31, 34~43, 47~49, 58, 63, 67, 90, 92, 94, 98, 134, 149~150, 153, 169, 172, 174, 179, 180, 189~190, 199, 209, 213
공감 능력 레벨 0 40, 61
공감 능력 레벨 1 40~41, 62
공감 능력 레벨 2 41~42, 62
공감 능력 레벨 3 42
공감 능력 레벨 4 42~43
공감 능력 레벨 5 43
공감 능력 레벨 6 43~44, 215
공감 수준 40, 58, 62, 85, 108, 116, 124, 145, 150, 171, 176, 179, 200~201, 205, 217
공감 스펙트럼 31, 36, 178
공감 유전자 11, 12, 153, 160, 164, 170, 181, 184
공감 장애 185, 190
공감 점수 35, 157, 164
공감 제로 31, 40, 59, 61~63, 86, 102, 105, 108, 114, 116~117, 119, 124, 144, 155, 179, 180,

184~185, 187, 191~192, 202, 208, 213, 219
공감 제로의 치료 180
공감 지수 검사표 50
공감 지수(EQ) 10, 37~38, 51, 59, 69, 97, 160, 164~165, 168, 170, 204, 212~213
공감 회로 40~41, 45~49, 52~54, 57~59, 63, 83~86, 102~108, 110, 116~117, 125~129, 150~151, 161~162, 165~166, 179~180, 184, 198~199, 201~202, 204~207, 213~214, 217
공감과 조광 스위치 35, 58
공감의 감소 83, 110, 127, 198, 218
공감의 결핍 62, 90, 186, 191
공감의 발달 96
공감의 본질 9, 39
공감의 상실 12~13, 83, 145
공감의 인지적 요소 124
공감의 작동 정지 205~206
공감의 전 단계 172
공감의 정규 분포 곡선 36
공감의 정서적 요소 124
공감의 정의 32~35, 214
공감의 종형 곡선 31~32, 36, 39, 58, 153, 155, 164, 212~213, 217
공감의 침식 9, 13, 21~22, 24, 27, 31, 117, 194, 200~201, 219, 221
공격성 92, 95, 103, 106, 160~161
관자 부위(측두부) 103
관자극(측두극) 127
관자마루이음부(측두두정접합부) 53, 106
관자엽(측두엽) 83
권위에 대한 복종 실험 21~22, 195
귀인 편향 98
『그 남자의 뇌 그 여자의 뇌』 12, 165
그라네이더, 야엘 10
그레이, 제프리 100
긍정적인 공감 제로 119~120, 125~129, 134, 145, 148~150, 153, 155~156, 159~160, 167, 170~171, 179, 182~184, 187, 192, 218
기능적 자기 공명 영상(fMRI) 45, 51~52, 54~55, 57
길버그, 크리스 185
꼬리감는원숭이 172~173
꼬리쪽이마띠겉질(미측전두대상피질) 45, 51~52

ㄴ

나-그것 모드 22
나-너 모드 22

나르시시스트 63, 113~115
나르시시스트와 학대 115
나르시시스트의 비율 115
나르시시즘 114
『나와 너』 22
『나의 투쟁』 201
나이미, 폴라 11
나치 15~20, 24, 29
나치 무장 친위대 18~19
나치 법률 18
남아프리카 공화국 184, 203
내면의 황금 단지 13, 93, 95~96, 115, 153, 171, 180~181, 206
내집단/외집단 정체성 200
『네가 싫어-날 떠나지마』 70
노르아드레날린 160
뇌 발달 74
뇌 영상 기술 46, 48
뇌 주사 연구 11
뇌 주사 장치 50, 102, 126, 163
뇌전증(간질) 182
뇌하수체 107
눈확이마겉질(안와전두피질) 45, 48~49, 83, 103~105
뉴로리긴 유전자 169
뉴먼, 조지프 100~101
닉마이어, 레베카 11

ㄷ

다마지오, 안토니오 47, 104
다마지오, 한나 48
다마지오의 신체적 표지 이론 47, 104~105
다윈, 찰스 10
다하우 수용소 16~17
대상관계 이론 79~81
대인 관계 반응성 척도(IRI) 97
「더 트랜스포터」DVD 10, 180
더드브릿지, 프랭크 11, 166
데세티, 진 52, 105
데틀레프크, F. W. 184
도덕성 발달 100
도덕적 딜레마 99
도덕적 추론 능력 99
도덕적 판단 104, 106
도킨스, 리처드 177
도파민 160, 162
도허티, 제임스 78

동일시 34, 52, 54, 56
동조 194
둘레계통(대뇌변연계) 57
뒤띠겉질(후측대상피질) 127
뒤위관자고랑(후부상측두구) 45, 53, 126~127
드로리, 존 10
드발, 프란스 172~173, 220
등쪽안쪽앞이마겉질(배내측전전두피질) 45~46, 125~127
디마지오, 조 78
『DSM-IV』(정신 장애의 진단 및 통계 편람, 4판) 188~190
『DSM-V』(정신 장애의 진단 및 통계 편람, 5판) 190

ㄹ

라셔, 지그문트 17
라이, 멩촨 10
라이딩, 샬로트 13
러거트, 피터 11
러치마야, 스베틀라나 11
레버, 닉 10
레인, 에이드리언 105
「레인맨」 132
레천, 에스터 28
렝겔, 스테파니 209
롬바르도, 마이크 10~11, 45~46, 127~128
루타, 릴리아나 11
루터, 마르틴 201
르두, 조지프 57
리조라티, 자코모 55
리켄, 데이비드 102
리투아니아 대학살 220
리프킨, 제러미 220
린들리, 브리짓 13
립턴, 피터 210
링, 하워드 11, 48

ㅁ

마루 부위(두정부) 98
마루엽속고랑(두정엽내구) 45, 56
마음 이론 53, 94, 129, 157, 182
『마음맹』 12
마이어스, 피터 133
「마인드 리딩」 DVD 10, 180
마키아벨리적 성격 유형 91
마키아벨리적 자기중심성 158

만델라, 넬슨 184, 202
말러, 마거릿 80
매서먼, 줄스 174
매큐언, 이언 187
매키넌, 게리 192~193
매트슨, 카틴카 12
맥그래스, 스테판 12
머리뼈(두개골) 48
먼로, 메릴린(모텐슨, 노마 진) 77, 79
멩겔레, 요제프 19
모노아민 산화 효소 A(MAOA) 유전자 160, 170
모노아민 산화 효소 B(MAOB) 유전자 170
MAOA-H 161
MAOA-L 161
모성 결핍 94
모성애 71
몸감각겉질(체감각피질) 45, 54~55, 128
무어, 개너 11
문화적 제재 199~200
미네카, 수전 174
미니오팔루엘로, 일라리아 11, 128
밀그램, 스탠리 21, 195, 200
밀러, 아서 78

ㅂ

바닥가쪽핵(기저외측핵) 107
바소프레신 167
바수, 샤르밀라 11
반사회적 성격 장애 88
반사회적 성격 장애의 비율 88~89
반유대주의 201
반응성 공격 105, 107~108
방어 기제 77, 80
배런코언, 사샤 201
배쪽안쪽앞이마겉질(복내측전전두피질) 45~48, 83, 103~105, 127~128
배쪽줄무늬체(복측선조체) 51, 106
버그, 닉 202
버빗원숭이 175
범의 191, 209
범죄 행위 191
베긴, 메나헴 203
베로네시, 멜리사 13
베이트먼, 앤서니 85
벨몬트, 매튜 10
보상 회로 106
보상 회로의 과민성 106

보조운동겉질(보조운동피질) 51
볼비, 존 92~94, 109, 180
볼비의 애착 이론 92~95, 110
부모의 거부 71~72, 83, 92, 171
부버, 마르틴 22~23
부신 107
부신 겉질 자극 호르몬(ACTH) 107
부정적인 공감 제로 61, 63~64, 69~70, 96, 153, 156, 171, 179~181, 187, 204~207, 217
부정적인 공감 제로 B유형 63~64, 74, 79, 83, 85, 92, 102, 107, 113, 116, 159, 179~180, 187, 199, 206, 208
부정적인 공감 제로 N유형 110, 113, 115~116, 159, 179, 180, 187, 206
부정적인 공감 제로 P유형 85~86, 89, 92, 97, 102, 105~106, 108, 110, 116, 129~130, 150, 154, 158, 179~180, 182, 187, 206, 208~209
부헨발트 강제 수용소 15
부헨발트의 마녀 15
분노 21, 23, 51, 64~67, 74, 76, 81, 92
분리-개별화 단계 80
불모어, 에드 10
불안 장애 101
불안정 애착 93~96, 199~200
붉은털원숭이 174
뷔젠탈, 토마스 18~19, 201
브라우닝, 크리스토퍼 195
브로카 실어증 49
블래스트랜드, 마이클 146~147
블레어, 제임스 106, 108~109, 150, 154
블레어, 토니 203
비도덕적 98
비인간화 211
비코, 스티브 216
BBC 「뉴스나이트」 28
빈라덴, 오사마 202
빌링턴, 쟈크 10

ㅅ

사건 관련 전위(ERP) 98
사다트, 안와르 203
「44명의 미성년 절도범들」 93
사이코패스 진단표 개정판(PCL-R) 103
사이코패스(정신병질자) 63, 85, 88~89, 91~93, 95, 98~106, 109, 130, 148, 154, 158, 202
사이코패스의 뇌 102
사이코패스의 마음 97

사회 경제적 지위(SES) 100
사회 신경 과학 11
사회력 197
사회성 결핍 134
사회적 귀인 126
사회적 미소 162
사회적 지지 217
사회적-감정적 행동 유전자 166
사회화 10, 97, 101, 110, 169
상위 표상 46
'상태' 대 '특성' 116~117
색정 망상증 187
생애 초기의 경험 200
생애 초기의 스트레스 107~108, 155
생애 초기의 애착 관계 200
샤덴프로이데 86, 106
서번트 증후군 148
서클링, 존 10
섭식 장애 185~187
성격 유형 117
성격 장애 115, 117, 179~180, 190
성인용 EQ 척도 37~38
성호르몬 165~166, 168, 170, 206~207
세로토닌 160
세로토닌 수용체 83, 160
속임수 행위 175
수트클리프, 피터 210
스탠퍼드 대학교 감옥 실험 22, 195
스턴, 아돌프 79
스톤, 마이클 205
스톤, 발레리 49
스트라우스, 할 70
스트레스 42, 107, 116, 121, 124, 142, 181, 199
스트레스 호르몬 107
스티밍 183
시냅스 160
시상하부 51
시온주의자 203, 220
시체티, 단체 154
신경 생성 관련 유전자 169
신경 성장 168
신경 세포 55
신경 전달 물질 83, 160~162
신경 지표들 84
신경 회로 116
신뢰 게임 84
신뢰 호르몬 167

신체적 표지 47
심리 프로파일 208
싱어, 타니아 51~52, 213
싸움 혹은 도주 자기 방어 체계 108

ㅇ
아동 학대 81
아동기의 분리 96
아동용 EQ 척도 39, 166
아드레날린 160
아래마루소엽(하두정소엽) 45, 55~56
아래이마이랑(하전두회) 45, 50~51, 55, 83, 126
아렌트, 한나 194, 196
아르기닌 바소프레신 167
아르기닌 바소프레신 수용체 1A(AVPR1A) 유전자 162
아르메니아인 집단 학살 29
아르키메데스 137
아부그라이브 교도소 202
아스퍼거 증후군 120, 126, 129~132, 141, 145, 148, 150, 159, 170, 182, 184, 185, 192, 193
아시, 솔로몬 194
아우슈비츠 강제 수용소 18~19
아이히만, 아돌프 194, 197
아인슈타인, 알베르트 137
『아주 평범한 사람들』 195
아파르트헤이트 183, 215
아프리카 민족 회의 202
악(惡) 9, 21, 24, 31, 59, 61~62, 86, 110, 178, 194
악의 스물두 가지 범주 205
악의 평범성 194~197
안쪽관자겉질(내측측두피질) 84
안쪽앞이마겉질(내측전전두피질) 46
알자르카위, 아부 무사브 202
암스트롱, 킴벌리 10
앞뇌섬엽(전측뇌섬엽) 45, 51~52, 84, 106, 126
앞띠다발(전측대상) 161
앞이마겉질 108
애니메이트 54
애쉬윈, 엠마 10~11
애쉬윈, 크리스 10
애착 관계 94~96
애착 호르몬 167
앨리슨, 캐리 10~11, 37
"양복을 입은 뱀" 91
「어머니의 양육과 정신 건강」 95
언어 검사 126

언어 발달 184
언어 지체 182
언어 회로 49
언어폭력 62
에스트로겐 165
에스트로겐 수용체 유전자 170
에이즈 25
연쇄 살인범 115
예루살렘 법정 소송 사건 194
예루살렘 202~203, 221~222
오르가즘 167
오른관자마루이음부(우측측두두정접합부) 45, 53, 126
오웬스, 지나 10
옥시토신 167, 180
옥시토신 유전자 170
와일더, 빌리 15
외골수적 집중 32
외상 후 스트레스 장애(PTSD) 71, 84
우생학 프로그램 18
우양, 보니 10~11, 37
위관자고랑(상측두구) 53~54, 105
위편자고랑 83
월라이트, 샐리 10~11, 37
윌리엄스, 스티브 11
유전율 157~158
유전자 151, 155, 162~171, 175, 178, 201, 206
유전자 구성 163
유전적 감수성 159
유전적 근친도 172
유태인 문제의 최종적인 해결법 194, 220
『유태인에 맞서』 201
유프라지, 미린디 29
음식 공유 172~173
이란성 쌍둥이 156~157, 159~160
『이런 사랑』 187
이마겉질(전두피질) 108
이마덮개(전두판개) 45, 49~50, 55, 126
이마엽(전두엽) 103
이스라엘 184, 203, 220~222
이스라엘과 팔레스타인 사람들을 위한 부모 모임 222
이심성 39
이심적 집중 32
이중 초점 32~33, 35
이타주의 172
인구돔누쿨, 에린 11

일란성 쌍둥이 156~157, 159~160

ㅈ
자기 과시 114
자기 대상 114
자기 보고 38~39
자기 본위성 61, 90
자기 인식 39, 46
자기 초점 34
자기 통제력 210
자기상 213
자기중심성 217
자동주의 191
자본주의 200
자살 65, 68, 74~76, 78, 117, 123, 208
자살 폭탄 테러 20, 202
자아감 80
자유 의지 191, 197~198
자율 반응 47
자율 신경 97, 109
자율 신경계 104
자폐 단계 80
자폐 스펙트럼 상태 125
자폐 스펙트럼 장애 12~13, 120, 126~128, 132, 141, 143, 145~146, 148, 150, 159, 169, 182, 186
자폐 스펙트럼 지수(AQ) 168~170
잔인함에 이르는 공통된 최종 경로 9, 21, 36, 116, 164
잭슨, 레이첼 11
전사 유전자 161
『정상인의 가면』 89, 102
정서 조절 곤란 장애 75
정서가 47
정서적 공감 97
정서적 재충전 93
정서적 전염 56
정서적 충동성 성격 장애 75
정성 결여자 94
정신 분열증 79, 179
정신 의학 62, 74, 115, 180, 182, 186~187, 189~190
정신 질환 188
정신병질 성격 평가 검사 158
정신병질적 성격 장애 89, 209
정신화 216
정신화-기반 치료(MBT) 85
정체성 결핍 76~77

조건 자극 102
조건화 실험 102
죄의식 결핍 90~91
줄무늬체 163
중간띠겉질(중간대상피질) 45, 51~52, 83, 106, 128~129
지노타이핑 168
지능 지수(IQ) 100, 184
지오벡, 이자벨 130
진실과 화해 공청회 215
짐바르도, 필립 22, 195, 200

ㅊ
차크라바르티, 비쉬마데브 10~11, 50~51, 163~165, 168
찬물 담금 실험 16~17
천재성 130~135, 137~138, 140~142, 145, 149~150, 155~156, 169, 183, 192, 207, 218
체계화 기제 139, 143~144, 149, 182
체계화 능력 레벨 0 139~140
체계화 능력 레벨 1 140
체계화 능력 레벨 2 140
체계화 능력 레벨 3 140
체계화 능력 레벨 4 140~141
체계화 능력 레벨 5 141
체계화 능력 레벨 6 141~144
체계화 지수(SQ) 139
체계화의 종형 곡선 139, 155
체자리니, 데이비드 197
쳉, 야웨이 55
초공간 213~215, 217
초도덕적 120
출생 시 산소 결핍증 171
출생 시의 트라우마 171
츄라, 린지 11

ㅋ
카나비노이드 수용체 유전자 1(CNR1) 163, 166
카멜레온 효과 56
카스피, 아브샬롬 161
칸너, 레오 146
커쇼, 이언 201
컨버그, 오토 80~81
컬럼바인 고등학교 208
케스트너, 아델하이드 207
켄트, 린지 11~166
켈러허, 토머스 13

코르티솔 107
코르티솔 수용체 107
코흐, 일제 15
콘포드, 헬렌 12
콜버그, 로런스 98
콜버그의 도덕성 추론 능력 측정 98~99
쿠마라베이커, 레카 188
크루거, 제임스 216
크리스먼, 제럴드 70
크리스티, 리처드 91
크리스티안슨, 안 13
클렉클리, 허비 89, 91, 102
클리볼드, 딜런 208

ㅌ
타머, 대니얼 132, 142
타인 중심성 217
테러리스트 202~203
테스토스테론 11, 165~166, 170, 207
테일러, 케빈 11
토도로빅, 멜리사 209~210
통증 기실 51, 106, 213
투투, 데스몬드 215~216
튜리엘, 엘리엇 99
튜리엘의 도덕적 추론 능력 측정 99
트레저, 재닛 185

ㅍ
파라비시나, 데렉 133, 148
파머, 캐럴 11
팔레스타인 184, 203, 220~222
패턴 인식 체계 135, 149
패턴화 142, 169
페리니, 리사 133
페이스크, 닉 10
펩티드 호르몬 167
편도체 45, 57~58, 83, 101, 103, 105~108, 126, 151, 161~162, 166
포나기, 피터 85, 96
폭력 억제 메커니즘(VIM) 109
품행 장애 88, 98, 106
프로이트, 지그문트 77, 80, 93
프로이트의 발달 단계 80
프로이트의 원리 80
프리츨, 로즈마리 27
프리츨, 엘리자베스 27, 207
프리츨, 요제프 27, 207

피부 전기 공포 반응 102
피층 전기 반응(GSR) 97
픽, 킴 132

ㅎ
"하이 맥" 91
하첩, 클레어 10
학습 곤란 102
학습 장애 182
한나, 제니 11
한정 책임 능력 189
할로, 해리 94, 174
'해리성' 상태 81
해리스, 에릭 208
해마 84, 107
해킷, 제럴드 11
행동 억제 체계(BIS) 100~101
『행운아』 19
헌트, 닐 188~190
헤링턴, 존 10
혐오 조건 형성 106
「호기심 헤결사」 149
호르몬 201
호메오박스 유전자 169
호모 사피엔스 149
혼란 애착 154
홀랜드, 줄스 133
홀로코스트 20, 28~29, 195, 220
홀츠뢰너, 에른스트 17
황금비율 124~125
휴리스틱 198
흉내 내기 56~57, 126
히틀러, 아돌프 22, 201, 211
힌들, 로버트 94
힐, 재클린 10
힐코손, 그랜트 11

옮긴이 홍승효

서울 대학교 생물학과를 졸업하고 동 대학원에서 국내에서는 최초로 진화 심리학으로 석사 학위를 받았다. 졸업 후 출판사에서 과학 책 만드는 일을 하다, 제약 회사 마케팅 부서와 리서치 전문 업체를 거쳐, 현재는 국내에 좋은 과학 책을 소개하고, 흥미로운 과학적 사실들을 이야기로써 풀어낼 방법을 구상하고 있다. 『살인의 진화 심리학』을 썼으며, 『이웃집 살인마』를 번역했다. TV 다큐멘터리 「과자에 대해 알고 싶은 몇 가지 것들」의 대본을 집필하기도 했다.

공감 제로

1판 1쇄 펴냄 2013년 9월 23일
1판 4쇄 펴냄 2021년 7월 30일

지은이 사이먼 배런코언
옮긴이 홍승효
펴낸이 박상준
펴낸곳 (주)사이언스북스

출판등록 1997. 3. 24.(제16-1444호)
(06027) 서울특별시 강남구 도산대로1길 62
대표전화 515-2000, 팩시밀리 515-2007
편집부 517-4263, 팩시밀리 514-2329
www.sciencebooks.co.kr

한국어판 ⓒ 사이언스북스, 2013. Printed in Seoul, Korea.
ISBN 978-89-8371-625-5 03400